岭南建筑文化与美学丛书·第二辑

唐孝祥　主编

近代闽南侨乡和潮汕侨乡建筑审美文化比较

李岳川　著

中国建筑工业出版社

图书在版编目（CIP）数据

近代闽南侨乡和潮汕侨乡建筑审美文化比较/李岳
川著. —北京：中国建筑工业出版社，2023.9
（岭南建筑文化与美学丛书/唐孝祥主编. 第二辑）
ISBN 978-7-112-29071-0

Ⅰ.①近… Ⅱ.①李… Ⅲ.①侨乡—建筑文化—建筑
美学—对比研究—华南地区—近代 Ⅳ.①TU-092.5

中国国家版本馆CIP数据核字（2023）第162505号

责任编辑：唐　旭
文字编辑：陈　畅
书籍设计：锋尚设计
责任校对：刘梦然
校对整理：张辰双

岭南建筑文化与美学丛书·第二辑

唐孝祥　主编

近代闽南侨乡和潮汕侨乡建筑审美文化比较

李岳川　著

*

中国建筑工业出版社出版、发行（北京海淀三里河路9号）

各地新华书店、建筑书店经销

北京锋尚制版有限公司制版

北京中科印刷有限公司印刷

*

开本：787毫米×1092毫米　1/16　印张：15½　字数：318千字

2023年12月第一版　　2023年12月第一次印刷

定价：**70.00**元

ISBN 978-7-112-29071-0

（41729）

序

岭南一词，特指南岭山脉（以越城、都庞、萌渚、骑田和大庾之五岭为最）之南的地域，始见于司马迁《史记》，自唐太宗贞观元年（公元627年）开始作为官方定名。

岭南文化，历史悠久，积淀深厚，城市建设史凡两千余年。不少国人艳羡当下华南的富足，却失语于它历史的馈赠、文化的滋养、审美的熏陶。泱泱华夏，四野异趣，建筑遗存，风姿绰约，价值丰厚。那些蕴藏于历史长廊的岭南建筑审美文化基因，或称南越古迹，或谓南汉古韵，如此等等，自成一派又一脉相承；至清末民国，西风东渐，融东西方建筑文化于一体，促成岭南建筑文化实现了从"得风气之先"到"开风气之先"的良性循环，铸塑岭南建筑的文化地域性格。改革开放，气象更新，岭南建筑，独领风骚。务实开放、兼容创新、世俗享乐的岭南建筑文化精神愈发彰显。

岭南建筑，类型丰富、特色鲜明。一座座城市、一个个镇村，一栋栋建筑、一处处遗址，串联起岭南文化的历史线索，表征岭南建筑的人文地理特征和审美文化精神，也呼唤着岭南建筑文化与美学的学术探究。

建筑美学是建筑学和美学相交而生的新兴交叉学科，具有广阔的学术前景和强大的学术生命力。"岭南建筑文化与美学丛书"的编写，旨在从建筑史学和建筑美学相结合的角度，并借鉴社会学、民族学、艺术学等其他不同学科的相关研究新成果，探索岭南建筑和聚落的选址布局、建造技艺、历史变迁和建筑意匠等方面的文化地域性格，总结地域技术特征，梳理社会时代精神，凝练人文艺术品格。

我自1993年从南开大学哲学系美学专业硕士毕业，后来在华南理工大学任教，便开展建筑美学理论研究，1997年有幸师从陆元鼎教授攻读建筑历史与理论专业博士学位，逐渐形成了建筑美学和风景园林美学两个主要研究方向，先后主持完成国家社会科学基金项目、国际合作项目、国家自然科学基金项目共4项，出版有《岭南近代建筑文化与美学》《建筑美学十五讲》等著（译）作12部，在《建筑学报》《中国园林》《南方建筑》《哲学动态》《广东社会科学》等重要期刊公开发表180多篇学术论文。我主持并主讲的《建筑美学》课程先后被列为国家级精品视频课程和国家级一流本科课程。经过近30年的持续努力逐渐形成了植根岭南地区的建筑美学研究团队。其中在"建筑美学"研究方向指导完成40余篇硕士学位论文和10余篇博士学位论文，在团队建设、人才培养、成果产出等方面已形成一定规模并取得一定成效。为了进一步推动建筑美学研究的纵深发展，展现团队研究成果，以"岭南建筑文化与美学丛书"之名，分辑出版。经过统筹规划和沟通协调，本丛书第一辑以探索岭南建筑文化与美学由传统性向现代性的创造性转化和创新性发展为主题方向，挖掘和展示岭南传统建筑文化的精神内涵和当代价值。第二辑的主题是展现岭南建筑文化与美学由点连线成面的空间逻辑，以典型案例诠释岭南城乡传统建筑的审美文化特征，以比较研究揭示岭南建筑特别是岭南侨乡建筑的独特品格。这既是传承和发展岭南建筑特色的历史责任，也是岭南建筑创作溯根求源的时代需求，更是岭南建筑美学研究的学术使命。

"岭南建筑文化与美学丛书·第二辑"共三部，即谢凌峰著《岭南地区与马来半岛现代建筑创作比较》，李岳川著《近代闽南侨乡和潮汕侨乡建筑审美文化比较》和赖瑛著《惠州建筑文化与美学》。

本辑丛书的出版得到华南理工大学亚热带建筑科学国家重点实验室的资助，特此说明并致谢。

是为序！

唐孝祥

教授、博士生导师

华南理工大学建筑学院

亚热带建筑科学国家重点实验室

2022年3月15日

近代侨乡建筑是在19世纪中后期到20世纪上半叶，在中国社会转型背景下产生的一种较为特殊的建筑文化现象，作为海外移民对家乡施加影响的结果，其既不同于古代在特定自然和社会环境下逐渐形成、演变缓慢的本土传统建筑，也有异于近代主流建筑师对于建筑民族形式的探索。过往研究对侨乡建筑的关注主要集中于其地域性和类型性等方面，而对社会组织变迁、侨乡经济发展、近代文化转型等因素对侨乡建筑的综合塑造作用较为忽视。在另一方面，由于我国侨乡众多，因此融合了本土建筑与外来建筑文化多种特征的侨乡建筑也产生了丰富的多样性，这其中，闽南与潮汕侨乡地缘相接、气候相近、风俗相类，原有的本土建筑有着较多的相似点，但在侨乡化时期，因为不同的历史境遇而表现出迥然相异的发展趋向和文化特征，对二者进行比较研究，对于揭示在社会变迁时期的民间建筑文化的发展规律，以及社会经济因素如何具体作用于中外建筑文化交流的融合过程，丰富和完善侨乡建筑的研究体系有重要的案例价值。

近代闽南与潮汕侨乡表现出不同的社会组织变迁规律，这是导致两地建筑文化差异性发展的原动力。在闽南乡村，传统的宗族组织开始松弛，作为宗族组成单元的华侨家族和家庭的独立性增强，使民居建筑相应地呈现单体化演进的趋势，尤其是大量单体式洋楼的建造大大改变了乡村聚落的景观面貌。而潮汕乡村建筑大多呈现群体性的特征，这是由于潮汕华侨较为重视宗族内本房派的建设，其典型"祠宅合一"的建筑群落形式是对古代潮州地区府第式建筑的调整，也是对新兴华侨家族结构特征的适应。侨乡化也使得大量人口迁往或停留于城市，促进了城市建筑文化的繁荣，由于社会构成等因素的差异，两地侨乡城市民居表现出享乐性与商居性的差异。与此同时，人口骤增使城市面临巨大的空间环境压力，成为城市改造的促因之一。20世纪二三十年代，政府对地方社会的控制力度加强，又兼有华侨资金的支持，使得大规模城市改造得以实施，并以两地侨乡开埠城市为代表，表现出对原有城市空间结构重构和延续的差异。

侨乡经济的驱动是近代闽南与潮汕侨乡建筑得以发展繁荣的物质基础。侨汇的大量涌入一方面促成"侨批业"这样具有鲜明侨乡特色的行业类型的产生，并伴随产生了"侨批馆"这一特殊的建筑类型，另一方面也使得侨乡发展成为消费型社会，建筑文化因此表现出娱乐性、商务性等特征。这些是侨汇之于建筑文化的间接作用。而在直接作用方面，房地产业是投资型侨汇的主要去向，而开埠城市则集中了两地侨乡绝大部分的房地产投资，与其近代城市建设相辅相成，并以骑楼建筑为典型代表。除了对气候的适应性和政府的推广外，骑楼下店上宅，灵活自由的开间布局也适应于"量少而分散"的华侨资本结构特点，因此得以作为闽南和潮汕侨乡房地产业的主要"商品"形式而大量生产，而房地产市场发育程度的不同则使两地建筑文化趋向于商业化与商品化的差异。

在近代侨乡文化转型的催化作用下，两地侨乡也呈现出中外建筑文化的冲突、分化和整合现象。根据接触程度的不同，两地侨乡建筑文化冲突主要表现出整体性和局部性的差异，由此导致在冲突结果上，闽南侨乡从城市到乡村都广泛表现出以外廊样式为代表的外来建筑文化的影响；而在潮汕侨乡，外来建筑文化的影响大体局限于汕头等城镇，而对乡村的影响并不明显，城乡建筑文化表现出不平衡性。而在建筑文化分化中，两地华侨在建筑样式选择、公益性的建筑活动、居住和环境观念等方面表现出变革性与改良性的价值取向区别，在建筑文化整合中，闽南侨乡倾向于以外来建筑文化的价值观念和形式对旧的建筑体系进行改造，呈现外向性的文化性格特征；而在潮汕侨乡，各种外来建筑要素则被吸收为本土建筑文化的组成部分，丰富了本土建筑的表现形式，表现出内向性的文化性格。

目 录

闽南与潮汕侨乡近代建筑虽不一定像粤中五邑侨乡建筑那样奇异多彩，但却反映出中国近代民间建筑发展的一些基本方向和规律，尤其是二者具有较近似的发展起点，却因为不同的历史境遇而走向差异化的发展道路，在面对外来文化的冲击时，闽南建筑趋向于变革创新，潮汕趋向于改良延续；闽南建筑更具外向性格，潮汕则相对内敛平实；闽南建筑更彰显个性欲望，潮汕则注重群体和谐。对二者进行比较研究，挖掘这些差异产生的内在原因，继而揭示建筑发展与社会、经济、文化三者之间复杂多变的关系，是本书的核心目标。

第1章

近代闽南侨乡与潮汕侨乡审美文化的基础理论

闽南与潮汕地区是我国东南沿海著名的侨乡，二者气候相似、地缘相接，风俗相近，尤其都以浓厚的商贸和海洋文化特色著称于世。从历史渊源来看，中原移民入闽后，再持续南下迁徙，直至潮汕地区，可见两地文化同根同脉，都是汉民族在不断的南迁过程中，与当地住民长期融合的结果。同样出于对生存空间的开拓，地处沿海的闽南和潮汕地区很早就有人向中国台湾和东南亚移民，并在近代达到高潮，终于形成了两地各具特色的侨乡文化，而建筑文化正是其中的重要组成部分，也是侨乡文化中较为直观的表现形式。

近代闽南与潮汕侨乡建筑文化在特定的社会时代背景下产生，既不同于两地本土建筑文化，也非外来建筑文化的简单移植，而是二者碰撞、交流的产物，且因其产生于民间，具有鲜明的地域乡土特色，也与官式建筑的发展殊异，这也正是侨乡建筑的特别之处。正如人类学者李亦园先生所说，"中国文化是人类文化中'重要'而又'奇特'的文化"，这是因为"中国文化在许多不同的处境下提供不少的实验体——华侨社会，以供比较研究。从文化人类学的观点看，世界各地的华侨社会简直都是中国的'文化试管'，这些试管都或多或少提供中国文化在若干新'变项'下的'函数关系'，因而使研究中国文化的人更能深入地了解其属性，这种自备'文化试验场'的文化，显然是绝无仅有的"①。本土侨乡虽不是海外华人社区那样单纯的华侨社会，但也大半具有这种"文化试管"的特征，而所谓"新变项"正是两地所遭遇的不同历史境遇，即社会、经济和文化的多重影响，使得闽南与潮汕侨乡孕育出具有差异性的建筑文化。李亦园先生还引用一位古乐器研究者陈蕾士女士的话来说明中国民间文化多样性和整体性的统一，陈女士说道："中国国乐所用的乐器各地大致相同，但在演奏时，各地区用以作导引的乐器则有不同，例如潮州人用'外江胡'作导引，福建人则用箫作导引，其风格也因此不同，而各地的人都认为他们所演奏的才是真正的国乐。可是如混合这些不同的色彩在一起，大家也都承认这是国乐"②。相类似的，中国建筑在历史发展过程的不同阶段中，在不同的地域中不断地显现出各种特质，这些特质未必同时出现，但合在一起或许才为完整的中国建筑。闽南与潮汕近代侨乡建筑虽产生于大体相似的社会土壤，但却表现出不同的特征和发展倾向，展现了中国建筑发展的丰富可能性，这或许正是其迷人和值得研究之处。

---

① 李亦园. 人类的视野［M］. 上海：上海文艺出版社，1996：379.
② 李亦园. 人类的视野［M］. 上海：上海文艺出版社，1996：361.

1.1 研究意义

1.1.1 理论意义

第一，选择闽南与潮汕侨乡为研究对象，有助于揭示近代中国建筑在民间社会发展的一般演进规律。两地建筑作为我国侨乡建筑乃至近代建筑的重要组成部分，主要发展于民间，有别于官方和学院派的建筑近代化探索，轻理论而重实践，更具经验性和感性化色彩，是民间智慧的集中体现，也为我们提供了一个特殊的视角来审视近代中外建筑文化的碰撞与交流现象。

第二，丰富了侨乡建筑的研究，使得这一领域的研究成果更为完整化和体系化。在中外文化势力的对比上，闽南和潮汕两地中外双方文化势力相对均衡，不似五邑侨乡外来建筑文化势力明显超过本土，也不似兴梅客家侨乡本土建筑势力占据绝对优势，因此在区域上具有典型意义。

第三，闽南与潮汕侨乡建筑文化的比较研究暂无人问津。作为近代以来中国重要的两个侨乡地区，两地具有天然的地缘联系和相近的文化渊源，但却产生了不同的侨乡建筑文化现象。比较研究有助于揭示在相似的发展起点下，建筑文化在近代演进过程中地域性差异的生成机制，同时也有助于凸显各区域侨乡建筑文化的独特性，并进一步丰富侨乡建筑研究的方法论。

第四，侨乡建筑文化是社会转型的产物、经济建设的硕果、文化交流的结晶、时代精神的具现，蕴涵着建筑—经济—社会—文化之间复杂多变的关系。本研究采用跨学科的研究方法，以侨乡社会结构变迁、华侨经济发展、中外文化交流与侨乡建筑的互动影响为线索展开，以此进一步揭示侨乡建筑文化发展的历史脉络、社会机制、文化动因和审美理想，丰富和拓展了建筑史学的研究视野，由此为同类型的相关研究提供参考和借鉴。

1.1.2 现实意义

第一，近代华侨大规模的建设活动在相当程度上奠定了今日两地侨乡现有的城市乡镇的基本格局和建筑景观特色，是城市与乡村进一步向未来发展的原点，同时也为当今的城乡建设提供了用之不竭的文化财富。对两地近代侨乡建筑进行研究，挖掘其文化内涵，总结其发展过程中的经验得失，对于延续城市文脉，推动乡村城镇化发展有重要的借鉴价值，由此可进一步为地方政府的规划建设提供参考依据，从而促进当地城乡建设的可持续发展。

第二，有助于促进侨务工作开展，延续文化传统。闽南与潮汕两地华侨数量众多，侨居地域广泛。他们在侨居地进行的日常生活乃至建筑营造中，仍大量继承中国祖籍地的文化传统，本地域闽南文化和潮汕文化的影响尤为深刻。通过对两地侨乡建筑文化进行研究，有助于揭示海外侨居地与侨乡地区的文化关联及演化机制，从而延续文化传统，强化海外华人的认同感和"根"意识。

第三，对两地侨乡建筑文化的比较研究能够为我们当代的建筑创作提供借鉴和参考。传承与变革是近代侨乡建筑发展的一对基本主题，其中闽南侨乡建筑文化更趋向于变革，潮汕侨乡更趋向于传承，二者在面临外来文化的冲击时，对中国建筑的未来发展方向交出了不同的答卷，但都闪耀着民间文化独有的智慧光辉。今天我们正处于民族文化走向世界这一相似而又相反的社会转型背景下，近代两地侨乡建筑所呈现的各种演化规律，以及采取的各种建筑策略，对于我们当下在设计中要表达地域和民族特色的建筑理念也无疑有重要的借鉴和启发意义。

1.2 相关研究现状

1.2.1 近代侨乡建筑研究概况

1.2.1.1 近代侨乡建筑的地域研究

从地域视角分别对侨乡建筑现有研究进行考察，有助于我们对现有研究重点和研究规模获得一个概括性的认识，由于广东和福建是我国最主要的两个侨乡，且闽南与潮汕地区也位于这两省，因此这里主要列举粤闽两省的相关研究。在广东方面，相关专著主要有：陆元鼎、魏彦钧《广东民居》（1990），马秀芝等《中国近代建筑总览·广州篇》（1992），张国雄等《老房子——开平碉楼与民居》（2002），黄继烨等《开平碉楼与村落研究》（2006），程建军《开平碉楼：中西合璧的八百乡文化景观》（2007），陆琦《广东民居》（2008），樊炎冰《开平碉楼与村落》（2008）等；学术论文中，有林冲《骑楼型街屋的发展与形态的研究》（2000），彭长歆《岭南建筑的近代化历程研究》（2004），唐孝祥《近代岭南建筑美学研究》（2003）等博士论文，此外还有赖瑛《兴梅侨乡近代建筑美学研究》（2005），吴妙娴《近代潮汕侨乡建筑美学研究》（2006），朱岸林《近代广府侨乡建筑美学研究》（2006）等多篇硕士论文以侨乡建筑为研究对象；福建方面，现有出版著作中涉及侨乡建筑研究的著作主要有：高鉁明《福建民居》（1987），李乾朗《金门民居建筑》（1978），郭湖生《中国近代建筑总览·厦门篇》（1993），黄汉民《福建传统民居》（1994），黄金良《泉州民居》（1996），吴瑞炳《鼓浪屿建筑艺术》（1997），戴志坚《闽台民居建筑的渊源与形态》（2003）等；在学术论文中，有关瑞明

《泉州多元文化与泉州传统民居》（2002），倪岳瀚《旅游历史城市泉州遗产开发与文化旅游》（2000），夏明《外来文化影响下的泉州近现代建筑——新旧两次"国际性"与"地域性"交流的启示》（2002），陈志宏《闽南侨乡近代地域性建筑研究》（2005），杨哲《厦门城市空间与建筑发展历史研究》（2005）等博士论文。此外，谢鸿权《泉州近代洋楼民居初探》（1999）等硕士论文也是对福建侨乡建筑进行专门研究的重要文献。

总体来看，粤闽两省侨乡建筑研究有所涉及的著述颇为丰富，但以侨乡特色为研究主题的专论相对较少，在广东方面，五邑侨乡的相关研究较为丰富，但潮汕、兴梅等地的侨乡建筑研究尚有待深化；在福建方面，相关研究大多围绕特定建筑类型和中心城市展开。

1.2.1.2 近代侨乡建筑的史论研究

最早出现的侨乡建筑研究即是从建筑史论的视角出发的，大约在20世纪50年代末60年代初。20世纪80年代中期至90年代中期是我国近代建筑史研究的起步阶段，有关侨乡建筑的探讨也零散见于其中，在1959年编撰的《中国近代建筑史（初稿）》中，侯幼彬先生以西方建筑早期在中国的传入这一视角，对广东侨乡的一些西式住宅有所提及，可说是中华人民共和国成立后有关侨乡建筑研究的最早记录。而后在1985年由清华大学汪坦先生发起的"中国近代建筑史研究会"拉开了"文化大革命"以后中国近代建筑史研究的序幕，在历届研讨会上，有相当部分都以粤闽两省侨乡建筑类型为研究素材，如蔡晓宝的《广东地区近代中外建筑形式之结合的研究》（1986），颜紫燕《广东开平采风堂》（1986），梅青《鼓浪屿近代建筑的文脉》（1988），何勍《厦门大学与集美学村的近代建筑》（1990），马秀芝《汕头近代城市的发展与形成》（1990），藤森照信《外廊样式——中国近代建筑的原点》（1990），李传义《外廊建筑形态比较研究》（1992）等。总结来说，在这方面的研究著述中，侨乡建筑往往与殖民建筑一起，作为受西方建筑体系影响而产生建筑类别，而对侨乡建筑的本土自主演进的主动性特征较为忽视。

在较近的研究中，夏明的博士论文《外来文化影响下的泉州近现代建筑——新旧两次"国际性"与"地域性"交流的启示》（2002）重点考察了泉州近代史上的两次大规模对外交流时期，即1840~1949年，1979~1999年，建筑文化的发展，并对泉州近代建筑史上的重要事件做了回顾，包括新建筑类型的出现、城市改造、新区建设等，该文以发展观点来探讨侨乡建筑与城市发展，视野从近代拓展到现代，现实意义浓厚。

陈志宏的博士论文《闽南侨乡近代地域性建筑研究》（2005）从近代地域性建筑发展的视角出发，从单一的建筑类型研究向区域建筑发展的动态综合研究拓展，对闽南近代侨乡建筑形成发展的背景，包括近代城市建设进程、建筑师与营造业制度、地方性建筑管理制度、建筑法规等进行了全面概述，深入探讨了闽南侨乡近代建筑这一"非主流"的民间性"本土演进"方式。

1.2.1.3 近代侨乡建筑的类型研究

对建筑类型的划分可以有多种视角，现有研究多从建筑形制特征进行分类，对包括碉楼、骑楼、洋楼等典型的建筑类别进行探讨，除建筑形制风格外，还可依据建筑功能将侨乡建筑划分为居住建筑、商业建筑、防御建筑、教育建筑和公共建筑等建筑类型。其中福建洋楼、广东的楼式侨居等属于居住类型，骑楼则商业及居住功能兼有，类似的还有碉楼综合了防御和居住功能，由于碉楼、骑楼、洋楼都属于居住环境或居住环境的延伸，因此这几种建筑类型也都可以归类为侨乡民居类别，但民居视角侧重于居住功能，与形制特征分类侧重于建筑造型风格有所区别。

首先来看碉楼。碉楼是广东最具特色的侨乡建筑类型，1990年陆元鼎和魏彦钧两位先生合著的《广东民居》在"各地区民居"一章中将侨乡民居单独列出，并予以分类，分别列举了楼式侨居、庐和碉楼的多个实例，并辅之以照片、测绘图加以分析和说明，主要侧重于建筑物的平面布局、立面处理和功能使用等方面的分析；1994年梁晓红的硕士论文《开放·混杂·优生——广东开平侨乡碉楼民居及其发展趋向》是较早的以开平碉楼为对象的专题研究。该文在大量实地调研的基础上分析了碉楼民居的外部造型、单体与群体的对立统一等特点，并探讨了旧的建筑体系在西方建筑体系进入，以及旧的乡村建设模式在新时代条件下的生存、发展和创新问题。2000年开平市启动了申报开平碉楼与村落作为世界文化遗产的工作，并于2007年申遗成功，无疑为历史建筑的保护与发展提供了良好的保障，2004年第九次中国近代建筑史研讨会也在开平召开，多篇有关"开平碉楼调查、研究及其再保护与再利用"主题的论文在会议上发表，并收录在《中国近代建筑研究与保护——四》论文集中，同时出版了一定量的学术专著，例如张国雄的《老房子——开平碉楼与民居》（2002，李玉祥摄影）和《开平碉楼》（2005），程建军先生的《开平碉楼：中西合璧的八百乡文化景观》（2007），樊炎冰先生的《开平碉楼与村落》（2008）等，这些著作从开平碉楼的产生、类型、功能、保护与再利用、艺术价值、文化价值等诸多方面做了全方位的研究。

骑楼是另外一种普遍存在于粤闽两地的侨乡建筑类型。林琳的《港澳与珠江三角洲地域建筑：广东骑楼》（2006）是一部广东骑楼研究的专著，该书从地域性建筑研究的视角出发，对广东骑楼的概念、分布、传播、发展历史、类型、区域差异、街巷布局形式等问题做了详细的研究；林冲的博士论文《骑楼型街屋的发展与形态的研究》详细探讨了我国骑楼与近代英属东南亚殖民地外廊样式的渊源关系、骑楼在东南亚与我国的发展情形、相关历史背景、民间与政府的态度、骑楼兴盛和衰落的原因、台湾骑楼与大陆的渊源关系等问题。

最后来看洋楼、别墅等建筑类型。1978年李乾朗先生所著的《金门民居建筑》将金门的传统闽南民居与洋楼民居分开讨论，分析了洋楼起源的背景、形式与细部特色，指出其中西结合的方式包括有空间布局的结合、结构方式与材料用法之结合、装饰细节的结合等，并举出实例予以分析，是早期民居研究中对侨乡建筑探讨较为深入的一部专著。1997年出版的《鼓浪屿建筑艺术》就鼓浪屿建筑的类别、室外装饰艺术做了全面介绍，并实测有代表性的建筑38栋，附有详尽的测绘图纸和建筑资料。谢鸿权1999年的硕士论文《泉州近代洋楼民居初探》对于洋楼的定义、整体形式、门窗、山头、柱式、栏杆以及外墙装饰等细部构造、建筑的空间布局、艺术特点等都做了详尽的描述和探讨，并总结了影响洋楼建筑形式的几点因素，包括近代华侨人文因素、殖民地样式建筑因素、本地建筑传统因素等。

1.2.1.4 近代侨乡建筑的跨学科研究

侨乡建筑是华侨文化与地方文化的结合，具有特殊的经济特征，社会关系特征等，客观上要求我们进行跨学科交叉综合研究，现有相关研究大体如下：

倪岳瀚先生的博士论文《旅游历史城市泉州遗产开发与文化旅游》（2000）从旅游开发和文化遗产保护的角度来考察泉州这一侨乡城市，提出以旅游来促进历史遗产保护的观点，现实意义浓厚。

关瑞明先生的博士论文《泉州多元文化与泉州传统民居》（2002）从社会学和文化学的角度，将泉州民居的各种类型进行分类论述，其中对泉州骑楼和洋楼的定义、历史渊源、空间形态和构成分别做了详细分析，在此基础上共同纳入"泉州建筑文化圈"这个系统内进行比较研究，用"类设计"的概念，将各类传统民居，洋风建筑，以及现代住宅进行横向和纵向的联系与对比，为当代建筑设计提供了可借鉴的思路。

唐孝祥先生的《岭南近代建筑文化与美学》（2010）认为侨乡民居是近代岭南建筑的"文化地域性格"的突出表现，该文分别考察了广东的三大侨乡，即粤中五邑地区、粤东北兴梅地区和粤东潮汕地区，指出了侨乡建筑在地区发展上的不平衡性，以及各自的美学特征和人文品格。而在唐孝祥的博士论文《近代岭南建筑美学研究》（2003）之后，陆续有赖瑛的"兴梅侨乡近代建筑美学研究"（2005），吴妙娴的"近代潮汕侨乡建筑美学研究"（2006）等硕士论文完成，使研究范围不再局限于粤中五邑地区，丰富并拓宽了广东侨乡建筑文化研究的视野与学科体系。

此外，《开平碉楼景观的类型、价值及其遗产管理模式》等文从城市形象、定位及其规划建设、交通系统建设等诸多方面就此提出见解，《近代广东侨乡生活方式与社会风俗的变化——以潮汕和五邑为例》《近代华侨在潮汕地区的投资及其启示》等论文从文化学、社会学、经济学等视野出发推进侨乡建筑文化的研究。

1.2.1.5　近代侨乡建筑的比较研究

《近代岭南侨乡建筑的审美文化特征》对五邑、潮汕、兴梅三大岭南侨乡建筑的美学特征进行了归纳比较，这一视角转换和方法创新为侨乡建筑文化研究提供了新的研究观点、思路和方法。"试比较广东侨乡近代建筑审美文化特征""输入与输出：广东侨乡文化特征散论——以五邑与潮汕侨乡建筑文化为中心""碉楼：一个时代的侨乡历史文化缩影——中山与开平碉楼文化的比较和审视"等文也进行了可贵尝试。"闽南近代洋楼民居与侨乡社会变迁"一文中，结合社会背景就闽南枪楼与广东碉楼做了对比。但总的来说，福建省内部各地域侨乡建筑的比较研究较为缺乏，而以粤闽两省的侨乡建筑文化为研究对象，进行整体性比较研究的著述尚未出现。

1.2.1.6　其他学科侨乡文化研究举例

侨乡文化是侨乡建筑文化的母体，因此也有必要对其研究现状进行一定的了解。关于侨乡文化的研究和记录颇为丰富，相关著作如福建省民俗学会《福建侨乡民俗》（1994），林家劲《近代广东侨汇研究》（1999），王本尊《海外华侨华人与潮汕侨乡的发展》（2000），梅伟强《五邑华侨华人史》（2001），俞云平《福建侨乡社会变迁》（2002），郑一省《多重网络的渗透与扩张，海外华侨华人与闽粤侨乡互动关系研究》（2006），蔡苏龙《侨乡社会转型与华侨华人的推动，以泉州为中心的历史考察》（2006），黄挺《潮汕文化源流》（1997），张国雄《五邑文化源流》（1998），龚伯洪《广府文化源流》（1999）等。

1.2.2　现有侨乡建筑研究中存在的问题

上文从多个方面就粤闽侨乡建筑的研究现状做了梳理，可以看出，在地域研究方面，侨乡的中心城市如广州、厦门、泉州等地的相关研究成果最为丰富；在类型研究上，研究焦点主要集中于碉楼、骑楼两种建筑类型，对洋楼建筑的研究次之；在学科视野上，现有研究从社会学、经济学等视角探讨侨乡建筑的社会经济价值，从城市规划、文物保护、旅游学等方面探讨历史侨乡建筑的保护与开发利用，都取得了显著的成果。但总体来说该领域的研究还存在一些问题，主要表现在以下几个方面：

第一，在类型研究方面，"侨乡建筑"作为一种建筑类型体系，其概念尚不明确，其所包含的建筑类型分支尚缺乏整合，这也是产生其他一系列学术缺憾的根本原因。从上文综述可以看出，对于侨乡建筑的各种具体类型，如碉楼、骑楼、洋楼等，相关研究都较为丰富，但彼此之间缺乏联系的视野，且多以建筑学的视角为重点，考察其风格类型、平面布局、立面造型、装修装饰等形制特征，虽然也谈及其历史渊源，但与考察传统建筑类型所采用的方法和视角并无实质性的区别，对侨乡建筑独特的文化渊源特征较为忽视。事实上，尚未有出版任何一部专著，对各类型侨乡建筑做整体全面的介绍，这也从侧面说明，现有侨乡建筑研究中尚缺乏一种"侨乡视角"，各类型的侨乡建筑尚未被作为一个整体中的组成部分来看待。此外，任何一种成熟的建筑风格体系都不是孤立存在，除了对碉楼、骑楼、洋楼等典型建筑类别、建筑精品的研究之外，对风格不甚明确或是处于过渡形态，以及大量相对"平凡"的建筑进行研究，继而建立完整的侨乡建筑谱系也十分必要。如此才能深刻揭示侨乡建筑产生、发展、繁荣的全过程，对侨乡建筑类型的整体面貌特征做到全景式的了解与把握。

第二，在地域研究方面，存在各地侨乡研究不均衡，城市乡村研究不均衡的现象。单就粤闽两省对比来看，福建省以侨乡建筑为题的研究专著相对较少，但这并不是说福建省的侨乡建筑类型不为学界所注意，而是指现有研究中的侨乡主题不甚突出，多数是作为某一建筑类型（洋楼、骑楼等），或某一地域（厦门、泉州等）的属性之一进行探讨，并且常围绕着厦门、泉州等中心城市展开研究，城乡研究失衡。而在广东省方面，开平碉楼是其建筑风格最为鲜明的民居类型，申遗成功对于整个侨乡建筑研究领域的研究也有着明显的带动作用，但在潮汕侨乡、兴梅侨乡等地，相关研究还在起步之中。可以看出研究的不均衡性同时存在于广东与福建两省的对比之中，存在于侨乡中心城市与边缘城市的对比之中，存在于城市与乡村的对比之中。

第三，在史论研究方面，侨乡建筑的概念尚不独立，内容尚不完整。《中国建筑史》（2009年第6版）中将广东侨乡的庐式侨居和碉楼侨居作为五种本土演进的住宅类型之一，并且与东南沿海城市的骑楼、铺屋区分开来，而对它们共有的侨乡特征不甚重视。《图解中国近代建筑史》（2009）仅略微提到骑楼建筑。可见，侨乡建筑在中国近代建筑史上的地位与意义还不彰显。

第四，在跨学科研究方面，学者们从社会学、经济学、文化学、旅游学等思路出发，为侨乡建筑文化研究开拓了宽广的视域。缺憾在于，在社会学层面，对于侨乡建筑所蕴含的社会结构关系，以及所反映的社会现象，相关研究还较为缺乏；在文化与美学层面上，对于建筑文化源流及文化表现特征的挖掘仍相对薄弱，尤其有关福建侨乡此方面的研究成果较为零散。

1.2.3 进一步深化研究的对策与思路

通过总结现有侨乡建筑研究中所存在的学术缺憾可以看出，根本问题在于，"侨乡建筑"作为一种建筑类型体系，构成尚不清晰，概念尚未完全厘定，由此导致该领域的类型研究、地域研究、史论研究等都缺乏广泛联系的视野。我们提出的解决对策是：在总结近代粤闽侨乡社会文化类型特征的基础上，建立宏观的侨乡建筑文化系统，自上而下地对物质层面的侨乡建筑现象进行诠释，这是一种系统文化论的观点，其具体实现依赖于系统内部要素之间广泛的联系比较，其中最主要的两大子系统——广东侨乡建筑文化与福建侨乡建筑文化的比较研究显然是研究的重点内容，也是解决现有学术缺憾的关键所在：

第一，以粤闽文化和华侨文化作为侨乡建筑文化系统所立足的宏观背景，从政治、经济、文化等多方面总结粤闽侨乡的社会类型特征和文化精神特征，由此建立系统的侨乡研究视角，并沿用到建筑文化现象，作为进一步研究的基础。

第二，针对地域研究的不均衡现象，以整体的侨乡建筑文化视野重新审视现有的研究成果，对其进行广泛的吸纳与整合，并分别建立广东、福建侨乡建筑文化的子系统，以及以重要侨乡城镇为中心，乡村为边缘的层级结构，体现文化系统在地域上的结构性和层次性。在这其中，对福建侨乡城市现有研究的再诠释是研究的重点；其次，对于侨乡文化所辐射的次要城镇、乡村地区，也应建立完整的侨乡建筑谱系，分析边缘与中心之间的区别联系。

第三，针对类型研究相对孤立的现状，分别对碉楼、骑楼、洋楼等典型建筑类别，以及处于过渡形态或特征并不显著的华侨住宅进行整合，统一到整体的侨乡建筑类型体系中，并就建筑功能、空间布局、造型风格、环境选择、建筑思潮等多维视角广泛深入地展开侨乡建筑的类型比较研究。同时应该看到，建筑类型与所处地域存在一定的对应性，因此粤闽侨乡建筑文化比较在相当程度上可以解决类型比较的问题。

第四，在史论研究方面，通过对粤闽侨乡建筑文化进行比较研究，揭示侨乡建筑在粤闽城乡近代化历程中所起的作用，有助于明确和彰显侨乡建筑在中国近代建筑史中所处的地位，为近代本土演进的建筑类型提供更为详尽的范例，为现代建筑设计中的传统继承问题提供思路与启发。

第五，在跨学科视野研究中，应更多从文化和美学层面的人文视角来考察比较粤闽侨乡建筑文化，粤闽两省具有天然的地缘联系和文化渊源，各地侨乡或多或少都表现出开放性、融通性、务实性、创新性的地域文化特色，但根据特定的历史背景和自然地理条件，又存在其各自的特殊性。相较于器物、服饰、饮食等物质文化，建筑具有更为直观、综合的特征，与特定时空的社会文化精神起着相互证明、相互阐释的作用。因此从文化与美学视角出发对侨乡建筑进行比较研究，可更有效地揭示近代粤闽各地侨乡社会在价值系统、社会心理、思维方式和审美理想等方面的异同。

1.3 研究对象与范畴

1.3.1 闽南与潮汕侨乡近代建筑发展的时空范围

1.3.1.1 闽南与潮汕侨乡近代建筑发展的时间区间

学界通常以1840年鸦片战争到1949年中华人民共和国成立作为中国近代建筑史的时间区间，这段时间是新旧社会交替的特殊历史时期，侨乡建筑文化正是在社会转型的直接影响下形成和发展起来的。以闽南地区来说，鸦片战争及1842年《南京条约》的签订迫使清廷开放厦门作为五个通商口岸之一。而在潮汕方面，由于1858年第二次鸦片战争爆发，同年《天津条约》签订，汕头成为第二批约开商埠，并于1860年正式开埠。开埠通商带来的一个直接结果是以契约华工为形式的第一批移民高潮，移民数量远远超过前代，为侨乡的形成准备了基础。早期出国侨民被清政府视为化外之民，国民出洋或归国都会被处以严厉惩罚，从而也无法对家乡施加影响。因此侨乡形成的历史契机直到清政府的华侨政策转变才真正到来，1860年《中英天津续订条约》正式"准许英国招募华工出国"，而对于华侨回国的问题，到清光绪十九年（1893），清政府颁布法令："除华侨海禁，自今商民在外洋，无问久暂，概许回国治生置业，经商出洋亦听之"[①]。因此到了19世纪的最后十年，侨民开始得以自由地来往于国内和海外之间，早先第一批出洋的华工得以还乡，闽南与潮汕地区的侨乡化才真正开始。但在外国势力把握地方政治、经济命脉的情况下，华侨虽得以返乡，但也难以有所作为，晚清时期是中国半殖民地化最为严重的阶段。因此，这个时期的侨乡化进程是相对缓慢的。

从这个角度来说，鸦片战争的爆发是促成闽南与潮汕侨乡形成的直接外部原因之一。而在侨乡建筑方面，19世纪中叶的华侨建造活动是零星的，到19世纪末第一批华工得以返乡，兴建活动逐渐增多，因此从19世纪中叶到19世纪末可以作为两地侨乡建筑文化的发端阶段。

在20世纪的前二十年中，先有清政府推行新政，到1911年清朝灭亡，民国成立，1914年第一次世界大战爆发，帝国主义无暇东顾，中国半殖民情况有所缓解。在这一时代背景下，华侨资本得以更多积累，兴建活动进一步增加，这一段时期可以认为是两地侨乡建筑文化的发展阶段。

20世纪二三十年代，尤其是1927年南京国民政府成立到1937年的十年间，社会相对稳定，经济有明显发展。同时世界经济危机发生，南洋华侨谋求资本出路，纷纷回国投资，置办房产，建筑活动达到高潮。这一段时期可以认为是两地侨乡近代建筑文化发展

---

① 赵尔巽. 清史稿. 卷023. 本纪二十三. 德宗本纪［M］. 长春: 吉林人民出版社, 1998: 596.

的鼎盛阶段。

1937年日本发动全面侵华战争，侨汇断绝，侨乡建筑活动也戛然而止，1945年日本投降，但1946年解放战争爆发，侨乡建设活动虽有恢复但数量不多，因此这段时期是侨乡建筑文化发展的低潮阶段。直至1949年中华人民共和国成立，侨乡建筑文化的发展才迎来新的生机。

以上是从建筑活动的数量规模对近代侨乡建筑的发展进行阶段划分，当然划分的标准不是绝对的，若以侨乡建筑风格的转变为标准，则1911年清朝灭亡是一个关键节点，在此之前，两地侨乡建筑绝大部分仍按照地方传统形式建造，外来文化的影响是局部的，且较少表露于建筑外部造型上，而1911年以后，外来文化的影响立刻变得表面化，这一转变并非渐变过渡而形成，而是在较短的时间内发生的质变。其内在原因涉及社会权力合法性的转移，在后面我们将会详细论述。

1.3.1.2 闽南与潮汕侨乡近代建筑发展的空间地理环境

1. 闽南地区的空间范围和地理特征

关于闽南和潮汕文化所各自包含的空间地域范围，根据民系、方言、地理特征、行政区划等不同的划分标准，历来学者也多有争议。仅就行政区划而言，闽南地域范围一般包括位于福建省南部的厦门、泉州、漳州三市及其所辖县市，而本书主要选取其中受华侨影响较为鲜明的厦漳泉三市，以及周边重点侨乡作为研究范围，如厦门大部，泉州的晋江市、石狮市、南安市、惠安县、永春县等市县，漳州的龙海市、东山县、漳浦县、长泰县等市县。

闽南北部和西面为闽中大山带围绕，西南接潮汕地区，地势西北高而东南低，由山地、丘陵过渡到台地、平原、海湾。全区山脉纵横起伏，丘陵密布，有些山脉一直延伸到海岸，仅河口或沿海局部地区才形成冲积平原，平原数量少、面积不大，最大的漳州平原仅566平方公里。其次是泉州平原，面积345平方公里，在河流水系方面，闽南主要有九龙江和晋江、木兰溪等河流，其中九龙江是省内仅次于闽江的第二大河。闽南虽降水丰富，河流水量充足，但坡降较急，河路较短，且常独流入海，流域面积亦不大，因此土地不甚肥沃，但却适合种植茶叶、水果等经济作物，这也导致闽南地区自古农耕经济不甚发达，却有较深厚的商业贸易传统。

2. 潮汕地区的空间范围和地理特征

潮汕地区，一般认为是位于广东省东部，北连兴梅，西接惠阳，东邻闽南，南临南海的地理区域，在行政区划上，现主要包括汕头、潮州、揭阳、汕尾、潮阳、澄海、普宁、惠来、丰顺、饶平、揭西、海丰、陆丰、南澳等市县。在本书的研究中，选取其中受华侨影响较深的汕头、潮州、揭阳三市及其周边重点侨乡作为研究范围，如汕头大部（包括原潮阳县和澄海县），潮州的潮安县、饶平县，揭阳的普宁、揭东等县市。在地形地貌上，潮汕地区三面环山，一面向水，地势西北高而东南低，形成一块相对封闭并有较长海岸线的地理区域。区域内地貌包括山地、丘陵、台地、平原等，其中山地和丘陵面积约占总面积的50%，普宁、潮安、饶平、揭西、南澳等县山区面积较大。而平原地貌占到区域总面积的30%～40%。在河流水系方面，潮汕地区有韩江、榕江、练江三条主要河流，其中韩江是广东省的第二大河，源出赣、闽、粤三省交界的山地，一路南流至潮州市外，再由潮州分流入海，流域面积1740平方公里。榕江是潮汕地区的第二大河，流域面积达3512平方公里，并在中下游形成河谷平原和冲积三角洲平原，其中韩江三角洲平原面积最大，地处韩江下游，由韩江几道支流与南海交互沉积作用而成，面积近900平方公里，在南方仅小于长江三角洲和珠江三角洲。韩江平原和榕江平原由桑浦山分隔，榕江平原和练江平原有小北山阻断，但互相之间仍有接合处，一般统称为潮汕平原。其区域内水网密布，河道纵横，水量充沛，加之平原地势平缓，河床坡度低，土地肥沃，又有充足光热，为农业生产提供了优良的条件，因此潮汕地区自古以来农业极为发达，农耕文化根深蒂固，然而即使发展出"耕田如绣花"的耕作技术，也难以承受日益增多的人口压力，因此民众也不得不出洋海外，谋求生计。此外，区域内发达的水系则为水路运输提供了便利，尤其是韩江可一直上溯汀州，沟通闽粤赣三省的农产品贸易，经济腹地广阔，利于商业发展，这些因素对潮汕近代侨乡文化，乃至建筑文化个性特征的形成也产生了极大影响。

3. 闽南与潮汕地区的气候条件

在气候条件上，两地大体相似，都属于亚热带海洋季风性气候。夏热冬暖，终年日平均气温都在10摄氏度以上，鲜有霜雪。日照充足，全年日照时数均在2000小时以上，夏季最高气温可达37摄氏度。两地多雨潮湿，降水量同样丰沛，闽南山区年降水量可达2000毫米，而沿海地区降雨略低，约为1100毫米，潮汕地区年降水量则在1350～2200毫米。是我国年平均降水量630毫米的两倍以上，此外，七至九月是台风季节，台风常带来暴雨，造成洪灾，历史上正面袭击闽南和潮汕的台风都给人民生命财产带来很大损失，是两地主要的自然灾害，然而在另一方面，台风雨对解决冬春用水和秋旱也有着重要价值。高温高湿、多阳多雨多台风的气候特点也影响到两地的建筑形制，本地传统建筑多利用天井、开敞厅堂以利通风遮阳，采用硬山式屋顶以防台风侵袭等，而在近代侨乡建筑的发展中，这些特征有一些得到延续，也有部分特征则逐渐消失，为新的建筑技术、形式所替代，或因为某些需求而牺牲掉原本有利于改善房屋小气候的传统建筑做法。如陈志宏指出，"近代骑楼内部的生活环境质量远不如传统手巾寮民居，骑楼住宅之所以被普通民众接受，与近代城市市政建设及电灯的广泛使用不无关系"[①]，当然对商

---

① 陈志宏. 闽南侨乡近代地域性建筑研究 [D]. 天津: 天津大学, 2005: 155.

业利益的追逐也是牺牲房屋舒适性的一个因素，这些现象反映了建筑自然适应性与社会适应性之间的博弈取舍，即在近代侨乡化时期，原本为适应气候而生成的部分传统建筑特征发生了一些改变，以便适应于新的社会经济环境。

1.3.2 近代侨乡建筑概念的核心内涵探讨

概念作为对事物类别和性质的人为界定，是主客观的统一。主观性决定了概念不是封闭静止的，而是根据认知的角度和深度而不断发展；而客观性又约束了人们的认知倾向，是概念得以稳定的基础和依据，并由此指导研究和应用。"近代侨乡建筑"这个概念也是如此，在建筑学领域中，这是一个引申的、发展中的概念，但仅以建筑学视角来研究它就有所局限，因为其突出的社会性质和审美性质客观上要求社会学和美学视角的引入。

1.3.2.1 建筑学领域近代侨乡建筑概念的发展

这里主要从以下几点来考察建筑学领域中的近代侨乡建筑概念：第一是使用这一概念的初衷和目的；第二是这一概念通常指向的研究对象，也即其外延；第三是这一概念的演变过程和特征；第四是使用这一概念对于该领域研究的意义；最后是目前对这一概念的认识中尚存哪些问题。

1．初衷：以探讨民间传统建筑在外来建筑文化影响下的近代演进为主要目的

早在1959年编撰的《中国近代建筑史》（初稿）中，侯幼彬先生以西方建筑早期在中国的传入这一视角，对广东侨乡的一些西式住宅有所提及，可说是中华人民共和国成立后有关侨乡建筑研究的最早记录。在另一篇文章中，他认为："近代中国的建筑转型，基本上沿着两个途径发展：一是外来移植，即输入、引进国外同类型建筑；二是本土演进，即在传统旧有类型基础上改造、演变"，并列举了一些实例，如上海、天津等地的里弄住宅，青岛、沈阳等地的居住大院，以及"散见于广东侨乡的楼式侨居、庐式侨居"等都属于第二种途径，即在乡土住宅基础上融入外来建筑影响而形成。在这里，"侨居"是作为民间传统建筑在外来建筑文化影响下演进的一种情况而被列举的。其他早期相关研究也大体持相似的观点，如陆元鼎等先生的《广东民居》中写道："侨乡民居基本上都是传统的三间两廊屋及其发展演变而来的。有平房，也有楼房。但是，它在建筑形式和结构体系中，有着外来文化的交流和影响"[①]。这种思路对后继的研究无疑产生了重要影响，尤其"中西合璧"的形式特征成为判定研究对象的主要标准。但在各种具体建筑类型研究尚不深入的条件下，这些早期的探讨只能起到启发的作用。

① 陆元鼎，魏彦钧. 广东民居［M］. 北京：中国建筑工业出版社，1990：61.

2．外延：通常以洋楼、碉楼、骑楼、庐居等典型建筑类别和建筑精品为主要研究对象

得益于民居研究的繁荣，从20世纪80～90年代以来，有关粤闽侨乡的骑楼建筑、福建侨乡的洋楼建筑以及广东五邑侨乡的碉楼建筑等地域建筑类型的研究取得了丰硕的成果。如李乾朗的《金门民居建筑》（1978），徐志仁的《金门洋楼建筑》（1999）、《泉州骑楼建筑初探》（1998）、《厦门骑楼建筑初探》（1998）、《泉州近代洋楼民居初探》（1999）等。值得注意的是，这些研究多是以建筑的地域性和类型性作为核心议题，侨乡文化一般仅是作为社会历史背景的说明而存在的，因此还不能完全归类为以侨乡为视角的研究，但毋庸置疑的是，这些成果构成了"近代侨乡建筑"的研究基础，尤其在研究对象的范围上，近年来有关侨乡建筑的系统研究多数没有超出之前的范畴，如陈志宏的博士论文《闽南侨乡近代地域性建筑研究》就以建筑类型的划分为主要思路，包括"近代洋楼民居""近代骑楼建筑"以及"嘉庚建筑"三个部分，再如陆映春认为："唯全新建造的'庐'及'碉楼'两种类型由于集中分布于侨乡而最具典型性，更由于全新建造而有较强的完整性，集中反映了设计建造者的设计思想及设计手法，因而最能体现近代侨乡中西建筑文化融合的手法并成为我们分析之重点"。在潮汕和客家等侨乡，少数的建筑精品如澄海陈慈黉故居、梅县联芳楼等则成为研究者关注的重点。

3．演变：从强调地域性和类型性到突出文化性和审美性

近年来华南理工大学唐孝祥教授率领的团队从建筑美学的角度切入，推动了这一方面研究的进展。其代表著作《近代岭南建筑文化与美学》概括了广东三大民系侨乡建筑的审美文化特征：其中五邑侨乡表现出"鲜明的开放性特征、兼容性特征和创新性特征[①]"；兴梅侨乡"聚族而居的居住模式反映了对传统儒家文化的认同和持守……形式多样的客家侨乡建筑充分显示了对自然、社会和人文的高度适应性……建筑选址的风水观念反映了客家侨乡对建筑环境的审美选择"[②]；而潮汕侨乡建筑则表现出"博采众长的开放品格""经世致用的商业意识""精雕细刻的炫富心理"[③]。这是将建筑的地域性特征结合民系性格特征得出的对建筑文化性的概括。而从审美文化机制的角度来说，"五邑侨乡建筑发展最为成熟、最为典型、也最有成就，它经历了自我调适和理性抉择之后完全进入了实质性的融汇创新阶段……兴梅侨乡建筑面对中外建筑文化的交流碰撞，尚处于艰难的理性抉择阶段，尚未达到实质性的融汇创新，更多地表现为在沿袭传统建筑文化之时试探性地借鉴外国建筑符号和建筑技术……潮汕侨乡建筑面对'中西之争'城镇和乡村表现出了不同的文化抉择。前者更开放、更主动，融合性更强，后者相对保守、行动迟缓"。可以看出其是通过对不同建筑文化冲突融合的过程和类型进行细分，把广东各民系迥然相异的侨乡建筑文化加以整合，由此形成一个多样统一的侨乡建筑文化系统。与之前的研究相比，其研究范围不再局限于五邑这样建筑风格西化较为突出的侨乡，而是扩展到潮汕和客家侨乡这两个在建筑风格上保留了更多传统特色的区域。同时也淡化了对建筑类型特征的分析，而更为注重对不同类型建筑共通的文化性格进行总结。

1.3.2.2　使用"近代侨乡建筑"概念的学术意义

从上文可以看出，类似"近代侨居""侨乡民居""华侨住宅"的概念尽管很早就被提出，但并没有得到具体深入的研究，而近年来在对骑楼、洋楼、碉楼等建筑类型研究比较完善的基础上，"近代侨乡建筑"的概念也随之得到重视，这也是各方面研究不断深化并互相联系影响的结果。使用这一概念的意义主要表现为以下几点：

第一，从侨乡文化现象的角度，重新诠释了骑楼、洋楼、碉楼等建筑概念，并扩充了其文化内涵。以骑楼为例，骑楼虽不能说为侨乡所独有，但无疑以侨乡各地最为繁荣，其主要原因即在于华侨在其中的推动作用。具体来说，在近代侨乡城镇改造运动以及其他一些历史因素的作用下，房地产业成为华侨在家乡投资的主要形式，而骑楼建筑灵活的单元组织以及上屋下店的模式非常适合于资本较小的大多数华侨进行投资，兴建骑楼由此成为一种建筑潮流。可见仅仅从气候原因和形制特征来定义骑楼建筑是不完整的，其他建筑概念如洋楼、碉楼等也大体有类似的情况。

第二，将更多的侨乡建筑现象纳入研究视野。如前所述，中西合璧、土洋结合的建筑特征是过往研究确定研究对象的主要标准。但这些特征和侨乡建筑现象并无必然联系，一方面，其他非侨乡地区也大量存在着中西合璧的民间建筑，另一方面，侨乡建筑也并非都表现出洋化的特征，事实上在很多侨乡，传统建筑形式仍居于主导地位。从字面意义上说，这些建筑理应也纳入研究范围，但在实际的研究中并非如此，可见在这里概念认识和具体研究出现了矛盾，有关这一点在下文中将详细讨论。

第三，将骑楼、洋楼、碉楼等多样的建筑类型整合到统一的"近代侨乡建筑文化"概念中。作为一个统一的系统，其组成要素之间必然存在关联性，这也使研究者从不同角度去探寻这些建筑类型之间的内在联系和相互影响机制，从而得出许多富有启发意义的结论，如常见的以中外建筑文化的融合特征作为其共通特征；或者以其共有的建筑形制构成为线索，如杨思声的"近代闽南侨乡外廊式建筑文化景观研究"即是以外廊样式入手探寻侨乡建筑景观的共通特征；再有从审美文化冲突融合的不同类型和阶段入手，解释各地侨乡不同的建筑文化性格的相关研究。这些都反映出在"近代侨乡建筑"这一概念下对原有研究对象的整合和深化。

1.3.2.3　现有概念认识中存在的局限性

尽管有关近代侨乡建筑的研究取得了很多进展，但作为基础问题的概念界定目前还是模糊、矛盾和不完整的。主要表现在以下几个方面：

第一，"侨乡建筑"与"侨乡民居"的概念定位和区分不清晰。目前的研究成果主要集中于民居建筑，但民居并不能代表侨乡建筑的全体。此外，骑楼和碉楼等不属于纯粹的民居类型，一般习惯上也将它们作为民居对待，这里显然存在着界定上的模糊。事实上，将住宅与其他建筑类型区分讨论具有一定必要性。自建住宅属于华侨及侨眷的消费行为，而骑楼等建筑常常属于商业性投资，学校建筑等常常和捐赠行为有关，碉楼等往往又和近代侨乡社会治安状况密切相关。仅仅从居住性角度对侨乡建筑进行研究显然有失偏颇，因此"侨乡建筑"较之"侨乡民居"更为准确全面，而在这一概念下，对侨乡建筑居住以外的社会功用的研究就有待深入。

第二，"华侨建筑"与"侨乡建筑"的概念定位和区分不清晰。前者是依据主体所属来定义，后者则是地域空间范围结合社会学概念的综合标准。从目前研究来看，建筑为华侨及侨眷建造投资似乎是设立为研究对象的一个基本条件，或者要符合侨汇、侨筑、侨民等综合标准。但这种界定是否合理还值得商榷，因为华侨的影响力显然不局限自身所处阶层。在近代侨乡社会，华侨往往是作为革新者，将外来文化引进到地方社会。建筑文化也是如此，当一个华侨在家乡兴建了一座西洋样式的住宅后，很可能引起非华侨身份乡民的纷纷仿效，那么这些后来的建筑显然也属于研究对象。总而言之，近代华侨的商业投资、社会权力的提升以及较新的价值观念都有可能通过各种间接的方式影响到侨乡的建筑活动。因此"华侨建筑"的概念也存在片面性，而"侨乡建筑"更为准确。在这一概念下，对于与华侨非直接相关，但受其影响的建筑也应该纳入研究的视野，同时这些建筑也可能呈现出另外的特性，这一方面也值得探讨。

第三，在研究对象的界定上，"中西合璧"的笼统界定标准不能代表近代各地侨乡建筑的全貌，且无法将其与其他地区受外来建筑文化影响的民间建筑区别开来。如前所述，各地侨乡在近代仍大量建造着各种传统建筑，受外来建筑文化影响不明显，但在一个区域转变为侨乡的过程中，其建筑活动也受到诸如家庭宗族结构变迁、地方社会权力转移、经济模式变迁等社会因素的影响，这些影响并不以中外建筑文化冲突融合的形式表现出来，而是由侨乡特有的社会环境造成的，也是形成近代侨乡建筑独特性的根本途径，并区别于非侨乡地区的近代民间建筑，而对这种独特性的探索还有待深化。

第四，对"都市侨乡"的建筑文化特征和建筑文化传播作用研究尚待深入。在粤闽这两个最大侨乡省份中，对福建近代侨乡建筑的研究是以闽南三地城市为中心的，而对广东侨乡建筑的研究则是以乡村和墟镇为主。但即使是前者，对侨乡城市这一特殊社会环境下所表现出来的建筑文化特征概括仍有所欠缺，较少从城市特有的社会结构、生活模式等方面去分析研究对象。此外，广州、汕头、厦门等都市也是外来建筑文化传入并推广到周边城镇、乡村的重要渠道，而对这一过程的作用机制、不同区域城乡联系对建筑传播的影响以及与其他传播渠道的关系还甚少有研究涉及。

第五，对"近代"这一时间区间的美学意义认识不足。"近代"同时也暗示着社会转型时期审美价值取向的矛盾性与复杂性，对于侨乡建筑文化来说，建筑技术的革新，建筑样式的洋化，建筑产品的商品化等一系列近代化变革不仅影响到人们的社会生活表层，也深入人们的审美价值观念中。例如技术革新引向崇新务实的审美价值取向，样式洋化引向崇洋猎奇的审美价值取向，商品化引向拜物重利的审美价值取向等。与此同时，传统仍在许多方面左右着人们的社会生活乃至深层次的价值心理，反映在建筑审美文化机制上，即各地域侨乡建筑新旧对立及相互影响渗透的具体历史过程有所差异，形成或开放，或保守，或新旧并立的不同侨乡建筑文化面貌，而目前对这些建筑审美文化现象进行分析和比较的相关研究还比较欠缺。

第六，对"近代侨乡建筑"的民间性和大众性特征认识不足，较少从地域文化心理和大众审美心理的角度对侨乡建筑现象进行分析。侨乡建筑建造数量巨大，但由正规建筑师设计完成的为极少数，相反往往由地方工匠、营造厂负责设计和施工，他们在传统营建模式的基础上掺杂了对新建筑技术和外来建筑样式的自我理解和创造，同时业主华侨的审美趣味，海外阅历也都影响到具体建筑样式的选择。因此建造主体的审美心理具有经验性和直觉性的特点，对外来建筑体系吸收不系统、表面化和碎片化，长期积淀的中式思维和地方性格的影响又使得外来建筑技术和样式得以本土化和乡土化，这些因素共同使侨乡建筑呈现出大众文化富于流行性、通俗性、商品性的特征，从目前研究来看，"近代侨乡建筑"的这些美学特性还有待进一步挖掘。

在以上六个问题中，前三条属于对"近代侨乡建筑"概念社会性内涵的忽视，而后两个问题则属于对这一概念文化性内涵的认识不足。仅靠建筑学方法的研究思路是难以弥补这些缺憾的，出路在于建筑社会学、建筑美学等的跨学科研究方法的引入，这就要求对近代侨乡的形成演变，社会和经济结构特点，以及各区域侨乡地域文化性格做深入的了解，同时为了使这些相关资料不至于成为历史社会背景的生硬介绍，对侨乡社会特征、文化特征与侨乡建筑的结合点的挖掘和分析就变得至关重要。此外，"侨乡"的概念原本强调的就是具有特定特征的社会文化环境，并在社会学领域中被广泛使用，因此我们要对近代侨乡建筑进行清晰的界定，还需要参考社会学方面的相关成果。

1.3.2.4　社会学中侨乡概念的构成和发展

陈达完成于20世纪30年代末期的《南洋华侨与闽粤社会》一般被认为是侨乡研究的发轫。在书中，陈达把侨乡称为"华侨小区"，其特征是"迁民人数较多，历史较长，迁民对于家乡有比较明显的影响"，这一界定称为后来侨乡界定的基础。20世纪80年代以后，侨乡研究取得了长足的进展，其中很多著述都对侨乡的概念和特点进行了阐释，总的来说集中在三个方面，即以海外移民的数量、海外移民与家乡的关系、海外移民对家乡的影响等因素作为侨乡界定的标准。

第一，以海外移民数量作为界定侨乡的标准。如《世界华侨华人词典》将侨乡定义为"华侨在中国的故乡。出国华侨，绝大多数为闽、粤、琼等省人民。这些省出国华侨较多的县份，向有侨乡之称"①，再如《海外华侨百科全书》："如果有可靠的统计数字，或甚至有数字可查，那么人们将以出国的人数为依据，作为划定'侨乡'的标准"②。重点侨乡指"华侨华人总人口在10万以上，或相当于该县（市、区）总人口的20%以上，侨汇较多，与海外关系比较密切"；一般侨乡指"华侨华人在10万以下，1万人以上，或相对于该县（市、区）总人口的20%以下，5%以上"。

第二，强调海外移民与家乡的关系。这一因素通常作为一个辅助的界定标准，说明侨乡的社会特征。如黄重言归纳侨乡社会的特点有："侨居国外的人数多，侨眷、归侨多；同国外政治、经济、文化联系密切，联系面广，经济讯息多，侨汇、侨资多，商品经济比较活跃"③，再如郑德华认为侨乡的特色之一是："侨汇或侨资成为维持和发展当地经济的重要支柱"④。

第三，以海外移民对家乡的影响作为界定的主要标准。例如李国梁认为，侨乡是"与海外乡亲联系密切，受海外影响明显的中国移民的重要移出地""它与非侨乡在人口结构、形成海内外联系网络、受海外经济力影响，中西文化交融有明显的差别"。再如潮龙起等人认为，"'侨乡'即华侨的故乡，是一个约定俗成的称谓，但它所指称的不但是移民输出地，其本质内涵当是因其有华侨华人的各种联系而社会、经济、文化等方面显示出与非侨乡不同的特征"⑤。

从侨乡形成和发展的角度来看，这三个要素其实是一体的关系，移民数量达到一定程度，且与家乡保持一定的联系，才有可能对家乡产生一定的影响。因此多数情况需综合这三个要素作为侨乡判定的整体标准，只是不同研究其侧重点可能有所不同，例如侨汇研究，是侧重于华侨与家乡联系的研究内容，而侨乡建筑研究则显然偏重于华侨对家乡的影响方面的探讨。尽管如此，这一整体标准仍然存在局限，主要表现为缺乏对侨乡本土文化与外来文化之间互动性的考虑，对不同地域侨乡差异性的重视不足。

---

① 周南京. 海外华侨华人词典［M］. 北京：北京大学出版社，1993：506.

② 潘翎. 海外华侨百科全书［M］. 香港：三联公司（香港）有限公司，1998：27.

③ 黄重言. 试论我国侨乡社会的形成［C］//载郑民，等. 华侨华人史研究集（一）［M］. 北京：海洋出版社，1989：236.

④ 郑德华，成露西. 台山侨乡与新宁铁路［M］. 广州：中山大学出版社，1991：17.

⑤ 潮龙起，邓玉柱. 广东侨乡研究三十年［J］. 华侨华人历史研究，2009.02：62.

而随着研究的深化和细化，一些新的要素和关注点开始反映在侨乡研究中，丰富和拓展了过往的侨乡概念。其中有两个方面是我们在近代侨乡建筑文化研究中应当注意的：

首先是对不同地域侨乡人文性差异的重视。郑德华认为，"近年侨乡研究有较深入发展很重要的一个方面，就是表现在由于地域的不同而对侨乡特性带来的差异开始重视，如有的学者用'五邑侨乡''中山侨乡''潮汕侨乡''晋江侨乡''青田侨乡'等带地域性的名称去涵盖研究范围，使研究成果充分显示了地域特性对侨乡的形成和发展有着重要影响"。这一视角的关键之处在于把侨乡文化视为各地域本土文化与外来文化互动作用的结果，而非一种单方向的作用过程，从而使侨乡研究更为深入和具体化，并有利于揭示各地丰富多样侨乡文化类型的生成机制。

其次是有关"都市侨乡"的探讨。过往的侨乡研究偏重于乡村地区，近来不少学者指出这一倾向的片面性。例如张应龙指出，"我们不应该被侨乡的'乡'字所迷惑，将都市侨乡研究排除在侨乡研究的视野之外，侨乡研究那种只见乡村不见都市的做法应该得到改正。只有既研究乡村侨乡也研究都市侨乡，侨乡研究才能有完整的研究，才能恢复乡研究的本来面目"。关于都市侨乡研究的重点问题，诸如"都市在近代农村侨乡形成过程中的作用，在农村侨乡形成过程中都市如何受其影响而改变，地区核心城市在近代侨乡网络中的地位和作用等等问题"，这些关注点对于我们研究近代城市与乡村侨乡建筑文化的形成与发展等问题无疑都有较大的启发意义。

1.3.2.5 本研究中"近代侨乡建筑"概念的核心内涵

从社会学的相关研究可以看出，一个地区是否被判定为侨乡，移民数量、海内外联系、移民对家乡的影响三个因素是基本的判定标准。而以之为依据来分析侨乡建筑这一概念，就有几种可能的界定方式，例如可以认为，在华侨人口达到特定比例的区域内所兴建的建筑属于侨乡建筑；亦或者根据海内外联系，认为符合侨眷、侨汇、侨房等几个因素的建筑为侨乡建筑；或者以移民对家乡的影响为依据，认为侨乡建筑是移民对家乡施加影响产生的一种结果，这几种界定方法都有一定的合理性，但也因局限于社会学层面而缺乏对建筑形态本身的考虑。因此结合之前对建筑学领域中近代侨乡建筑的讨论，本书认为"近代侨乡建筑"概念的核心内涵主要为：

为适应以侨乡化和近代化为主要内容的社会变迁，侨乡城乡各地本土建筑文化在以华侨为代表的大众群体的直接或间接作用下进行自我更新，以及在与外来建筑文化冲突融合的过程中，产生的社会性、经济性、文化性有别于非侨乡地区的建筑文化类型。

在这一思路下，近代侨乡建筑表现出以下客观性的特点：

第一，对以侨乡化和近代化为主题的社会变迁的适应性特征，其适应方式主要是通过传统地域建筑的自我更新以及与外来建筑文化的吸收和融合完成的。

第二，都市侨乡建筑是近代侨乡建筑的重要组成，是引入和传播外来建筑文化的重要渠道。

第三，近代侨乡建筑是华侨对家乡施加影响的一种表现形式，这种影响包括直接的和间接的。

第四，根据不同的文化机制作用，不同地域的近代侨乡建筑表现为丰富多样的类型。

第五，近代侨乡建筑文化是一种大众性的审美文化，具有流行性、商品性、通俗性等特征，并表现为碎片化、拼贴化、表皮化的建筑现象。

1.3.3 研究方法

1.3.3.1 跨学科综合研究的方法定位

近代闽南与潮汕侨乡建筑文化在社会转型的历史背景下产生，以华侨经济为动力发展繁荣，是中外文化交流的结晶、时代精神的具现，蕴涵着建筑—经济—社会—文化之间复杂多变的关系。这一研究对象的特殊性决定了研究方法的综合性和跨学科性质。总的来说，本书拟采用以建筑史学为基础的，借鉴社会学、经济学、哲学美学研究方法和研究成果的跨学科综合研究法，围绕社会结构变迁、华侨经济发展、中外文化交流三方面与两地侨乡建筑文化的互动关系展开探讨。

1.3.3.2 实地调查与文献研究

实地调查与文献分析是获取研究材料，进行立论的基础。二者相辅相成，一方面，对相关史料、研究文献的收集、整理和分析工作，为实地调查指明了方向和范围。而另一方面，在实地调查中，通过广泛搜集当地文献资料、访谈、拍照、实测、绘制草图等方式获得第一手材料，同时积极与政府、侨办、民间团体等组织机构加强联系与合作，关注和解决新农村建设和城市化发展过程中侨乡建筑文化保护的实际问题。以此对现有研究和相关史料进行验证，从中发现待完善之处，继而拟定新的研究视角。在实际的操作中，实地调查和文献研究都是反复进行，互相增强和补足的，随着认识的加深，笔者也对数处重点研究区域进行了多次补充调研，而在文献研究方面，尤其重视第一手史料的获得，对研究重点的民国时期文献进行了尽可能的搜集和查阅，以期加强研究的翔实度和可靠性。

1.3.3.3 比较研究

比较思维是人们认识事物的基础之一，因为只有比较，才有鉴别，只有鉴别，才有认识。通过比较，事物各自的特征得以凸显，人们对事物的认知才得以具体化；通过比较，事物之间的联系得以清晰，人们对事物的认知才得以整体化。近代侨乡建筑作为一个建筑文化系统，其内容是丰富多样、复杂矛盾的，单一的对其中某个类型，某个地域进行研究，对于认识侨乡建筑文化的总体特征不免有一叶障目之嫌，而尝试对侨乡建筑做整体宏观的研究又可能导致空洞和抽象，因此比较研究是势在必行。而闽南与潮汕侨乡文化同根同源，一支两脉，无疑具有极佳的可比性，有助于我们考察侨乡化影响下相似建筑文化的不同演变进程。在本书中，比较研究围绕着"探明侨乡建筑发展与社会、经济、文化三者之间复杂多变的关系"这一核心主题展开，分层次对研究对象进行剖析，从而使研究获得具体性和整体性的统一。

第2章 近代社会组织变迁影响下的两地侨乡建筑审美文化差异

在闽南与潮汕社会近代向"侨乡"转化的过程中,"公""私"两大系统的社会组织不断发展更新,使两地建筑审美文化呈现多样化的发展态势。在闽南侨乡乡村,宗族组织趋于松弛,住宅由群体性向独立性发展。而在潮汕,侨民创造的社会财富促进了宗族文化的振兴。祠宅合一的群体式布局更为流行,还出现了具有完善社区功能的"新乡"聚落。而在城市中,许多闽南侨民脱离于乡土经济并常居于城市,住宅追求享乐性,常采用独院式散点布局,功能完善,造型多变。而潮汕侨民在城市常为旅居性质,住宅多顺应商业需求呈联排式布局,实用便捷,商居两宜。在公共领域,一方面,两地民间团体都有蓬勃发展,相关建筑表现出依附性与专门化的差别。另一方面,在政府权力强化影响下,两地侨乡开埠港口的城市空间表现出重构性与延续性的差异。

近代闽南与潮汕华侨在为家乡带来大量社会财富的同时，相应的，他们在本土社会中宗族、民间团体和政府机构中的话语权也大幅提升，使这些社会组织在近代的发展变迁深刻印上了"侨"的烙印，而建筑作为社会组织活动的物质载体，其功能和形态的演变都集中反映出这种"侨"的影响。由于社会历史环境的差异，闽南与潮汕侨乡社会组织在近代的发展方向不尽相同，从而促使两地侨乡建筑表现出不同的文化特征。

2.1 近代闽南与潮汕侨乡建筑文化发展的社会背景

2.1.1 近代闽南与潮汕侨乡宗族、家族、家庭组织的变迁

2.1.1.1 侨乡乡村宗族组织的变动

宗族制度以祖先崇拜为核心，在我国有着悠久的历史，同时也是古代社会的基石之一，周代实行大小宗法制度，"天子七庙，诸侯五庙，大夫三庙，士一庙，庶人祭于寝"①，可见早期宗族礼法主要在上层阶级中施行，到明清时期，随着宗族制度的平民化，民间宗族有了巨大发展，并开始呈现出南盛于北的态势，清嘉道年间文士张海珊说："今者强宗大族所在多有，山东西、江左右，以及闽广之间，其俗尤重聚居，或者万余家，少亦数百家"②，反映了宗族在广东福建两省的繁荣状况，这其中闽南和潮汕地区尤为突出。而到近代，在西方文明入侵之下，传统的社会结构趋于瓦解，各种形式的传统文化也纷纷遭遇生存危机，而在这"数千年来未有之变局"的时代背景下，闽南与潮汕地区的宗族文化并没有消失，相反在某种程度上获得了新的生命力而得以延续，究其原因，主要是华侨文化在其中所起的作用，对于华侨来说，前往海外谋生往往势单力薄，基于血缘和地缘关系的乡族社会网络有利于他们凝聚力量，传统的崇宗敬祖观念更要求他们团结互助，一致对外。倘如某个华侨在海外发迹，其族人往往可以依靠他前往海外谋求发展，而这个华侨也同样可以依赖同宗的力量壮大在海外的势力。因此近代侨乡宗族文化不但不趋于衰弱，反而趋于繁荣，并成为侨乡文化的一大特色。而在本乡，华侨凝聚族人力量的方式主要是通过各种宗族建设。正如郑振满认为，"华侨对侨乡事务的参与，也大多是借助于各种既有的乡族组织。由于近代闽南华侨在侨乡社会中占据主导地位，遂使乡土社会文化免遭现代化的冲击，得到了持续不断的传承与更新"③。但同为传承延续，具体方式却有不同：在闽南侨乡，新兴的华侨阶层逐步取代了宗族中士绅、耆老的权力主体地位，同时由于华侨经济与农村经济的分离，宗族结构逐渐变得松

---

① （唐）孔颖达，等. 正义黄侃经文句读. 礼记正义［M］.（汉）郑玄，注. 上海：上海古籍出版社，1990：240.

② 张海珊. 小安乐窝文集（卷一）聚民论［C］//冯尔康. 18世纪以来中国家族的现代转向［M］. 上海：上海人民出版社，2005：31.

③ 郑振满. 国际化与地方化：近代闽南侨乡的社会文化变迁［J］. 近代史研究，2010（02）：66.

散，作为其中单元的家族乃至家庭的独立性增强；而在潮汕侨乡，华侨经济对农村经济有所回归，有实力的华侨倾向于强化作为群体组织的本房派或家族的力量，从而使其在宗族中的地位凸显。

2.1.1.2 侨民家庭的城居化倾向

近代闽南与潮汕侨乡不仅向南洋移民，在侨乡本地域也表现出强烈的人口流动趋势，尤其是农村人口大量迁往城市，表现出城居化的特征。这是由多种因素导致的，首先华侨的经济根基逐渐脱离乡土农耕经济，乡村宗族结构松动，分化出来的华侨家族和家庭倾向于迁往城市居住；第二是近代乡村多匪乱，治安不宁，华侨家庭为保障生命财产安全，也倾向于迁往城市；第三，城市作为区域政治经济中心，便利于侨民阶层的社会交往，同时也提供了更多就业机会和商机，驱使华侨及侨眷前往谋生和定居。第四，闽南与潮汕侨乡移民具有候鸟式移民的特征，虽然总体上出国者比回国者多，但相当部分的出洋者在一段时间后会返回国内，如在闽南，1845～1948年间，经厦门出国人口为359.9万人，而返回者有212.4万人[①]，在潮汕，1904～1935年间，"经汕头出国侨民共298万余人，归国侨民146万余人"[②]，这些侨民一部分返回本乡[③]，此外也有一部分在城市定居下来。总之多种原因促使侨乡城市人口不断增长，再以厦门为例，从1927年开始有近代意义的人口统计起，到1937年，"厦门市区人口增加了55785人，增长了43.77%。平均每年净增加5579人，年增长率为4.38%"[④]。市区总人口达到18万人，而同期福建省人口增长速度为-0.12%，而在汕头，1914年人口仅为36851人，1927年为135527人，1937年为205011人[⑤]，增长幅度更为明显。城市人口的增长对建筑文化发展的影响是多方面的，其中最直接的是推动了城市居住建筑的建设，受城市特定社会经济环境的限定，这些新住宅表现出与过去传统民居迥然不同的特征，如城市地价昂贵，用地比乡村更受限制，因此城市住宅规模一般小于农村，且更为普遍的采用楼房筑式，再如城市商业发达，商住两用的骑楼由此成为许多居民的重要居住形式，同时城市更为开放，民居也相应受到更多的外来建筑文化的影响。另一方面，侨民城居化导致的人口增加使城市面临更大的空间环境压力，由此进一步促成城市改造的实施。此外，大量的城市人口也意味着更多娱乐休闲的需求，尤其是侨眷为数众多，消费能力较强，也推动相应建筑类型的发展。

---

① 厦门市地方志编纂委员会. 厦门市志第一册［M］. 北京：方志出版社，2004：217.
② 王琳乾，等. 汕头市志. 第四册［M］. 北京：新华出版社，1999：547.
③ 从这里也可以看出，侨乡乡村建筑的营造相当部分是华侨本人主持，而非全部由侨眷主持营建，而华侨自己居住的情况也是相当普遍的。
④ 林星. 近代厦门人口变迁与城市现代化［J］. 南方人口，2007（03）：39.
⑤ 王琳乾，等. 汕头市志. 第一册［M］. 北京：新华出版社，1999：423.

2.1.2　近代闽南与潮汕侨乡城市社会组织的变迁

城市不仅是家庭单元的集合体，同时也容纳了政府机关、民间团体等各种社会组织。其中政府作为管理者，通常是城市正常发挥其政治、经济、文化职能的核心，而民间团体也在一定程度上发挥着对社会的调控作用，在特定的情况下甚至成为调控城市机能的主体。在近代闽南与潮汕侨乡，以华侨为代表的商人阶层极为活跃，他们常常团结起来组成商会、公会等民间团体，参与城市公共事务，形成不可忽视的社会力量，以至政府及军方常需向他们寻求支持。如1922年陈炯明发难，潮梅社会动荡，而"陈军方面之财政，只潮汕一地号称富庶，其余梅惠各属均属贫瘠"[①]。因此军方对潮汕商人势力多有倚靠。"就某种角度而言，实际上是官方军方对地方商人团体的经济依赖的结果"[②]。而在另一方面，自1927年南京国民政府建立，对社会的控制力度逐渐强化，地方政府权力也随之上升。因此在20世纪二三十年代的闽南与潮汕侨乡社会，地方政府与华侨为代表的民间组织力量有时互相制约、有时互相配合，共同推动了近代地方城市市政建设和城市改造的进行。同时为数众多的民间团体也产生了专门性活动场所的需求，由此产生了相应的建筑类型。

2.1.2.1　民间团体的兴起

近代厦门与汕头的民间团体可分为农、渔、工、商、教育团体、公益团体、自由职业团体等类型，其中又以同业公会、工会、同乡会等数量最多，反映了两地作为商贸和侨乡城市的特色。从具体数量来说，根据1946年的统计，厦门有商业性同业公会59家单位（其中鼓浪屿16家，且厦鼓行业多有重复），工会16家，同乡会13家，以及其他社会团体总计107家；而汕头方面，根据1947年的统计，则有商业性同业公会64家单位，工会47家，同乡会18家，以及其他民间团体总计186家。可见两地民间团体数量之众上，而其中汕头更多于厦门。此外，具体考察民间团体的职能内容，也可以发现二者的不同之处，以同业公会来说，近代汕头的公会有着鲜明的侨乡和海外贸易特色，如侨批业公会、暹商业公会、南商业公会，酱园出口业公会等，而在厦门方面，与对外贸易直接相关的公会略少于汕头，而零售型的商业行会较多。究其原因，大体有三点，一是汕头对外贸易更为发达，二是厦门政府权力强势，民间组织发展相对汕头为弱，三则是厦门经济的消费性更强于汕头，因此同业公会以消费型产品行业占主体。而正如家庭对应于住宅建筑，政府机关对应于市政建筑，这些民间组织也必然在建筑上有所体现。

①　毅庐.《粤省东江停战之内幕》，载于《申报》1924年8月1日第十版。
②　陈景熙. 官方、商会、金融行货与地方货币控制权，潮州学论集［M］. 汕头市：汕头大学出版社，2006：287.

2.1.2.2 政府权力的强化

近代闽南与潮汕侨乡城市大都经历了政府权力逐渐集中的过程。从清末到民国初期，社会极为动荡，战事频起，如在闽南，就先后受到鸦片战争、小刀会起义、辛亥革命、粤军援闽战争等一系列大小战事的影响，而在潮汕地区，也先后有太平天国起义，辛亥革命、潮梅粤军与建国粤军的争夺等。地方掌权势力更迭频繁，无论是军方或官方对侨乡都以搜刮为主，而无心关注建设。当然也有个别例外，如1918～1920年陈炯明率援闽粤军夺取闽南二十六县，随后以漳州为中心建立的"闽南护法区"。陈炯明在漳州实行新政，包括改革教育、推广新文化、发展经济等内容，同时进行市政改造，拓展道路、修建新桥、兴建骑楼街道和公园，在短暂的时间内使漳州焕然一新，俨然成为全国首善，从而对闽南其他地区的城乡建设产生了重要的影响，同时也为厦门和泉州后来的城市改造提供了宝贵的经验。与当时常见的军阀统治不同，漳州新政吸收了一些社会主义的思想内容，传播了新的社会理想，北京大学学生考察漳州后，称"共产时代亦当不过如此""漳州是闽南的俄罗斯"[①]，在一定程度上为闽南侨乡近代城市和社会变迁提供了思想动力，同时也显示了在强势政府推动下，城市发展所具有的潜力。然而除了漳州地区以外，这一时期闽南与潮汕地方社会秩序大部分还是通过以华侨为代表的商人阶层以及本地士绅来维持，具有自治化的特征。如1920～1925年的厦门市政会，就主要由华侨、士绅组成。再如汕头，虽然在1921年成立了市政厅，但在1927年以前，社会事务实际上掌握在汕头总商会手中。且由于社会不安，议会制政府往往也内部矛盾重重，效率较低，城市建设成果是不多的。1927年南京国民政府建立以后，国民党政府对地方社会的控制力逐渐增强，同时经济在相对稳定的社会局势下有所发展，因此一方面政府能够统一性的贯彻城市改造计划，另一方面又有华侨资金的源源不断输入，使得20世纪二三十年代也迎来了闽南与潮汕侨乡城市建设的高峰期，并奠定了两地侨乡许多地区今日的城市格局。

2.2 宗族组织变迁影响下的建筑审美文化单体化与群体性差异

2.2.1 近代两地侨乡的宗族、房派、家族与家庭

在开始探讨宗族制度变迁与侨乡建筑发展的相互关系之前，有必要确立对宗族、家族、房派、家庭等相关概念的认识，关于这些概念，国内外社会学学者有诸多的探讨、界定以及争议，对其深究并非本书的重点，这里以符合和利于分析闽南和潮汕侨乡建筑

---

① 《北京大学学生周刊》1920年5月1日第14号转引自段云章. 陈炯明的一生 [M]. 郑州: 河南人民出版社, 1989.

这一研究对象为标准，对相关概念进行取舍，主要采用陈礼颂在研究潮州宗族村落社区时所采用的观点，即认为，"宗族既系聚族而居于一地的血缘团体，其与家族意义自然两样，盖家族乃指共同于一经济单位下过活的男系单系亲属而言，宗族包括众多家族，这意思便是说家族为宗族的单位，宗族为家族的扩大""家族乃是宗族的最小单位，合若干家族而为房派，合若干房派而为宗族"①，也有很多学者采取与之类似的观点，如梁景和认为，"家族和宗族、家庭相同，是有血缘关系的人组成的社会团体，三者间只有范围大小的区分。家族小于宗族而大于家庭。"②由于房屋属于家族继承过程中的重要财产，因此以在同一经济单位下生活的男性单系亲属组成的血缘团体作为一个家族，而以数个家族组成房派，房派继而组成宗族，这样的概念划分比较有利于我们对建筑与家族关系的分析，即一个或以上的乡村聚落对应于宗族，有统一规划的住宅群落对应于房派或人口数较多的大型家族，而单体的院落式住宅、楼房住宅对应于小型家族或家庭。

宗族制度在近代两地侨乡延续的不同模式导致了二者建筑文化个体化与群体化的差异，并以乡村建筑为集中体现。而具体来说，可以从祠堂、住宅、聚落三个方面分析，其中，住宅是日常生活的主要场所，反映了家庭或家族的居住形态特征，在这一点上，两地侨乡住宅建筑表现出重视单体塑造与群体塑造的区别；祠堂则是乡民进行祭祀、议事、教育教化等活动的中心场所，其分布位置、形态和数量等因素是衡量宗族文化的发展程度的标准，侨乡化时期的两地祠堂建筑在形制上没有较大变化，只是更趋奢华，区别主要体现在建筑活动上，闽南侨乡主要集中于对原有宗祠的修复重建，而潮汕侨乡则表现出大兴支祠的特点；聚落则是乡村社区的总体形态，是宗族发展与分化在空间形态上的主要反映，近代闽南侨乡聚落主要在原有聚落范围基础上进行外围拓展，而潮汕华侨则常在原有聚落范围之外开辟新地，建设新乡。

2.2.2 宗族组织变迁影响下闽南侨乡建筑文化的单体化特征

从清末到民国，闽南侨乡乡村住宅建筑的单体化发展趋势逐渐增强，这其中大体可以划分为四种演化类型，一是由大型的建筑群落向单体院落式建筑转变，二是以本土民居平面为基础的大型外廊式洋楼建筑的单体化演进，三是以楼化为特征的院落式建筑的改建和扩建，四是以本土民居平面为基础的中小型单体外廊式洋楼建筑。其中外廊式洋楼真正改变了闽南原有的乡村风貌，最具侨乡特色。其兴建大多处于近代闽南侨乡民居发展的后半段，即20世纪二三十年代及以后。这四种形式也具有一定的前后阶段性，但并不绝对，而主要表现为建筑发展的趋势和规律，其背后则相当程度上是闽南侨乡宗族

---

① 陈礼颂. 一九四九年前潮州宗族村落社区的研究 [M]. 上海：上海古籍出版社，1995：25.

② 梁景和. 近代中国陋俗文化嬗变研究 [M]. 北京：首都师范大学出版社，1998：120.

结构的逐渐松弛这一社会变迁所带来的结果，即住宅建筑的单体化发展是与华侨家族的分化趋势一致的。

2.2.2.1 同居共财制度下大型华侨家族的住居单体化趋势

在第一种演化类型中，闽南侨乡乡村民居由聚族而居的建筑群落向单体院落式建筑发展，反映了宗族或房派中华侨家族独立性增强的趋势，而这主要是由华侨家族在经济上的独立性导致的。

南安官桥镇漳里村蔡氏民居群是早期典型的华侨建筑群落，可以看作是近代闽南侨乡建筑发展的起点之一，观察后来者与它的区别，有助于界定侨乡文化下建筑发展所展现的各种新特征。该建筑群由菲律宾华侨蔡启昌及其子蔡资深兴建，始建于清同治六年（1867年），供多个同宗家族聚族而居。建筑样式采用传统的闽南宫殿式大厝形式，规模宏大，建筑面积约

图2-1 蔡氏古民居建筑群前景
（图片来源：作者自摄）

16300平方米，占地面积约30000平方米，现状包括23座宅第、1座书房等保留较好的建筑（图2-1）。单体建筑形制主要为闽南典型的三间张、五间张、五间张加护厝等形式。各单体建筑前后均以十米宽的埕院相隔，左右则隔以一两米宽的火巷，纵横交错，形成井然有序的建筑群体布局（图2-2），宁小卓认为"这种村落格局的形成根源可以归结到中国传统的宗族观念以及聚族而居的生活方式"[1]，23座宅第中多数供蔡启昌及其直系子孙居住，其中蔡浅厝布局最为完整，为二落五间张双护厝形式，前埕设有供佣人居住的"回向"，除供直系族人居住外，这些大厝也有供旁系亲属和管家、经理居住的，如世切厝、世子厝、德恩厝、德昆厝等。除此之外，还建有宗祠、书院以及供族人休闲宴会的"醉经堂"，形成功能完善、聚族而居的社区。王岚等认为，"蔡氏古民居是以家族为中心建立的建筑群，其'宗祠'和'书院'建筑充分体现了宗族的'立家庙以荐蒸尝，设家塾以课子弟，置义田以赡贫乏，修族谱以联疏远'及'敬宗收族'，养老扶幼的思想"[2]，可见作为早期华侨建筑，蔡氏民居群仍然反映了较为紧密的宗族结构，并较少表现出外来文化的影响，应该说是以华侨创造的财富完成了这样一个本土民居形式的精品建筑群。

而到19世纪末，这类统一规划建设的建筑群落已较少出现，更为普遍的是单体的院

① 林小卓. 多元文化催生下的民居奇葩——闽南蔡氏古民居的成因探析与特征研究 [J]. 中外建筑, 2007 (09): 59.
② 王岚, 罗奇. 蔡氏古民居建筑群 [J]. 北方交通大学学报, 2003 (01): 89.

图2-2　蔡氏古民居总平面图
（图片来源：王岚，罗奇《蔡氏古民居建筑群》，载于北方交通大学学报，2003）[①]

落式民居，典型的如蒋备聘故居（1885）、杨阿苗故居（1894）等，19世纪末的华侨住宅大多仍为传统的闽南红砖大厝，如泉州江南镇树兜村印尼华侨蒋备聘的"奠阙幽居"，为两落五间张的传统官式大厝，值得一提的是该座建筑施工时石工采用对场做的形式，建筑石雕两边各不相同。随着20世纪上半叶外来建筑文化影响的逐渐加强，出现了很多设置有洋楼的院落式建筑，如在树兜村的蒋报企故居，始建于清末，平面布局为三落五间张双护厝形式，前两落为五开间的传统大厝，第三落则为三层塌寿式外廊洋楼（图2-3），成为围合院落的组成部分。这类带洋楼的院落式建筑的规划营建具有计划性和统一性，和传统单体院落式住宅类似，反映了从大家族分化出来的小型华侨家族的生活形态。

　　第二种类型是以本土民居平面为基础的大型外廊式洋楼建筑的单体化演进，反映了近代侨乡化中后期财力较强的华侨家族的居住形态。对于此类家族来说，分家析产会导致资本的细分，不利于以从事工商业为主的华侨家族的财富积累，因此其内部凝聚力相对较强，在相对较大的血缘范围内采用同居共财的生活方式。由于乡村用地较为宽裕，他们可以兴建相对城市洋楼规模更大的洋楼住宅，甚至以洋楼为单元组成规模宏伟的建筑群体。

① 王岚，罗奇. 蔡氏古民居建筑群［J］. 北方交通大学学报，2003（01）：89.

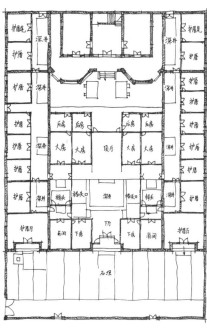

图2-3 蒋报企故居的后落洋楼与平面图
（图片来源：根据华侨大学建筑学院测绘图纸重绘）

a 前埕院　　　　　　　　　b 上落洋楼　　　　　　　　　c 后落洋楼

图2-4 漳州龙海角美镇东美村曾氏番仔楼
（图片来源：作者自摄）

　　如漳州龙海角美镇东美村曾氏番仔楼（图2-4）为新加坡华侨曾振源所建，始建于1903年，历时14年建成，是一组以本土传统民居与外廊式洋楼为单元组成的建筑群落。由于地处漳州，在建筑布局上兼有闽南与潮汕两地特色，基本上按照本土民居三座落加护厝与后包的形式布局。建筑正面以祠堂为中心，两侧为外廊化的单层四点金形式民居（图2-4 a）埕头楼为单层外廊形式，护厝和后包均为两层外廊式洋楼（图2-4 b）。其中后包洋楼为两列，以空中走廊连接（图2-4 c）。外廊均为券廊形式，拱券、檐口的线脚细腻，局部柱身墙面有南洋瓷砖装饰，属于早期的闽南侨乡外廊式风格。曾氏洋楼以本土单层民居与外来建筑形式相混合，传统布局的痕迹明显，也可以看作是从以蔡氏民居为代表的地方传统建筑群落布局向单纯的洋楼建筑群落演变的过渡形式。值得一提的

a 前埕院   b 中庭

图2-5 石狮永宁镇后杆柄村杨家大楼
（图片来源：作者自摄）

是，作为建筑群中心的祠堂完全保留了本土传统样式，反映了在中外建筑文化融合过程中，具有神圣意义的建筑空间的稳定性。

再以石狮永宁镇后杆柄村杨家大楼（六也亭）（图2-5）为例，它由四栋本土民居以及数栋相互联系为一体的洋楼组成，其中本土民居为杨家祖厝，而洋楼由菲律宾华侨杨邦梭建于1929年，楼名"六也亭"，是为杨邦梭父亲及其五兄弟六个家庭所建，形式介于单体洋楼与洋楼群之间，值得一提的是，杨邦梭初衷是兴建六栋独立式洋楼，但因社会动乱原因而改建为一栋大楼，可见各家庭原本就有一定的独立性。而建成的六也亭楼为带中庭的院落形式，若以本土民居的样式称呼，应为二落七间张带埕头楼和回向的形式，而以现代观点来看主体建筑为带中庭的"回"字形造型，并带有"L"形的附属建筑。正面主体建筑为二层三出规的外廊样式（图2-5 a），中部和两翼都为局部三层，中部为凸出的半圆形大阳台，顶部山头以西式卷草为主修饰"六也亭"的楼名，山头望柱上刻有对联，顶端则为一地球仪装饰。两翼则为八角楼形式。第二进楼房为三层外廊形式，前后通过榉头楼连接，形成回廊，中庭则有宽大的"L"形楼梯联系二层（图2-5 b），当地俗称杨家大楼为"九十九"间，极言房间数目众多，据当地老人所说，其人丁兴旺时，有嫡亲人口200余人，仆人100余人，这也透露出这是一个由嫡亲组成的较大家族，而非更大的房派。此外在装饰上，六也亭大体呈中西交融的风格，楹联、牌匾、斗栱、云纹、回字纹与西式柱头、莨苕卷草、天使、狮子相映成趣，但总体上西洋色彩更为浓厚，显示出鲜明的华侨家族特色。总体来说，六也亭反映了内部家庭分化尚不明显的华侨家族的居住形态，也反映了财力雄厚的华侨家族如何通过建筑营建以强化和象征其在整个宗族中的独立性乃至超然地位。

如果说六也亭属于大家族到小家族或主干家庭居住形式的过渡，那么泉州江南镇斗南村陈正宗故居则更为明显地反映了华侨家族中主干家庭的独立化倾向，虽然系单元洋楼相互联系而成的建筑群，但其各自之间的区分是明显的。具体来说，陈正宗故居由三

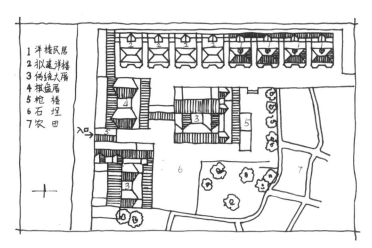

图2-6　陈正宗洋楼总平面图
（图片来源：根据华侨大学建筑学院测绘图纸重绘）

图2-7　陈正宗洋楼立面图
（图片来源：根据华侨大学建筑学院测绘图纸重绘）

座本土民居、四座洋楼以及两座枪楼组成，合称"蔗圃"（图2-6）。

其中本土样式的民居建于1926年，四座洋楼建于1934年，为陈正宗及其兄弟三人家庭的住宅，据其后人说，原本计划再建四座洋楼供其儿女居住，因战乱而作罢，虽然未成，其实也反映了其家族内部家庭进一步分化的倾向。建成的四栋洋楼为联排式布局，并通过后楼连为一体，每栋洋楼造型完全一样，无主次之分，均为两层塌寿式外廊红砖洋楼（图2-7），平面均为三开间六房看厅形式，一致的造型反映出家族内部各家庭地位的对等和相对独立性，而其通过后楼相互联系的方式又说明这种独立不是彻底的。

蔡氏民居群、曾氏洋楼、六也亭、陈正宗洋楼这四组建筑反映了大型建筑群落的单体化演变倾向（图2-8），从建筑形式的角度看，在外来建筑文化的影响下，演变首先表现为组成单元的楼化，接着各个单元的联系不断加强，最终形成整体性和单体性更为明显的洋楼组群。而从华侨家族的结构特征来看，我们认为这一方面是乡村宗族分化为具有独立性家族的结果，另一方面由于从事工商业的大型华侨家族倾向于资本积累，

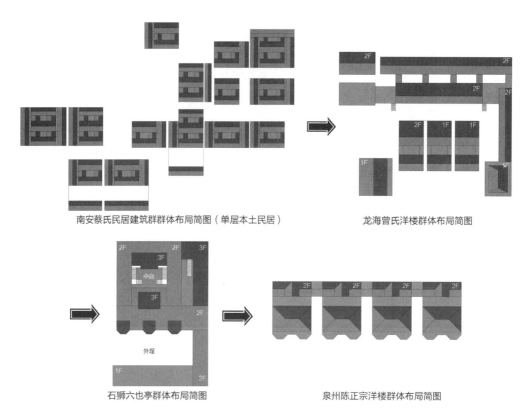

南安蔡氏民居建筑群群体布局简图（单层本土民居）   龙海曾氏洋楼群体布局简图

石狮六也亭群体布局简图   泉州陈正宗洋楼群体布局简图

图2-8　闽南侨乡大型建筑群落的单体化演变
（图片来源：作者自绘）

采取同财共居的居住形态，但即使如此，建筑组群中各个单元也呈现了明显的独立性倾向。

　　具有单体化特征的洋楼组群进一步演化则形成真正独立的大型洋楼建筑。此类洋楼装饰华丽时尚，可以炫示家族的财富地位和审美品位，一般具有较多的开间数和较大的进深，以容纳相对较多的家族人口，而中庭空间相对缩小，这一般是建筑楼化，以及外廊作为休憩空间导致中庭功能减弱的结果，因此建筑单体化的特征也较为鲜明。

　　如石狮永宁镇观音亭宁东楼（图2-9），为旅菲华侨陈植鱼所建，建筑为主体两层，局部三层的外廊式洋楼，正面为七开间，柱廊略带起券，疏密有致，梁柱中段为出规式的半圆形外廊阳台，两翼则为封闭式的八角楼，八角楼每面均开长方形窗。顶层三层采用退台的形式，烘托出造型的宏伟感，整体外观不乏古典主义的理

图2-9　石狮永宁镇观音亭宁东楼
（图片来源：作者自摄）

图2-10　南安新镇檀林村春晖楼
（图片来源：作者自摄）

性与和谐。而在外立面的细部处理上，大部分装饰均为西式，如西式的卷草纹和盾饰等，仅在梁柱交接处具有中西结合的特点，即在爱奥尼式的柱头上端接以雀替形水泥构件，再过渡到梁。而在建筑内部不设中庭，院落式的痕迹已完全消失，是一座较为典型的大型单体洋楼。

再如南安新镇檀林村春晖楼（图2-10），建筑为正面七开间的两层外廊式红砖洋楼，外廊为梁柱结构，两翼为红砖墙面的八角楼形式，建筑顶部为绿色葫芦栏杆的女儿墙，中间为阶梯形轮廓的山头，外部装饰上中西结合的特征明显。柱式修饰较为简洁，柱头由简化的莨苕叶装饰，柱身设有凹槽，柱基均立于栏杆两端的花岗石基座上，其他部分如窗饰、两翼壁柱处理都较为简洁，但在檐壁等处又有中式的花鸟、器皿装饰，与时尚的外部造型和装饰比较，建筑内部则较为传统，主要是以木结构为基础的中式装修，属闽南侨乡洋楼的常见做法。可以看出在装饰上既受到当时流行的装饰主义风格影响，又有对乡土传统文化的回应，这也反映出华侨家族的审美取向和财富地位。值得一提的是该建筑的楼梯和内廊设置，楼梯位于后轩的过道正中，为双分平行楼梯形式，具有一定的造型意味，与其他洋楼中将楼梯设在后轩两侧隐蔽处的做法有很大差异，且后轩与前厅通过内廊连接，并用内廊连接各个房间，这种均质性的空间设置与其他洋楼仍保留的具有方位象征性的空间布局（如四房看厅等形式）也有差别，可能反映了个人在华侨家族中独立性的增强。

2.2.2.2　分家析产加速影响下普通华侨家族或家庭的住居单体化趋势

第三、四种演化类型，即中小型单体洋楼则反映了以普通华侨家族或主干家庭、核心家庭的居住形态。与大型华侨家族倾向于资本积累相反，此类建筑往往是华侨家族分家析产频率加快的结果，同时从深层次上说，这也是侨乡近代化的过程中，传统宗族结构不断松弛，个体和家庭的独立性得以彰显的结果。

第三种演化类型，即以楼化为特征的单体院落式建筑的改建和扩建，则反映了较小财力的小型华侨家族的分化情况。这是因为许多华侨家族的祖厝在分家析产中变得细化，一栋房屋可能被划分为兄弟多人拥有，在这种情况下，对整栋房屋的拆除重建或整体改造就因为牵涉较大而变得困难，因此个人只能针对自己所拥有的那一部分进行改建，常见的是通过叠楼的方式来扩大使用空间，如图2-11所示，或者在宅地的剩余空间如回向、埕头等处增建楼房，而出于对时尚的追逐，这些楼房也一般采取洋化的形式。

图2-11　以楼化为特征的单体院落式建筑的改扩建
（图片来源：作者自摄）

陈志宏认为，"按照洋楼在传统大厝合院中建造的位置不同，大体可分为回向洋楼、护厝洋楼、下落洋楼、后落洋楼，埕头洋楼等几种类型，并以护厝洋楼较为普遍，而护厝洋楼又可分为前半段'护厝头'叠楼、后半段'护厝尾'叠楼，以及整个护厝叠楼等多种方式"。之所以出现如此多样的局部楼化形式，很多情况即是原本单体式的院落住宅各部分在分家析产中划归有血缘关系的不同家庭所有，各自进行改建增建的结果。当然也并不绝对，特别是后落局部楼化的洋楼形式就大多为单一家族在统一规划下进行营造（图2-12）。

图2-12　后落局部楼化的洋楼形式
（图片来源：作者自摄）

第四种演化类型，中小型的单体洋楼虽然不如大型洋楼那样更具建筑艺术价值和社会历史价值，但更为普遍，反映了众多普通华侨家族或家庭的居住形态。中小型单体洋楼一般在三至五开间左右，平面形式多样，但大多以本土平面为基础进行演变，如（图2-13）都是中等体量洋楼的实例，这类洋楼一般可以容纳数个家庭，且用地也较为宽裕，一般设有院墙，装饰也较为精美。而小型洋楼往往不设院墙，装饰不事奢华，大多仅突出山头、檐口、柱头等重点部位。如图2-14，系晋江陈埭镇涵口村某陈姓华侨住宅，建筑为三开间外廊式红砖洋楼，虽然体形不大，但不失别致。一层为梁柱式外廊，二层为扁拱和火焰形拱交替的拱券外廊，富有韵律。并且也很精细，通过叠涩形成檐部和柱头的装饰带。其他装饰也亦中亦西，既有西式的山头也有檐壁上的中式花鸟图案，反映了一个小型华侨家族对时尚和审美的追求。再如图2-15为晋江悟林村的一座华侨洋楼，特别之处在于其双开间的形式，在二层采用三叶形的拱券外廊，正中的立柱把整个立面划分为两个对称的部分，且门窗也对称设置，仅在顶部用山头对立面形

图2-13　中小体量的洋楼（石狮）
（图片来源：作者自摄）

图2-14　晋江陈埭镇涵口村陈氏洋楼
（图片来源：作者自摄）

图2-15　晋江陈埭镇悟林村某洋楼
（图片来源：作者自摄）

象进行统一。这种情况大多为两兄弟家庭合住的住宅，即是兄弟楼的一种特殊形式，两个家庭合为一个同居共财的小型家族，采用这种方式一般是受财力所限。而大型的兄弟楼如上文所列举的六也亭和陈正宗洋楼，其家族虽有大小之分，但其家族的结构与建筑形态的关系是相似的，即在宗族中获得相对独立性的华侨家族对应于单体化的洋楼建筑。

　　另外，小型洋楼在乡村的广泛出现的另一个重要原因是宅基地选择有所局限。华侨回到家乡建屋时，一般在本族本房的宅地上建设，而分家析产导致地块变得细小，从而影响到住宅的建筑形态。因此小型洋楼大多处于传统聚落的内部接近中心位置而非外缘，有时以埕头楼的形式出现。而大型洋楼则相反，一般处于村落的外围，系华侨新购置土地所建，因此可建造规模宏大的洋楼建筑，但总体来说，闽南华侨家族大多依托于原有村落进行住宅的兴建，而较少另寻别处购置大面积土地以新建类似"新乡"的村落社区。其原因归根结底在于闽南近代华侨大多以凸显单个家族或家庭在宗族中的地位为目的，而非热衷于强化其所属的整个房派的力量。

2.2.2.3 修复重建宗祠以凸显华侨家族在宗族中的核心地位

祠堂作为乡村聚落的核心组成，在近代也受到华侨的重要影响。祠堂有宗祠、支祠、家祠之分，其中宗祠祭祀的是全宗族的始祖，支祠则一般祭祀的是某一房派的先祖。家祠则一般是家人祭祀五服以内的祖先。近代闽南华侨的祠堂建设活动往往集中于宗祠，这是闽南侨乡建筑文化独立性特征的另一方面。即宗祠作为全宗族共同祭祀的场所，其建筑一般是独立设置，以显示其公有性。且宗祠的建立往往较为久远，往往因风雨侵蚀、兵灾人祸而倾颓，遂有近代华侨的修缮和重建之举，这一方面是闽南华侨认祖归根的表现，另一方面也相应提高了华侨及其家族在整个宗族中的地位和影响力。

作为具有神圣性的祭祀场所，绝大部分祠堂仍保留了本土传统形式，这也反映出受外来建筑文化影响并非侨乡建筑文化的唯一特征。正如本节开篇提及，华侨前往海外谋生往往势单力薄，基于血缘和地缘关系的乡族社会网络有利于他们凝聚力量，传统的崇宗敬祖观念更要求他们团结互助，一致对外，因此祠堂建筑作为宗族文化的重要组成部分在近代侨乡往往有更明显的发展。这一点对于闽南和潮汕来说是相似的，不同的是，潮汕华侨在本乡往往还进行敬宗收族活动，强化本支房派，因此大兴支祠，实际上是传统乡土社会宗族文化的延续发展。近代闽南华侨建设支祠的现象却不普遍，他们通常谋求的是家族或个人在整个宗族内的影响力，且由于经济根基与故乡的逐步脱离，闽南华侨更多的是出于认祖归根的精神诉求，因此相应的更为重视祭祀共同先祖的宗祠的建设。宗祠有时以村落开基祖的宅第为基础演变而来，有时是单独兴建，从本表也可以看出，大多数宗祠始建年代与华侨重修的年代都相距甚远，因此也不会与华侨住宅或其他民宅相连形成群落式建筑，这也是较远血缘关系的反映。同时虽然宗祠往往处于村落的中心位置，但由于其本身较为独立而也正因为宗祠设置在住宅群体之外，缺乏中心的住宅群体也更容易分散为一个个单体式建筑。

2.2.3 宗族组织变迁影响下潮汕侨乡建筑文化的群体性特征

与闽南侨乡不同的是，近代潮汕侨乡乡村建筑则保留了本土聚落群体性的特征，甚至还有强化的趋势。究其原因，主要在于在住宅方面。潮汕华侨往往热衷于建造诸如"驷马拖车""三壁联""百鸟朝凤"等地方传统样式的大型民居建筑群。而在祠堂建设方面，潮汕华侨往往大兴支祠，使之成为住宅群落的中心，同时彰显本房派在宗族中的地位。而生祠作为支祠的一种特殊形式也较常见，是华侨以自身为中心开枝散叶，建立新房派的举措。此外，潮汕华侨还常建设新乡社区，作为容纳整个房派的建筑群落。之所以产生这种与闽南侨乡不同的建筑发展倾向，除了潮汕文化具有一定的保守性以外，还在于潮汕华侨群体对乡土社会农耕经济的回归，因此宗族制度在潮汕近代侨乡化时期并没有衰落，相反引来了一个繁荣期，并以房派建设为主要特征。相应的典型建筑形态即是以支祠为中心的群落式建筑。

在研究潮汕侨乡建筑，尤其是乡村建筑时，有一个问题是需要始终强调的，即潮汕乡村在华侨推动和影响下兴建，受外来建筑文化影响却不明显并保持传统形式的房屋能否称之为侨乡建筑？应该说固然有多方面的因素导致传统的延续，然而正如前文所指出的，外来建筑文化的影响并非是侨乡建筑的唯一且必须的特征。但凡是在侨乡特定社会经济文化环境下影响下形成的有别于过往的建筑特征都应视作是侨乡建筑研究的范围。长期考察和研究潮汕乡土民居的蔡海松认为，潮州地区自明嘉靖以来有四个建筑营建高潮，其中第三四个高潮都是以华侨为主体推动，而第三个高潮中大部分华侨建筑仍保留地方传统形式，"早年乘红头船过番的番客经历了两三代人的开拓和发展，不少人事业有成，积累了一定财富……人们为炫耀乡里，在营建时不惜资金，唯求豪华，力求尽善尽美，加上当时民间各门类艺术的艺术发展达到了高峰，使潮汕在清光绪年间迎来了自明代嘉靖年间以来的第三个民居建筑营建的高潮，这个时期的营建规模、工艺水平远远超过以往。[①]"可以看出，这一时期的侨乡建筑，是以规模宏大，且集民间工艺之大成为外在特征的，这与之前的民居形态已经产生差别，或者说是本土民居所达到的新的高度，而如果没有几代华侨所积累下的社会财富，这一成就也是无法实现的。一般来说，规模宏大是指包括住宅在内的建筑群体而言，工艺之精湛则往往以支祠建筑为代表，并且这类地方传统形式建筑的兴造活动贯穿了潮汕侨乡的整个近代时期。

2.2.3.1　建设支祠以彰显华侨所属房派的地位与影响力

1. 宗祠与支祠功能的比较

近代潮汕华侨执着于加强本房派的地位和影响力，其在建筑活动上的直接表现即是热衷建设支祠。如同宗祠是整个宗族的象征一样，支祠也是房派在建筑上的标志和象征物，近代两地侨乡建筑文化中对宗祠与支祠有着不同的重视程度，大致上闽南侨乡重宗祠建设，潮汕侨乡重支祠建设，反映了宗族作为一种社会结构体系在近代两地不同的变迁格局，而在深入理解这种建筑和社会现象时，有必要理解祠堂是如何具体发挥它的功用的，对于这一点，郑振满曾引述《巩溪黄氏宗谱》来说明祠堂的意义：

"祠堂不建，于祖何所亏损。而生者之伯叔兄弟无以为岁时伏腊衣冠赘聚之所，卒然相值街市里巷，袒裼裸裎而过，与路人无异。不才子弟习见其如此也，一旦毫毛利害，怨怒恣睢，遂至丑不可言者。其故皆由于祠堂之废。即祠堂尚在，宗家支属时为衣冠之会，得闻察父兄胥相训诲，苟未至于傀荡其心者，将毋畏其面斥目数而谯让之？庶

---

① 蔡海松. 潮汕民居 [M]. 广州: 暨南大学出版社，2012: 7.

几其有瘳乎？此祠堂兴废之明效也。"[1]

可以看出，祠堂是伯叔兄弟"岁时伏腊衣冠簪聚之所"，可以"得闻察父兄胥相训诲"，也就是说，祠堂其实是为族人提供的交往空间，不过在这一空间中活动着的人有长幼尊卑之分，因此同时也是教化伦理空间，如果没有祠堂这一场所，族人之间就可能"祖裼裸裎而过，与路人无异"，甚至"一旦毫毛利害，怨怒恣睢，遂至丑不可言者"。通过祠堂，儒家礼制得以在乡村社会贯彻，国家基层的社会秩序得以维护，这也是祠堂原有的基本功能，而这些功能的实现是以血缘关系引申而来的长幼尊卑秩序，可以想见，当血缘变得稀薄而疏远时，祠堂功能的实现就会遇到障碍，这在祭祀远祖的宗祠中就更加明显。支祠虽是宗祠的分支，但也是相对而言。通常一个村落的宗祠祭祀的是其开基祖先。而这个宗祠也可能是祭祀更久远祖先宗祠的支祠。或者村落没有宗祠，数个村落合祀相同的先祖，随着族人繁衍，四散各地定居，宗祠往往凝聚了跨地域的联系，由此发展出一些新的功能和形式，如新建的宗祠或合族祠现象，近代闽南侨乡这一趋势更加明显，但在这一过程中，宗祠建筑原有的礼制教化功能则衰弱了，其象征性而反映族权的一面则更加突出。而在近代潮汕侨乡，支祠建设的活跃则反映了以宗族制度为基础的传统乡村社会结构的延续和某种程度的强化。侨民出洋、侨乡发展带来的社会财富被用于复兴传统的宗族文化，所以我们看到以支祠建筑为代表的本土传统建筑文化的复兴，相对于住宅建筑，它们更少受到外来文化的影响，但确实是也以侨乡社会经济发展为前提的。

2. 祠宅合一的群落式布局更趋流行

近代潮汕侨乡新建的祠堂建筑多为支祠，虽然建筑样式均为本土形式，鲜受外来建筑文化影响，但也表现出与近代以前不同的特征，其中最直接的表现是祠宅合一的大型群落式布局更趋流行。

在近代以前的潮州地区，大型府第式建筑多为多开间主体建筑加从厝和后包的形式，且群落中心并不建祠堂，始建于北宋治平元年（1064）的潮州许驸马府（图2-16）被认为是潮

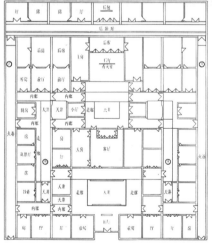

图2-16　潮州许驸马府鸟瞰和平面图
（图片来源：《潮州古建筑》，中国建筑工业出版社，2008）

① 郑振满. 明清福建家族组织与社会变迁 [M]. 长沙：湖南教育出版社，1992：159-165.

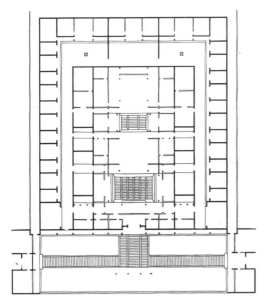

图2-17　潮州黄尚书府平面图
（图片来源：《潮州古建筑》，中国建筑工业出版社，
2008）

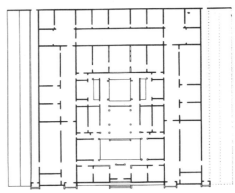

图2-18　潮州卓府鸟瞰和平面图
（图片来源：《潮州古建筑》，中国建筑工业出版社，
2008）

州府第式民居的雏形，建筑坐北朝南，为三进五开间带从厝和后包的平面格局，其后
的大型府第式建筑大体没有超出这种模式，如潮州黄尚书府（图2-17），建于明崇祯年
间，为三进七开间带从厝和后包的平面格局（图），再如潮州卓府，建于清同治年间，
为三进五开间四从厝一后包的平面格局（图2-18）。可以看出，潮汕地区早期的大型群
落式建筑一般都是以三进建筑（当地称三座落）为主体，在横向或纵向进行扩展，一
种方式是增加主体建筑开间数，如由三开间增至五开间或七开间（当地称五间过、七
间过），或者增加左右护厝和后包。但无论如何变化，基本都为单中心的群落式建筑。
肖旻把这种现象称为"从厝式建筑"，他认为，中国传统"合院群有'向心围合式'和
'单元重复式'两种类型，以闽粤交界区为中心的从厝式民居现象，反映了古代中原大
型聚居建筑的合院类型：向心围合式"①。本书基本赞同肖旻先生的意见，但认为近代潮
汕民居合院虽然以"向心围合式"为主，却也混合了"单元重复式"的特征。这些建筑
许多是以祠堂作为主中心，四周有多个"四点金"或"下山虎"单元式围合，再在外围
加从厝和后包，形成一个主中心，多个副中心的群体布局模式（图2-19）。其具体形态
有多种演变，如民间称呼的"驷马拖车""三壁联""百鸟朝凤"等形态。而就侨民在民
居演化过程中所起的作用来说，虽不能判定是侨民最先采用这种布局模式，但其在近代
的大规模运用却应以侨民为主，事实上，大部分现存较著名的近代此类型建筑多为侨民

---

① 肖旻. 从厝式民居现象探析［J］. 华中建筑，2013（01）：85.

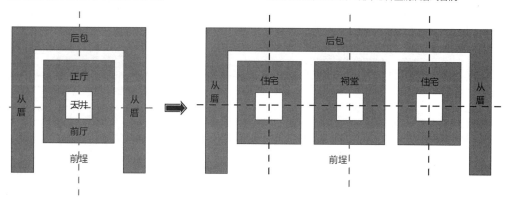

古代潮州地区常见的单中心从厝式合院　　　　　　　近代潮汕侨乡流行的主副中心并置的从厝式合院

说明：本分析图是对实际建筑群落布局的抽象简化，在实际情况中，左图中间核心体，右图祠堂往往为三进两天井的三座落建筑，而右图住宅常由2~3座"四点金""下山虎"单元组合而成。

图2-19　古代潮州单中心从厝式合院与近代潮汕侨乡主副中心并置的从厝式合院
（图片来源：作者自绘）

所建，这是有其内在原因的：

第一，在短短数代内富裕起来的新兴华侨阶层（以及其他一些本土商人）有较强烈的兴建支祠的需求。华侨大多出身贫苦，本身家族和房派并不兴旺，因此致富后往往希翼通过建立祠堂以光宗耀祖，强化和彰显本支房派势力，而相对的，地方原有的望族以士绅阶层为主，往往世代相袭，祠堂早已建立，而在近代又处于衰落期，较少新建支祠的需求。当然也有一些例外，如普宁德安里方耀故居，也是典型的主副中心并置，祠宅合一的建筑群，但方耀家族其实也是新兴的官宦家族，这类情况较不多见，在近代时期，新崛起的家族势力还是更多以华侨为代表的商人阶层为主。

第二，在这类建筑形态中，祠堂空间代替了近代以前大型宅第的厅堂位置，由于祠堂是公共空间而不为某一家所私有，因此需要另外增加厅堂作为各个家族普通日常生活的中心场所，而从厝的排屋式布局有时缺乏厅堂，不能满足这一要求，并且从厝厅也缺乏礼制上的正式性。因此更为合理的方式是增加四点金或下山虎这样具备正厅的民居基本单元，由此形成一主中心、多副中心的群体布局模式。

所以这里实际上也反映了侨乡社会结构的变迁，近代以前以厅堂为中心，护厝和后包围合的大型宅第反映了大的官绅家族的居住形态。而侨乡化时期，以支祠为中心，多个下山虎和四点金单元为副中心的群体布局则更为适应新兴华侨阶层的宗族结构特征，即满足多个小家族组成的房派聚族而居的需求，其中每个家族有一定的独立性，而集合起来的这一支派的祖先成为凝聚数个家族的精神核心，表现在建筑上即是支祠在建筑群中的中心地位。

这一类型较为典型的布局是民间所称谓的"驷马拖车"形式，关于驷马拖车的准确形制，说法不一。较为常见的如三座落主体建筑加四护厝；或者三座落建筑为主体，左

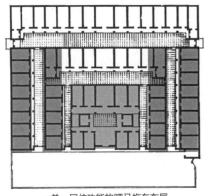

a 单一居住功能的驷马拖车布局

说明：两种布局形式反映了不同的家族结构，图a
型制更为古老，图b则更适应于近代新兴的以华侨
为代表的家族结构特征。

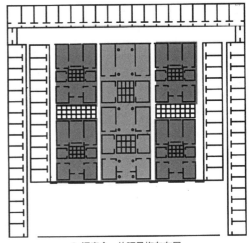

b 祠宅合一的驷马拖车布局

图2-20 单一居住功能与祠宅合一的"驷马拖车"式群落布局
（图片来源：在《潮州古建筑》底图上改绘）

右四座"四点金"拱卫；或者三座落建筑为主体，左右四座"四点金"建筑再加左右护厝的布局形式都可能被称为驷马拖车，可见这一概念实际上是比较模糊的（图2-20），蔡海松认为潮安、澄海一带驷马拖车形式为"三落四从厝"，而在揭阳、潮阳、普宁一带，则为主体三座落建筑加左右四座四点金加护厝的形式，但实际情况也并不局限于此，笔者倾向于认为，驷马拖车以及百鸟朝凤等都是潮汕地区古之已有的布局称谓，随着历史发展而演变出不同的形式，民众一般根据其关键的形态特征进行界定，即中间主体建筑为"车"，四周次要建筑为"马"，而"马"随着社会历史变迁最早是从厝式的线型排屋，而到近代更常见的是带正厅的单元式住宅。对此，学人有一段形象的比喻，"四匹'马'是隶属于各个小家庭的住屋，簇拥着安放家族祖先牌位的祠堂——'车'，负载着家族的荣辱兴衰，穿越了滚滚历史长河从过往驶向未来"①。

其他如百鸟朝凤、三壁联等群体布局形态往往也是以祠堂为中心，四周以"下山虎"或"四点金"等单元式建筑，以及护厝后包围合而成。本质上也是多个副中心围绕单个主中心的布局模式。具体实例如潮安彩塘从熙公祠、汕头沟南世祜许公祠、潮阳谷饶梅祖家祠、普宁泥沟亲仁里等，这些祠堂均为华侨所建支祠，祭祀血缘相对较近的祖先，甚至有许多是生祠的形式，它们一般都处于建筑群落的中心位置，而住宅围绕其布置，从而形成以强化本支房派为特征的居住形态，是近代潮汕侨乡以华侨为代表的新兴商人阶层展示其房派及家族力量的象征。

---

① 潘莹. 潮汕民居 [M]. 广州：华南理工大学出版社，2013：50.

3.“生祠”现象

“生祠”是支祠的一种特殊形式，即为活着的人立祠堂，进行祭祀。近代潮汕华侨设立生祠的现象十分常见。大体有几种情况，一种是华侨为自己的父辈设立生祠，另一种是华侨的子孙为该华侨设立生祠，也有华侨为自己建立生祠的。其设立的条件通常是该家族有足够的财力和社会地位能使自己的家族作为一个房派独立出来，因此这通常是在世的华侨取得了较大的成就才有此举。

在建筑表现上，由于生祠更多的和祭祀对象直系亲属的住宅连接在一起，因此是典型的作为建筑群落的主中心而存在，并有多个民居单元作为副中心设置在四周，通常为祭祀对象男性直系亲属如兄弟或子辈的住宅。很多“驷马拖车”“三壁联”的形式的建筑群中间的祠堂都是生祠，而普通支祠还有可能是和住宅群分离的。

总的来说，生祠是非常有近代潮汕侨乡特色的一种建筑现象，生祠的建立也相应标志着房派的建立，它是原本出身贫苦的华侨在获得大量财富后迫切期望自身家族能够开枝散叶、兴旺发达的表现。而内在原因则是近代潮汕侨乡与宗族制度相适应的农耕经济尚较发达，以至于侨乡发展带来的社会财富反过来促进了传统宗族文化的复兴。而闽南侨乡重视修复重建宗祠，而少新的支祠、生祠建立，则反映了旧的宗族文化在新时代条件下的转型。

4.侨乡化时期发展至鼎盛的民间工艺艺术在祠堂装饰上的呈现

近代潮汕侨乡社会经济的繁荣也促进了民间工艺的发展，包括木雕、石雕、彩画、灰塑、嵌瓷等传统工艺艺术都在这一时期发展至鼎盛。而祠堂作为宗族象征，向来有“雕梁画栋，必极工巧，争夸壮丽，不惜赀费”的风气，相比住宅装饰更为华美。其中支祠与宗祠相比，在大的形制规格上有时受限制，因此也更为重视细部装饰，从门楼照壁到门扇窗户，从墙头屋脊到梁柱构架，各种民间工艺都以装饰的形式呈现于其建筑空间中，争奇斗艳，美不胜收。总体来说，这些装饰受到外来文化的影响较小，以本土民俗为主，尤其在祠堂建筑中，外来建筑语汇很少出现，反映了具有神圣性意味的祭祀空间对外来文化元素一定程度的排斥，反过来说，即是外来元素在潮汕侨乡建筑中尚不具有正式性。在祠堂建筑装饰中虽然难以看到中外文化的碰撞与融合，但其发展成熟却依赖于侨乡发展积累的社会财富，同时，也正是因为以华侨为代表的新兴阶层大规模的建造活动，才使得木雕、彩画等民间工艺技术获得足够的实践和经验积累，从而在近代发展到登峰造极的地步，并最终能够以集传统技艺之大成的水平呈现在近代的祠堂建筑中。

5.典型案例

（1）潮安县彩塘镇金砂村资政第的从熙公祠

潮州有谚语说，“砂陇祠堂，下尾沈厝”，形容建筑之精美。其中，砂陇祠堂即是由

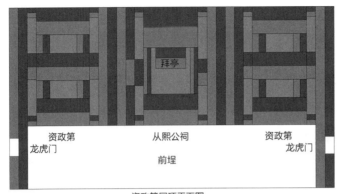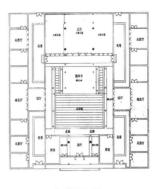

资政第屋顶平面图　　　　　　祠堂平面图

图2-21　资政第屋顶与祠堂平面图
（图片来源：左图为作者自绘；右图摘自《潮州古建筑》，中国建筑工业出版社，2008）

马来西亚华侨陈旭年在故乡潮安彩塘所建的资政第建筑群落中的祠堂从熙公祠。资政第始建于清同治九年（1870年），竣工于清光绪九年（1883年），是一座三壁联形式的大府第。整个建筑群居中为从熙公祠，左右为资政第的住宅（图2-21）。其中从熙公祠是整座建筑群的精华，是陈旭年（字从熙）为自己建造的生祠。祠堂分前后两进，附有天井、拜亭、两廊及后包，四厅相向。祠堂细部装饰极尽工巧，尤其是石雕与木雕装饰精致细腻，是晚清潮汕民间工艺的代表作。门楼前置有一对石狮，门首有"从熙公祠"匾额。门前为整石雕刻的起柿花鸡心线四棱檐柱，柱下有花篮础。柱上横梁悬倒挂石雕花篮。门楼石壁上镶嵌四幅精雕细琢的石雕，主题分别为"士农工商""渔樵耕读""百鸟朝凤"和"花鸟鱼虫"，石雕造型惟妙惟肖，玲珑剔透，令人叹为观止。祠堂屋脊则施以层层叠叠的嵌瓷，表现花鸟、走兽、器皿等各种形象，色彩艳丽，美不胜收。而祠堂内部的梁枋、桁、穿插构件都施以金漆木雕，从而营造出富丽堂皇的空间氛围。总的来说，从熙公祠及资政第建筑群通过极尽奢华的建筑装饰彰显出华侨房派的雄厚实力，而其严整有序的群落布局则反映出华侨心目中理想的家族聚居模式（图2-22）。

图2-22　资政第前埕院、祠堂与细部装饰
（图片来源：作者自摄）

（2）普宁县燎原镇泥沟村，亲仁里的张氏本祖祠、张声趾旧居

亲仁里（图2-23）由暹罗华侨张声书建于1939年，整体建筑群坐南朝北，以祠堂为中心，东侧为"四点金"形式的住宅，西侧为护厝，其后为两座下山虎住宅，据称当时规划拟以祠堂居中，左右各建两座"四点金"，后建三座"下山虎"，形成三壁联形式的大宅第，但因地皮问题而作罢。正中祠堂张氏本祖祠为张声书为父亲张珂本所建生祠，为两进三开间形式，入口凹肚门楼全部为花岗石石作，穿过门楼进入内院，中心设有拜亭，拜亭后为祠堂大厅，大厅梁架采用地方传统的"三载五木瓜，五脏内十八块花坯"形式，建筑内部装饰亦极为精致细丽，如门窗金漆木雕"郭子仪拜寿""百忍堂"等都是近代潮汕木雕艺术的杰作。

图2-23 亲仁里张氏本祖祠与祠堂梁架装饰
（图片来源：作者自摄）

张声趾旧居（图2-24）系张声书的同宗族人暹罗华侨张声趾所建，这组建筑坐西朝东，其中三座落的祠堂（张声趾生祠）为群落中心，祠堂右侧（南部）为住宅，由一座"四点金"和两座"下山虎"组成，分与其兄弟居住，左侧为护厝和埕头间，前为外埕。后包则为一洋楼，各个建筑也组成严整有序的统一整体。但与常见大型院落不同的是，即祠堂与住宅之间不做成花巷形式，也没有巷头门，而是单纯以普通巷道分离，后包楼房亦单独分开，因此各单体建筑呈现出明显的分隔，这反映出同一华侨房派中各个家族的独立性倾向。

（3）澄海县斗门村的宗祠与支祠

祠宅合一的群落布局多数是祠堂祭祀对象与住宅居住者血缘较近的情况，当然也有华侨为血缘较远祖先建造支祠，或者建造宗祠的例子，这有些类似闽南侨乡的情况。学者陈礼颂（出生于泰国，原籍斗门）曾在1935年以宗族村落社区研究为主题对澄海县斗门乡（一个侨民社区）进行了翔实的社会调查，为我们研究此类型祠堂提供了较为直接的材料（图2-25）。

图2-24 张声趾故居与后包楼房
（图片来源：作者自摄）

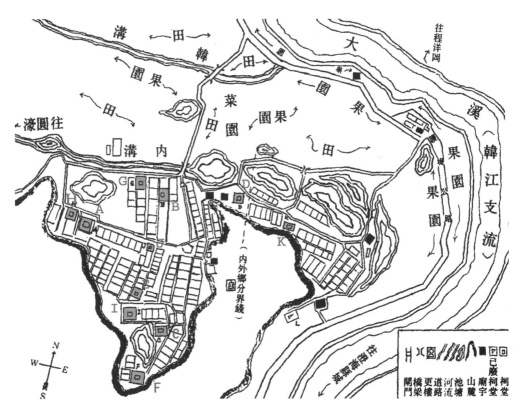

图2-25 斗门村平面示意图与祠堂分布
（图片来源：出自《一九四九年前潮州宗族村落社区的研究》，上海古籍出版社，1995）

斗门乡以陈姓为主，陈氏族人有1784人，其他杂姓仅有251人。斗门乡大家族不多，平均每户人数是5～6口[①]，而在出洋人数方面，陈氏族人有336人，占其人口总数的18%，

---

① 斗门乡家族构成成员最普遍者为四口至七口，只有两户人家具有二十九口，这却是特别例外的，其实全村平均每户人数为五、六口。引自《一九四九年前潮州宗族村落社区的研究》第104页。

其中适龄男子出洋谋生的比例达到34%[①]，因此是一个典型的侨乡村落。村里有陈氏和林氏两座宗祠，以及11座陈姓的支祠，这些祠堂多建于清代，有两所为民国时兴建，而在1840年以后新建者则有6座，重修2座（表2-1）。在各祠堂中，弘冈祖祠兴建最晚（1933年），但却是最重要的一座，它由海外族人投资8000元兴建，替代了原来的老陈氏宗祠而成为斗门乡的新大宗祠[②]。而对照斗门村人开始出洋的时间——"本村人出洋谋生已是六、七十年前的事了。当时人们出洋乘搭的是庞大的红头帆船，乡人管它叫'红头船'"[③]，可以看出祠堂兴建的增多与乡人出洋的时间是一致的，侨乡化带来的财富无疑促进了斗门宗族文化的繁荣。

斗门乡宗祠信息　　　　　　　　　表2-1

地区	宗族	祠名	堂名	修建年代	备注	位置
内乡	陈氏宗族	陈氏宗祠	观省堂	清嘉庆二十三年重修（1818）	老大宗祠，现为乡公所所址	A
		弘冈祖祠	延泽堂	民国二十二年建（1933）	新大宗祠	B
		毅直祖祠	有德堂	未详		C
		奇峰祖祠	报本堂	清光绪三十一年重修（1905）		D
		云涧祖祠	延庆堂	清咸丰十一年重修（1861）		E
		楚生祖祠	崇德堂	清光绪三年建（1877）	大房祠	F
		来泮祖祠	垂裕堂	清光绪四年建（1878）	大房之一支	G
		木生祖祠	庆德堂	民国二十年建（1931）	二房祠	H
		育祖祠	存心堂	清嘉庆十三年建（1808）	二房之一支	I
		宜生祖祠	明德堂	清光绪四年建（1878）	三房祠	J
外乡	林氏宗族	林氏宗祠	永锡堂	清同治六年建（1867）		K

（本表根据陈礼颂《一九四九年前潮州宗族村落社区的研究》上海古籍出版社1995年版第33页内容稍作修改绘制）

根据当时绘制的"斗门乡示意图"（图2-25）与文中描述来看，斗门乡分为外乡和内乡，内乡人口稠密，又有头、中、尾三股，外乡仅有头尾两股，即五个组团，而每个组团内的建筑基本上呈梳式布局，其中没有类似驷马拖车那样的大型宅第，可见斗门是一个平凡的潮汕侨乡村落。各祠堂建筑呈独立性布置的情况较多，并不与住宅相连，也不居于中心，而是多位于每个组团入口等重要位置的端部，位置同样非常显著，起到引

第2章　近代社会组织变迁影响下的两地侨乡建筑审美文化差异

---

① 1784人中女性有866人，女性较少出洋，仅63人。男性扣除45岁以上老人106位，4岁以下儿童129位，适龄男子出洋谋生的比例达到34%，无疑是较高的。

② 斗门乡与相邻山边乡的陈氏属于同宗，明初陈氏一世祖国光公出赘当时海阳县的篷洞村，篷洞村的地点位于斗门乡和山边乡之间，二世祖弘冈定居于斗门，弘冈公的弟弟惠迪公迁往山边创祖，斗门乡的原陈氏宗祠是两村共同拜祭的。1930年因为海外移民的继嗣问题引发"山边案"，继而导致陈氏宗族分裂，因此斗门有建设祭祀二世祖弘冈的弘冈祖祠之举，代表房派的独立。

③ 陈礼颂. 一九四九年前潮州宗族村落社区的研究 [M]. 上海：上海古籍出版社，1995：20.

领各个建筑群落的作用。这也是因为这些祠堂大多数是各已有房派的支祠，且各支派繁衍族人都较多，即使是支祠的公共性也较强的缘故。

斗门乡的祠堂建筑反映了近代潮汕侨乡可能更为普遍的一种情况，即在没有大的华侨家族参与下，普通侨乡村落所形成的聚居形态特征。可以看到，华侨所带回的财富同样促进了传统宗族文化的发展，并在建筑群落特征中得以体现。

2.2.3.2　建设大型住宅群落以容纳本房派的核心华侨家族

除了祠宅合一的建筑现象外，近代潮汕侨乡也有很多大型宅第单纯以居住为功能。当然，即使是前者，对房派核心华侨家族的容纳也是一致的，为方便论述，本节主要以后者为研究对象，这方面最典型的实例是澄海县隆都镇前美村的陈氏华侨家族，这一家族从1871年到1950年三代人的时间内建造起十余组规模宏伟的建筑群落，尤其以其中的陈慈黉故居最为著名，有岭南第一侨宅的美誉。

前美村由溪尾和前溪两个村落合并而来，居民以陈姓为主，陈氏一世祖世序公在元末明初从福建泉州迁居于溪尾，他的长子松山公派下第十一世孙慧先公在康熙年间迁居前溪，并在此迅速发展起来，到民国时期，前溪已形成了陈氏聚居的六个聚落，即寨内、寨外、西门、沟头、下底园、新乡，合称为"六社"（图2-26）。其中"寨内"即永宁寨，是陈氏早期定居前溪的标志性建筑群落，由慧先公的次子陈廷光在雍正十年（1732）兴建，永宁寨的围寨形式在后来的陈慈黉故居中也可以看到明显的继承，只

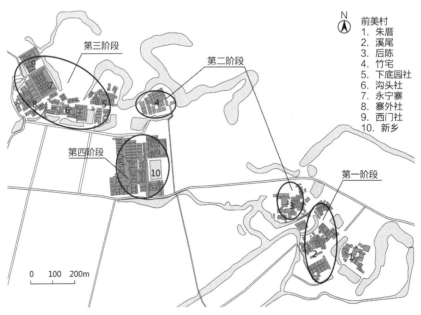

图2-26　前美古村聚落的形成与演化过程示意图
（图片来源：郭焕宇，等. 前美村聚落空间的形成与演化［J］. 美与时代（旬刊），2014（08））

是寨墙由西化的楼房所代替。而"新乡"则是形成最晚的聚落，建筑也最为华丽宏伟，且以陈慈黉家族的"郎中第""寿康里"和"善居室"三组大型宅第最为突出，一般统称为"陈慈黉故居"（图2-27）。

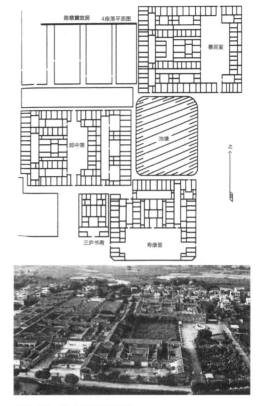

与前面许多例子不同的是，陈慈黉三子的宅第都未设祠堂，这与陈慈黉并非是该家族的第一代华侨有关，在19世纪中叶，陈慈黉的父亲陈宣衣已在南洋经商致富，陈宣衣一脉属前溪陈氏的长房派，在其之前，长房派并不兴旺，在前溪陈氏中地位远不如二房和三房，因此陈宣衣也是出身贫寒，不得已才出洋谋生。事实上，作为第一代华侨，陈宣衣致富后立刻有建设祠堂之举，修复了陇下的陈氏大宗祠，而儿子陈慈黉在其后又建立了祭祀祖父懿古的古祖家庙这一支祠。古祖家庙位

图2-27　陈慈黉故居鸟瞰

于新乡聚落的西侧，坐东朝西，正中为三座落的祠堂，两翼为"四点金"形式的通奉第（图2-28），以洋楼作为从厝和后包，因此也是单元重复式与向心围合式相混合的合院式建筑，有这一层因素，到陈慈黉的下一代已无明显需求再建祠堂了，因此我们看到的"郎中第""寿康里"和"善居室"均是单纯的居住功能（图2-29）。

图2-28　祠宅合一的古祖家庙与通奉第
（图片来源：作者自摄）

a 郎中第

b 寿康里

c 善居室

d 三庐书斋

图2-29　陈慈黉故居的主要建筑
（图片来源：作者自摄）

"郎中第"（图2-29 a）是陈慈黉次子陈立梅的宅第，始建于1910年，落成于1920年，宅第名"郎中"来源于1909年陈立梅赈济江苏海州水灾，而受清政府诰封为郎中衔。有房126间，厅32间，坐西朝东，其核心是由主座"四点金"加双护厝和后包构成的传统"驷马拖车"格局，而在此基础上增加了"双龙虎""双庭院"的建筑特色，即有内外两个埕院，都开有龙虎门，而外埕院在南北设有"舍南""舍北"两座书斋。

"寿康里"（图2-29 b）是长子陈立勋的宅第，开建于1922年，落成于1930年，建筑坐北朝南，有大小厅房116间，为"四点金"加双护厝的"驷马拖车"布局，外层护厝为两层楼房。值得一提的是院落的东北角设有一座两层的"小姐楼"，形式精巧别致，为家族未婚女子的闺房。

"善居室"（图2-29 c）是幼子陈立桐的宅第，始建于1922年，1939年因日本侵华而被迫停工。同样也是"驷马拖车"形式的群体格局，外从厝，前后包都采用二层楼房形成类似围寨的形式，与郎中第和寿康里不同的是，该组建筑主座为三进院落，并表现出更多的外来建筑文化的影响，如楼房局部采用平屋顶，装饰元素更多南洋和西方影响等，但相较于前两组建筑群，善居室其实更为方整和富于秩序性，对外来建筑元素的运用达到较为成熟的地步，而在寿康里和郎中第中，外来建筑元素尚带有一定的异质性特点。

在寿康里的西面还有一座附属二层小洋楼，即"三庐"书斋（图2-29 d），占地仅800平方米，虽小巧玲珑，但却透露出陈慈黉这个房支家族结构的一些信息。三庐称书斋，但一般认为是陈家待客和议事之所，也有人认为是供宾客留宿使用①，三庐并非寿康里院落的组成部分，而是设置在外，具有明显的单体化倾向，反映了其功能的独立性，无论是议事还是供客人留宿，寿康里、郎中第、善居室虽都有厅房上百，但看来都不能妥善地完成这一要求。三庐的存在说明陈家需要一个代表家族独立对外的场所，同时也说明陈慈黉三个儿子虽各自建设自己的大型宅第，但在家族结构上始终是具有统一性的，即这是由三个家族组成起来的房派，因此三庐是作为长子宅第的附属建筑也是易于理解的了。

从永宁寨到陈慈黉故居的三组建筑群，虽跨越近200年时间，但可以认为建筑群落的组织原则是没有发生根本变化的，即家族血缘、防卫性构成了上述建筑群落性特征的基础。防卫性主要表现在建筑群边界的围合方面，到侨乡化时代，外来的楼房形式起到了原有寨墙的防卫作用，此外，类似空中走廊等形式对群落中各单体建筑的联系，在今天看来是丰富空间效果的手段，但在当时也是在防范匪乱时便于内部交通而设。而在家族血缘方面，永宁寨可说是封建社会士绅权势的象征，而陈慈黉故居则是以新兴的华侨权势为基础，二者群落布局的组织方式却是相近的，只是建筑更为宏大，装饰更为精美，反映了宗族制度在侨乡化时期的复兴，但二者也有所区别，在陈慈黉故居中，三组建筑群毗邻建造，相互联系又各自独立，反映出房支内各个家族的独立化趋势开始增强，但又仍具房派的统一性。总的来说，潮汕地区从旧时代到侨乡化时期，其社会历史背景则是从旧时代大家族制度向侨乡化时期华侨家族制度的变迁，而华侨家族结构的特征在于，一方面既有因华侨阶层迅速崛起而强调房派作为家族联盟的统一性趋向，同时又因为近代化而呈现家族家庭独立的分化趋向，在这两种趋势的矛盾作用下，大型建筑群落也大体呈现出两种演化类型，一类是由单一中心的从厝式建筑向主副中心并存的多中心从厝式建筑演变，更突出统一性，以祠宅合一的建筑群落为代表；另一类是单一中心的从厝式建筑的多数量复制，更突出分化趋势，陈慈黉故居即属于后者。

2.2.3.3 建设新乡以容纳华侨所属房派的其他族人

"新乡"是对房派观念的强调发展到一定程度的产物，前面也提到，陈慈黉故居所在的聚落名为"新乡社"，即陈慈黉家族为本房派的陈氏族人所建立的一个新社区，建设新乡是潮汕华侨敬宗收族活动的一种常见形式，在新社区的建筑中，不仅有华侨的核心家

---

① 陈跃. 三庐——陈慈黉故居的宾馆［N］. 汕头: 汕头特区晚报2011年10月14日，该文作者的高祖父为陈宣衣管家陈宣室。

族成员居住，也包括支派的其他成员。而
产权来源有可能是华侨提供给族人居住，
也可能是族人在社区内自行建房，前美村
的新乡社大体属于后者，但大多数是在乡
侨眷得侨资而建，这些建筑大多建于郎中
第的西北面，如陈慈俭（与陈慈黉同辈）
的醉石山庄（1910）、陈和睦的东壁和西园
（1920），陈由文的泽园（1925）（图2-30）
等。这些建筑在风格上与陈慈黉故居趋于
一致，但趋于单体化和小型化。

图2-30　前美村新乡泽园
（图片来源：作者自摄）

　　除前美村的新乡外，澄海县东里镇的南盛里，潮安的淇园也是近代较为典型的新乡
聚落。

　　南盛里（图2-31）位于著名的樟林古港出海口的冲积地上，地形形似布袋，因此
这里也俗称"布袋围"，1900年新加坡华侨蓝金生在此购地80亩，建起房屋70余座，并
广纳族人迁入居住，由此形成一个新乡社区。南盛里的群体布局特征可以用"五巷三埕
一池"来概括，五巷为八落巷、担粗巷、龙眼巷、渔行巷、洋楼巷，三埕则为锡庆堂
埕、三落埕和天公埕，一池指索铺池（现已填平）。可以看出，南盛里主要由三组较大
型的建筑群和单体院落式建筑组成，其中锡庆堂，即蓝氏通祖祠是整个社区的中心，祠

图2-31　南盛里新乡群体布局分析图
（图片来源：谷歌航拍图）

图2-32 祠宅合一的蓝氏通祖祠与大夫第
（图片来源：作者自摄）

堂左右为大夫第的住宅（图2-32），形成"驷马拖车"格局。除了居住建筑外，南盛里还设有镇平学校、乐观戏院、更楼、防潮堤、电厂（将原书斋改建）、自来水厂以及学校等，可见已是一个功能完善，具有近代化特征的社区。

淇园新乡位于潮安县凤塘镇，由泰国华侨郑智勇在1911年所建，社区占地100余亩，主要建筑包括祠堂、住宅、学校等。核心的建筑群包括海筹公祠、荣禄第

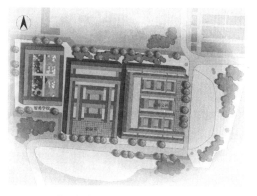

图2-33 淇园新乡总平面图
（图片来源：作者自绘）

和智勇学校（图2-33）。海筹公祠（图2-34）坐西向东，为"驷马拖车"格局，中间为三座落的祠堂，前设有外埕和半圆形池塘。两翼为大夫第的住宅，住宅采用前"三座落"，后"下山虎"的格局，外围加双护厝和后包。荣禄第位于海筹公祠西侧，坐北朝南，为中间三座落，左右双护厝外加后包的"驷马拖车"格局，埕头前亦有半圆形水

图2-34 海筹公祠
（图片来源：郭焕宇摄）

池。智勇学校则是淇园新乡的另一重要建筑，学校西化特征明显，部分建筑采用外廊样式，包括教学楼、宿舍、礼堂、操场等，可惜现都已凋敝。淇园主人郑智勇曾制定规矩，乡民只要改姓为郑，称他一声族叔，即可在淇园新乡定居，每户分房2间，田三亩，娶妻或生子都有钱财田产奖励，可见他通过新乡建设以扩大自己房派的倾向是非常明显的。

通过以上实例可以发现近代潮汕华侨建设新乡有一些共同特征：

第一，新乡多数是以数座大型建筑群落为中心，外围一定数量的单元院落式建筑共同组成的具有高度秩序性的聚落，其中大型宅第供华侨的核心家族居住，外围族人居住小型的单元式住宅，这也是与华侨的房派结构相吻合的。

第二，新乡通常仅设一座祠堂，祠堂为支祠。这反映了新乡社区只容纳华侨这一支房派。如前美村新乡的古祖家祠、南盛里的蓝氏通祖祠、淇园新乡的海筹公祠等。

第三，新乡常配套以学校等设施，形成功能完善的独立社区，反映了华侨文化影响下的近代化发展趋向。

而相比以新乡为代表的潮汕侨乡建筑群落的高度秩序化，闽南侨乡乡村由于民居等建筑类型呈现单体化演变趋势，缺乏对聚落格局的统一规划，因此聚落形态的整体性降低，表现出离散化的发展倾向（图2-35）。

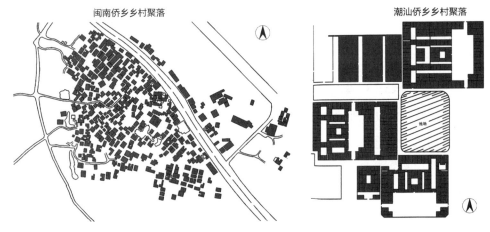

图2-35　近代闽南与潮汕侨乡乡村聚落形态对比
（图片来源：作者自绘）

2.2.4　宗族组织变迁影响下两地侨乡建筑文化差异的对比总结

根据以上讨论，近代闽南与潮汕侨乡宗族组织变迁主要影响到乡村建筑文化的发展，两地建筑文化特征差异可以总结为下表：

闽南侨乡		潮汕侨乡	
建筑演变	社会动因	建筑演变	社会动因
独立性：由群落式、院落式建筑向单体楼式建筑演变	传统宗族结构的松弛，深层次是闽南华侨经济根基与乡土农耕经济的脱离	群体性：大型群落式建筑的繁荣	侨乡发展创造的社会财富促进了包括建筑在内等本土传统文化的复兴；农耕经济发达，宗族制度牢固
民居　单体院落式建筑	华侨家族从宗族、房派中分化出来，并取得独立性	祠宅合一、主副中心并存的群落式布局（统一）	两种趋势的矛盾作用：因华侨阶层迅速崛起而强调房派作为家族联盟的统一性趋向；因为近代化而呈现家族家庭独立的分化趋向　对华侨家族结构特点的适应是房派观念强化到一定程度的产物，即华侨建新乡提供给外围族人居住，以扩大本房派在宗族内的影响力
以楼化为特征的单体院落式建筑的改扩建	小型华侨家族分家析产的频率加快，家庭的独立性增强	单一中心从厝式建筑的重复（分化）	
中小型独立式洋楼		新乡社区：华侨在旧村落之外新辟地建设，以数座大型建筑群落为中心，外围一定数量的单元院落式建筑共同组成的具有高度秩序性的聚落，通常仅设一座支祠，并配套以学校等设施，社区功能完善	
大型独立式洋楼建筑	大型华侨家族倾向于资本积累，同居共财		
祠堂　以重建、修缮宗族祖祠为特征，祠宅分离	华侨谋求家族或个人在整个宗族内的影响力，以及认祖归根的传统思想		

2.3 华侨家庭城居化影响下的建筑审美文化享乐性与务实性差异

近代闽南与潮汕侨乡华侨都表现出一定的城居化趋势，这是由多种社会经济因素综合导致的，首先，近代社会动荡，乡村地区多匪乱，华侨生命财产难以得到保障，所以华侨及其家眷常常迁往城市居住。其次，华侨多从事商业投资活动，与乡土经济有所脱离，而以厦门和汕头为代表的城市成为地区的政治经济中心，对侨民前往居住有较大的吸引力。从另一方面看，华侨的城居化现象则反映了以宗族制度为主要形式的传统乡土社会结构逐渐松散化，旧的大家族往往分化为小家族或家庭，成为城市社会结构的基本单元。这些都反映在侨乡城市居住形态的各种属性上。建筑通过对空间的分配、象征等方式来实现其社会功能，在群体布局、单体平面、立面造型、装饰装修等可感知的建筑性质背后反映各种潜在的社会关系。尤其集中体现于群体和单体平面的布局上，其中群体布局界定了建筑空间与周边外部环境的边界，反映出这一空间范围内所包含的社会单元与外部社会的关系特征；而单体平面则反映这一社会单元内部如家庭内部的组织关系。对于近代闽南和潮汕侨乡城市来说，其建筑的社会特征具有一定的共同点，但更因其不同的历史积淀和发展程度而表现出一定的差异性。

2.3.1　近代闽南侨乡城市民居的享乐性

近代闽南侨乡城市住宅常常是富贾名绅的庇护与宜居之所，一般为"洋楼"形式，单一居住功能的性质较为突出。由于社会不宁，战乱频仍，城市治安客观上较为安定，因此不少较为富裕的华侨携钱财到厦门等城市做起"寓公"，以求庇护安宁，豪商巨富者在鼓浪屿购地置业，此外也有不少华侨在厦门、泉州等市区兴建洋楼。由于闽南各地的城市发展经历了较长的历史积淀，因此地形地块较为复杂，建筑密度较高，尤其厦门作为商贸中心城市，土地价格极为昂贵，能在闹市区买下一块地皮建造洋楼本身即说明了业主强大的经济实力。这些西式楼房一般深锁围墙之内，内有庭院，在寸土寸金的闹市中自成一方天地，体现出洋楼主人的闲情逸致，而鼓浪屿岛风景秀丽，富于异国情调，且作为租界市政设施完善，更是富有华侨居住休闲的理想之地。

2.3.1.1　独院独户的散点式群体布局

与潮汕侨乡城市比较，闽南侨乡城市洋楼建筑在群体布局上多呈独院独户的散点式布置，通常规模较大，用地相对宽裕，显示出主人的雄厚财力和较高的社会地位。洋楼多属花园式洋房，以围墙围合成院落，与外界相隔离，主楼通常为2~4层，主体建筑之外有时还设有副楼，作为佣人房、厨房、杂物间等，配套设施较为完善，为主人提供舒适的生活享受。

此类建筑以鼓浪屿洋楼最为典型。如林鹤寿1907年兴建的八卦楼，是早期华人洋楼的代表作。建筑面积3710平方米。建筑平面大体呈矩形，面宽54米，进深32米，4个端部都为局部凸出的方形耳房，周边为花园，且四面都设出入门道和台阶出入院落。楼高4层，设半地下室，高度25.7米，立面为三段式外廊、带穹顶的文艺复兴样式，气魄雄伟（图2-36）。洋楼独自屹立于鼓浪屿笔架山半山坡上，东北朝向，为眺望厦门本岛的

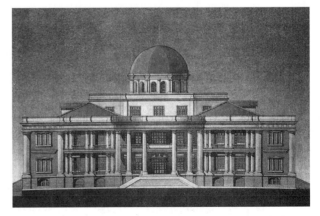

图2-36　八卦楼总平面图与立面图
（图片来源：《鼓浪屿建筑艺术》，天津大学出版社，1997）

制高点，需拾阶而上才能到达，显得遗世
独立，卓尔不凡。至今也是鼓浪屿的标志
性建筑（图2-37）。

图2-37　八卦楼
（图片来源：作者自摄）

再如福建路32号的黄荣远堂（图
2-38），为菲律宾华侨施光从建于1920年，
后转到华侨黄仲训名下。建筑面积约1213
平方米，坐西北朝东南，为三层外廊式洋
楼，底座为半地下室。正面为通高二层的
半圆形柱廊，二层以上形体呈阶梯形退
后，从而形成醒目的造型印象，建筑西侧设有副楼，正前方的庭院开阔，形状为梯形，
整体以西式园林思路布局，又兼有中式元素。对称的椭圆形西式花圃与建筑正立面形成
轴线关系，而在花圃正中则又设有假山，作为轴线起点。庭院西侧也有假山凉亭的布
置，与花圃中心形成副轴线，总体上表现出一种以中式元素构成西式园林布局的设计
思路（图2-39）。在住宅中布置园林往往是主人追求闲情逸致生活的表现，闽南侨乡城
市洋楼的院落中具有一些园林要素的情况也是较为常见的。如厦门市区道平路4号洋楼，
建于20世纪20年代，洋楼造型为三塌寿外廊形式（现状外廊被外墙封闭），采用通高三
层的修长巨柱形成立面的主要分隔。该楼前有一个小巧的花园，在院墙上也布置有假山
和凉亭，在闹市中构建了一处休闲清净之地（图2-40）。

图2-38　黄荣远堂
（图片来源：作者自摄）

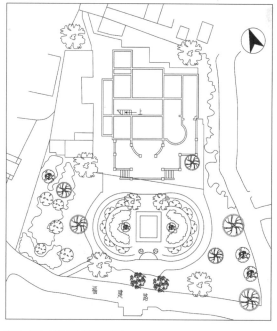

图2-39　黄荣远堂总平面
（图片来源：作者自绘）

图2-40　厦门市区道平路4号洋楼及其庭院
（图片来源：作者自摄）

　　普通城市洋楼可能规模不大，但也大多设施完备。如厦门市区古城西路139号洋楼（图2-41），系越南华侨陈锦煌在20世纪30年代所建。建筑为出规式外廊的红砖洋楼（图2-42 a），坐北朝南，面宽11米，进深10米。建筑为三层，层高4米，一层柱廊为平梁结构，二层则为券廊式，三层则为局部缩进的单开间外廊，顶部设有山头。建筑南面为花园，以院墙围合，花园呈梯形，面积大约在150平方米，略大于建筑占地面积。北面则设有佣人使用的副楼，通过空中走廊联系（图2-42 b）。可见这栋洋楼设施完善，为主人提供了舒适的生活。另外此楼西侧还另有一座形体相似的洋楼，据139号洋楼主人所称为菲律宾华侨所建。

　　其他城市的洋楼也有许多表现出类似的独院独户特点，如漳州新行街5号洋楼（图2-43），为印尼华侨陈顺筹建于20世纪20年代。建筑坐北朝南，平面呈纵向矩形布

图2-41　古城西路139号洋楼
总平面图
（图片来源：作者自绘）

a　　　　　　　　　　　　b

图2-42　古城西路139号洋楼及其副楼
（图片来源：作者自摄）

置，主体二层，为五开间的券廊样式，二层顶部设有女儿墙和弧形山头，第三层则向四面缩进，顶部为三角形山头，总体装饰精美，多为新艺术运动风格的植物纹样。建筑前设有庭院，面积约400平方米，栽花植树，筑有水池、西式花圃，但现基本处于荒废状态，院门亦作出山头造型处理，这也是近代闽南城市洋楼的普遍做法。

图2-43　漳州新行街5号洋楼
（图片来源：作者自摄）

2.3.1.2　单体平面布局自由灵活、功能舒适完善

闽南侨乡城市洋楼的建筑主体一般采用集中式布局，主要容纳单个家庭，或小型家族的人口数量，反映出迁居城市的华侨家族的小型化以及进一步的分化倾向。一方面，集中式布局的洋楼建筑显然受到来自于西方建筑观念的影响，另一方面，也是近代城市化发展的客观要求，与乡村洋楼比较，城市洋楼用地相对有限，单体化的倾向进一步明显，而传统院落式的闽南大厝容积率较低，逐渐被新式楼房建筑所取代，以适应城市人口的大幅增长。闽南各城市市区有许多规模较小，尺度不大的洋楼建筑正是这一城市化进程的突出反映。如厦门旧城营平片区，即有较多此类小型洋楼。

院落空间是传统居住建筑中的重要组成部分，在闽南侨乡，这一空间有被外廊和前院取代的倾向，尤其以城市洋楼较为突出，但根据基地不同的特点，也会采取灵活应对。受基地限制，有些洋楼朝向城市道路，无法设置前院，就一般就会设置内部中庭或天井。

如泉州青龙巷5号李妙森故居（图2-44），屋主为菲律宾华侨。建筑坐西朝东，基地面积不大，正立面直面巷道，较为局促，因此在平面布局上采取了相应措施，首先首层外墙平齐道路设置，采用塌寿式入口，大门凹进内部，并在门口设三根立柱形成的外廊，形成道路到大门的过渡。二层中段悬挑出外廊的阳台，增大了使用面积。而在建筑内部，则设置天井（图2-45 a），条石地板上石凳数条，放有盆栽，营造出一种怡然自得的氛围。建筑实际平面（图2-46）类似传统两落五间张大厝的格局。青龙巷在过去有金融街之称，俗称"金青龙，银聚宝"，能在寸土寸金的此地建造这样一座大宅，也可见主人财势。值得一提的是入口侧面的墙身堵上的南洋瓷砖装饰画（图2-45 b），象头人身，似受到印度教的影响，是泉州建筑海洋文化的反映。

在内部空间组织上，闽南城市洋楼往往平面形式较为灵活，常不拘泥于对称布置，反映了传统空间观念的变迁以及对周边社会环境的适应。它们往往在传统平面的基础上

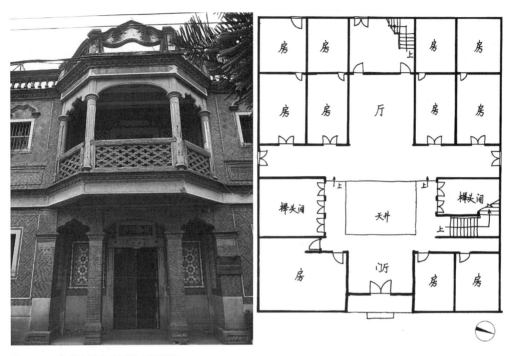

图2-44 泉州李妙森故居及其平面图

a   b

图2-45 李妙森故居的天井和瓷砖装饰
（图片来源：作者自摄）

进行调整，采用适应于近现代生活的功能空间，增加日常使用用房，增加或增大起居室空间、改善采光条件等。如建于20世纪30年代的鼓浪屿福建路44号住宅，平面类似于传统三间张大厝形式，但采用了一条南北向的内廊将底层平面划分为东西前后两个部分，内部厅堂为餐厅，外部为客厅，由此满足内外不同的使用需求（图2-46）。再如厦门市区金新河巷49号万全堂，由在南洋、香港经营药酒生意的钱文典所建，由于其占地面积

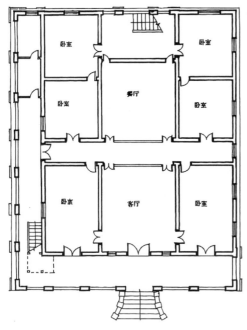

图2-46　福建路44号住宅平面图
（图片来源：《鼓浪屿建筑艺术》，天津大学出版社，1997）

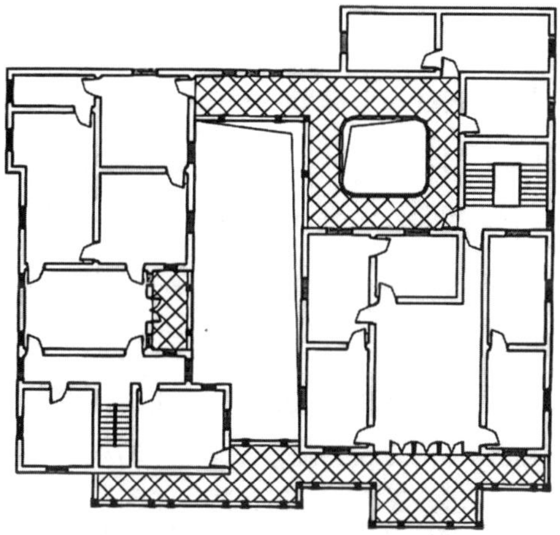

图2-47　金新河巷49号万全堂平面图
（图片来源：《厦门近代城市与建筑初论》，华侨大学，2001）

较大，达608平方米，于是在建筑西侧设置了狭长的内院，从而解决了采光问题。东侧部分可以看出是传统的一房四厅布局，其外廊从外部延伸至内院转变为内廊，成为联系建筑东西两部分的纽带，总体平面自由灵活，反映出近代社会生活的影响（图2-47）。

2.3.2　近代潮汕侨乡城市民居的商居性特征

与闽南侨乡城市洋楼住宅较为单一的居住功能相比，潮汕侨乡城市住宅则表现出明显的商住特色，这以汕头最为典型，对于汕头港的商业价值，恩格斯曾给予了较高的评价，"而在这个条约（南京条约）订立以后，由于开放五个通商口岸看，使广州的一部分贸易转移到了上海。其他的口岸差不多都没有进行什么贸易。而汕头这个唯一有一点商业意义的口岸，又不属于那五个开放的口岸……"[1]，又如《1882—1891年潮海关十年报告》所言："汕头的重要性，首先在于商业，居民基本上都是商人"[2]。尽管与厦门类似，汕头在社会治安上相对于潮汕乡村更有保障，对华侨前往定居有一定的吸引力，但他们更多的建造规模较小的洋楼，这些洋楼商住两宜，表现在建筑上有以下几点特征。

① 马克思，恩格斯. 马克思恩格斯全集第十二卷［M］. 北京：人民出版社，2007：663.
② 中国海关学会汕头海关小组. 1882—1891年潮海关十年报告［M］. 汕头：内部印行，1988：1.

2.3.2.1　适应于商贸需求的联排式群体布局

近代汕头侨乡民居的务实性首先表现于为满足城市商业发展需求而呈现的秩序化特征。民居群体布局多为联排式，整齐划一，沿街巷布置。建筑单体占地面积相对较小。其居住形态主要可划分为两种类型，一类为单纯的居住区，多以"里"冠名，如樟隆里，德安里、莲溪里等，这类住宅区规划整齐，有传统城市坊巷制的影响痕迹。另一类则为沿商业街巷布置的联排式建筑（图2-48），一般底层商铺，上层则往往是店家、雇员居住的场所，具有商居两宜的特点，因为其一般沿街巷布局，就性质来说似乎应归类为商业建筑，与骑楼有一定相似性。其不同之处在于，此类住宅建筑是"商住两宜"，同一种建筑形式即可用于商业也可用于居住，或者两种功能兼而有之；而骑楼建筑则普遍为底层、商铺上层居住的"商住两用"建筑。当然二者更大的区别在于，这类住宅不具备由骑楼外廊形成的连续性沿街公共空间。由于汕头侨乡民多以商业为生，上宅下店的布局模式正是他们特有居住方式的体现。而秩序井然，联排规划的群体布局则反映了侨乡居民为追求商业利益最大化而采取的务实态度，须知汕头早期的商业中心"四永一升平"等商业街巷大都建于1921年汕头成立市政厅以前，未经政府规划而自然形成秩序化的格局，表现出近代商贸社会的高效特征，颇似亚当·斯密所谓"看不见的手"在

图2-48　汕头沿商业街巷布置的联排式建筑
（图片来源：作者自绘）

建筑领域的反映。

由于紧沿街巷呈联排式布局，这些商居两宜的楼式民居表现出相对统一的立面样式，在个体上的差异较不明显，面宽一般约为10米，多数为三开间，少数五开间。层数2～5层。并不设外廊，与闽南城市洋楼比较显得相对封闭，而窗户与门楼成为主要的立面语汇。门楼向内凹进，是从潮汕传统民居的凹斗门楼演变而来。而根据门楼的样式不同，大体又可以分为两类，一为通高两层的门楼形式，常以西式立柱和拱券修饰，形成明确的视觉中心，立面形象较为集中鲜明。商铺建筑多为此类型，但商铺大多一、二层供营业和办公，再上层往往用于居住。而另一类门楼仅占一层高度，立面形象较为平淡，多为较纯粹的住宅。

2.3.2.2　商居两宜的建筑单体形式

汕头楼式民居的单体平面一般是潮汕传统民居基本单元"四点金""下山虎"形式的演变和楼化，具有功能明晰，布局紧凑的特征（图2-49）。具体来说，在下山虎形制的楼化中，通常进门为有天井的前厅，前厅两侧为厕所、储物间等服务用房。后为正厅，两翼为居住用房。若一楼为商铺，则前厅为接待顾客之用，正厅两侧则通常为办公用房。而楼梯则位于原传统形制中格仔间的部分，与房屋朝向垂直设置。在"四点金"形制的楼化中，进门为前厅，而天井位于前厅与正厅之间，功能布局则与"下山虎"形式大同小异，但由于前厅两侧的房间较大，也可以用作正房。楼梯则通常位于南北厅的位置。无论何种形式，天井面积都较单层的传统民居院落有所缩小。此外传统的从厝式

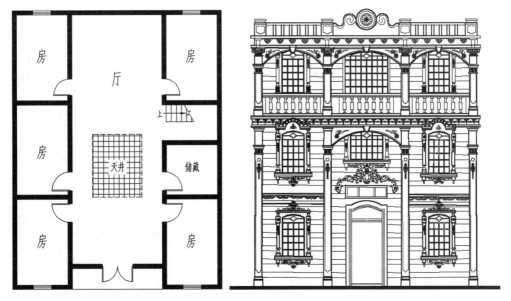

图2-49　汕头楼房建筑典型的平立面形制
（图片来源：平面图自绘、立面图由汕头山水社提供）

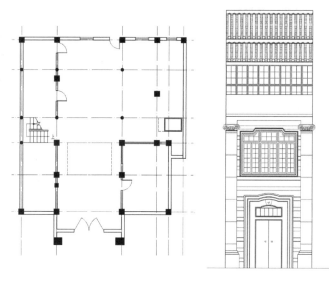

图2-50　永和街54号前景与平立面图
（图片来源：汕头山水社）

群落格局基本弃用，盖因楼化的从厝式格局必然占地规模较大，较难适应于汕头的街巷结构。

　　永和街54号（图2-50）是一座"下山虎"平面形制楼化的住宅，现有产权人为马来西亚归侨。建筑面积不大，为三开间，面宽11米，进深11.5米，高三层，占地面积134平方米，建筑面积403平方米，砖木结构。受基地地形限制，立面中间开间突出于两侧墙壁，与常见凹进的做法相反。门高一层。二层则为单扇窗户，三层局部退后，正面开整面玻璃窗，与顶上天窗一起为室内带来充沛的光线。建筑外观简朴，但内部木构装饰精美。据户主说，该建筑民国时期曾被用作制药场，一层为工坊，二层以上则为居所。

　　永和街69号则是一座"四点金"平面形制、下店上宅的楼房（图2-51），根据汕头山水社的调查成果，原产权可能为陈慈黉家族所有，在民国时期出租给台湾人居住和经营茶行。建筑正面沿街，朝向西北，面宽10米，进深18米，三开间，高五层（图2-52、图2-53）。严格说来，这座建筑具有外廊化的痕迹，即在"四点金"的平面基础上增添了一个2.4米跨度的前廊，在二层为封闭式整面开窗的阳台，三层则为三开间券廊形式的阳台，四五层取消了前廊，局部缩进形成屋顶平台，但这两层设有天井，而一至三层未设内部天井，主要通过正面前廊采光，并在背面

图2-51　汕头永和街69号
（图片来源：作者自摄）

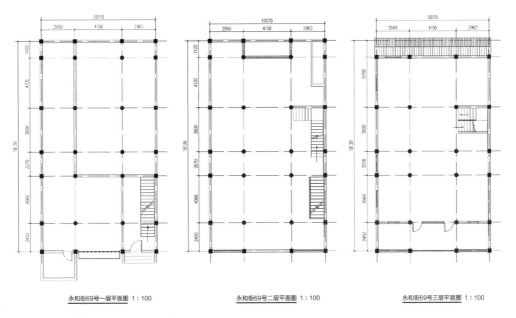

图2-52 永和街69号1~3层平面图
（图片来源：汕头山水社）

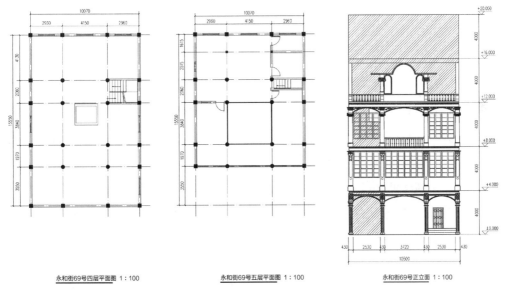

图2-53 永和街69号4、5层平面图及正立面图
（图片来源：汕头山水社）

东南侧设有一采光井，这或为争取可用面积和采光综合权衡的结果，盖因建筑层数较多，高度较高，设置贯穿五层的天井采光效果较差，且也有一定安全隐患。

这也从侧面反映了外廊与中庭空间具有一定的冲突性，当设置有外廊等，天井的设置就不一定是必要的了。但实际情况是，大多数汕头楼式民居为三至四层，不设外廊而保留了室内中庭或天井，除去文化上对传统建筑形式的持守外，选择天井而非外廊另一个重要原因或许是与商业城市街巷格局有关，汕头城市民居常为商居两宜形式，大多紧沿商业性街巷布置，像闽南城市洋楼那样设置外廊是对商业面积的浪费，故大多数在室内设置天井，在起到采光通风作用的同时还能够成为货物上下运输的快捷通道，反映出传统居住性的空间格局对商业性功能要求的调整和适应。天井一般设置在2~3层的高度中，再升高楼层就通常局部退后，形成顶部的晒坪和阳台，供晾晒衣物和户外休闲之用，同时也是户外活动空间的补充，且由于是联排式布局，顶层可以户户相通，成为邻里交往的空间，反映了对有限空间的高度利用。

2.3.3 两地城市民居发展反映的社会结构差异性变迁

尽管具有相似的时代背景和城市社会环境，近代闽南和潮汕侨乡城市民居还是表现出许多差异性，而建筑作为社会关系的物质化表现，从中可以窥见不少近代社会变迁的蛛丝马迹。对两地城市民居进行比较研究，一方面从社会学意义上有助于深化对侨乡城市社会结构特殊性的认知；另一方面，从建筑学意义上，则有助于把握在侨乡社会变迁过程中，建筑针对不同城市社会结构的适应性策略，并进而把握其演进发展的一般规律。

2.3.3.1 民居建筑特征所反映的不同社会阶层主体

总体来看，闽南城市洋楼主要供以富有华侨为代表的社会精英阶层居住，反映了经济发展有限，但文化高度繁荣的社会特征；而以汕头为代表的商住两宜的潮汕城市民居，是依赖于进出口贸易的近代口岸城市商业发展极度繁荣的体现。具体来说，近代闽南城市虽有一定发展，但并不繁盛，主要依赖于侨汇的输入维持，如厦门在清嘉庆年间发展至鼎盛，到了近代在经济上也处于衰落状态，相关历史文献资料也佐证了这一观点[①]。总的来说，传统贸易商品的衰落，经济腹地的狭小，以及工业发展的薄弱是近代闽南经济发展的主要症结，但另一方面，以厦门为代表的近代闽南城市由于政治军事地位的重要性，间接的使其社会文化发展呈现繁荣但错综复杂的态势，包括租界的建立、厦门大学的成立等都推动了以南洋华侨为代表的新的社会权势阶层的形成，且由于特殊

---

① 以1922年到1931年厦门"海关十年报告"为例，其中写道："厦门口岸的进口货，几乎全是为了满足本地区的需求。除了在其他口岸出现不利情况的时候，本口岸并无太大转口贸易。铁路缺乏，水路不畅以及乡村山陵起伏，土地相对贫瘠，凡此种种都阻碍了厦门与内地的贸易往来……值得注意的是，本地区的财富不是来自它的工业生产，而是来自在国外发财的华侨汇款的稳定流入……茶叶贸易一度是厦门的荣耀，如今却已成了对往昔的怀念。糖如今成了一项进口货而不是出口货……厦门在其市场圈内，被迫遭遇来自其他口岸的竞争。厦门仍然没有与富庶的中国中部相连接的铁路。因而，这不但妨碍了它的发展。而且使它在将来成为南部中心省份巨大集散港口的希望被耽搁和损害。"

的国内外社会环境，许多华侨富商避居于厦门、泉州等城市，从而为洋楼别墅的大量建造提供了相应的社会需求。

而潮汕侨乡的情况则有所不同，一方面汕头成为该地区的中心城市，华侨及侨眷的城居化趋势主要表现在汕头，但与闽南华侨的避居性质有区别的是，侨民前往汕头主要以谋生为目的，其华侨阶层主要为中小财力者，而不像闽南城市多豪商巨侨。且因为近代是汕头商业发展的极盛时期，提供了更多的就业机会，"城市经济空前繁荣，至1933年，市区总人口达19万多人，大小商号共3千多家，商业之盛仅次于上海、天津、大连、汉口、胶州、广州，在全国中居第七位"，汕头经济发展极盛的结果是，包括居住建筑在内的城市空间的规划和建设的核心是满足商业活动的需求，且汕头较短的城市历史，原有城市基础的空白都有利于理性化城市规划的实现，由此促成了整齐划一，高效便利的汕头洋楼形式。而在潮州、揭阳等其他潮汕侨乡城市，华侨迁往居住的现象不多。

2.3.3.2 民居建筑特征所反映的城乡家庭结构差异化变迁

闽南城市洋楼所容纳的单一家庭或小家族模式，反映了近代闽南侨乡以华侨为代表的社会群体向城市迁移的现象，而其背后则以宗族制度为主要形式的乡村社会结构的分化乃至解体。在前文有关乡村侨乡民居的探讨中，我们已提及了这一趋势，而城市洋楼民居则是这一趋势的进一步发展，即从大的乡村宗族所分化出来的小型家族和家庭开始纷纷向城市迁移，其原因诸如乡村社会治安不宁等，但根本上还是闽南华侨与乡土农耕经济的脱离。由于传统宗族的分家析产制度会使财富化整为零，不利于华侨工商业资本的积累。但另一方面，华侨个人前往海外谋生往往势单力薄，宗亲的社会网络有利于他们凝聚力量，传统的崇宗敬祖观念更要求他们团结互助，一致对外。因此这就构成一组矛盾，使得近代闽南工商业华侨与其家乡宗族呈现出一种微妙联系。一方面，移居城市和海外的华侨在很大程度上获得家族的领导权，同时也表现出更多的独立性，而宗族对富有华侨则有一定的依赖，王连茂描述道："显然，这种凝聚力的核心，已经不是在乡的族长和由各房房长组成的领导集团，而是经常避居在厦门鼓浪屿别墅的几个精英人物，以及远在泗水的族亲。当时，几乎每一个重大的决策和行动，在乡的族长们都要亲自跑到鼓浪屿面见这些精英，取得同意和支持才能决定"。可见，闽南华侨虽移居城市，但与家乡仍保持着千丝万缕的联系，但在居住形态上，已较少宗族制集体主义的表现，而是更多地表现出对多样化、个性化的特征，以及对个人欲望的合理诉求。

而汕头民居为代表的潮汕侨乡城市民居则反映了旅居型侨乡城市的社会结构特征。潮汕城市尤其是汕头之于潮汕民众，与南洋各埠有些许的相似性，即都意味着较多的谋生机会，具有较强的人口流动性特征。普通侨民在汕头等城市多为旅居暂住，而非家庭和家族长居于此。另有许多华侨在南洋、汕头等城市以及家乡乡村多地都购置房产，呈现多地动态居住的特征，这和华侨经营的商业网络有关，但许多华侨在城市购置了房产，其本人和家庭较少居住，而是委托代理人进行管理，有时代理转手多次，出现三房东、四房东的情况。少数富有华侨如陈慈黉家族等在汕头有大量的房产，但多为投资性质，也并不自住。城市里有名的大型侨宅也不多见。而相对的，潮汕华侨表现出深厚的乡土观念，更愿意回到家乡农村兴建传统形式的宅第，敬宗收族，以期实现家族的兴旺。这说明在家族家庭结构上，家族的分化仍不明显，华侨在城市多为暂居形式，以便利于从事商业活动，而不常把家庭迁往城市。城市民居的建筑形态也更多地以满足商业需求为目标，追求紧凑、高效，而不像闽南侨乡城市洋楼表现出较多的舒适享受特色，相反这种特征主要表现在潮汕侨乡乡村住宅中。

从总体上说，两地侨乡城市民居建筑文化差异可以总结为（表2-3），这种差异实际上也是华侨与家乡宗族不同程度联系的体现，从根本上说是经济根基不同所致，闽南自古土地不宜耕种，近代乡村经济更是濒临破产，植根于农耕经济的宗族结构因此逐渐松散，倾向于转型，华侨家族及家庭在这一过程中获得了更多的独立性，并倾向于迁往城市居住以谋求更为安全、舒适、便利的生活和工作条件，与此同时在一定程度上保持着对家乡宗族的领导权。而潮汕地区自古农业发达，加之近代潮汕社会经济繁荣，旧有的宗族制度因此保持着强大的生命力和延续性，因此华侨及侨眷仍多以乡村为主要的居住地，而以商业目的在城市活动，并购置房产作为暂住之所。

两地侨乡城市民居建筑文化差异 表2-3

华侨城居化	建筑表现		社会动因	商居性	建筑表现	社会动因
	享乐性	独院独户的散点式群体布局	乡村社会不宁，富有华侨及侨眷迁往城市寻求庇护安居；从宗族中分化出来的华侨小家族、家庭倾向于城居，以及近代化、高雅时尚的生活方式		适应于商贸需求的联排式群体布局	城市商业高度发展，华侨及侨眷前往城市多从事商业活动，具有旅居性特征；因海内外商业网络而在城市等多地居住，但难离乡土宗族，家族及家庭不常迁往城市
		单体平面布局的集中性、灵活性			商居两宜的建筑单体形式；本土民居平面形制的楼化	

（图表来源：作者自绘）

2.4 民间团体发展影响下的建筑审美文化依附性与专门化差异

在近代闽南与潮汕侨乡，与民间团体相关的建筑类型也都是以开埠城市为代表的。这主要是由于开埠城市经济更为发达，社会分工更为细化，民间团体数量更多。同时，真正具有近现代意义的民间团体也大多活跃于开埠城市。而闽南与潮汕侨乡其他城镇一般缺乏这种典型性，如商业行会往往还带有传统封建行会的性质，近代化和侨乡化的色彩不浓，再如同乡会这类具有鲜明侨乡特色的民间组织也主要位于开埠城市。因此在这部分的比较研究中，将主要以厦门和汕头为例。对于二者来说，由于华侨等民间力量的活跃，两地都形成了较为发达的民间组织体系，并深入到城市生活的方方面面。比较而言，近代汕头的各种民间团体较厦门而言发展更为活跃、成熟和细化，因此形成了一定数量的、为各种团体提供办公场所的专门性建筑，而在厦门方面，同类建筑则较为鲜见，各种团体如同业公会等往往直接附属于骑楼等商用建筑，这实际上也是近代两座城市政府与民间不同权力结构的体现。

2.4.1 民间团体在两地城市空间分布的对比

在城市的空间分布上，为简化讨论，这里仅对数量最多的同业公会、工会和同乡会三种类型的社会组织进行统计，并绘制分布图如下，其中，图中实线为骑楼街道，虚线为非骑楼街道，圆圈分别代表同业公会、工会、同乡会，数字代表这种社会组织在该街道的数量（图2-54、图2-55、图2-56）。

首先看同业公会的分布，除了鼓浪屿以外，在厦门，多数公会都位于商业干道上，并以中山路和大同路数量最多，盖因这两条街道在当时最为繁荣。在汕头，情形稍有不同，如商平路、海平路、德兴路所聚集的公会数量并不少于当时"四永一升平，四安一镇邦"的商业中心，这在一定程度上反映了汕头民间团体从纯粹的商业活动中分离出来，具有一定的独立性。

再看工会，厦门工会的分布较为分散，最为集中的是海后路，计有4家，其余11家工会多以1~2家的数量散布于其他街道中，而像中山路、大同路这样的商业中心也仅各有一家，这也是工会职能与商业并不直接联系的反映。而汕头的工会分布则明显集中，在万安街集中了以市总工会为首的16家工会，占总数的1/3，这也在一定程度上反映了民间团体的凝聚力，以及对社会事务的有效参与能力。

厦门与汕头既是其各自区域内华侨出入的必经之处，同时由于其经济的繁荣和治安的稳定也吸引了周围县市大量华侨前来定居。因此同乡会数量众多。从其空间分布来看，两座城市都呈现散布的特征，并与商业繁荣与否没有明显联系。

2.4.2 民间团体办事场所的建筑形态差异

从所处街区的建筑类型，可以进一步判断与社会组织相对应的建筑形态。尤其是近代厦门和汕头商业区建筑都具有较明显的同质化特征，这种判定更具有较高的准确度，下面对两座城市民间组织所处的建筑形态进行比较。

近代闽南侨乡和潮汕侨乡建筑审美文化比较

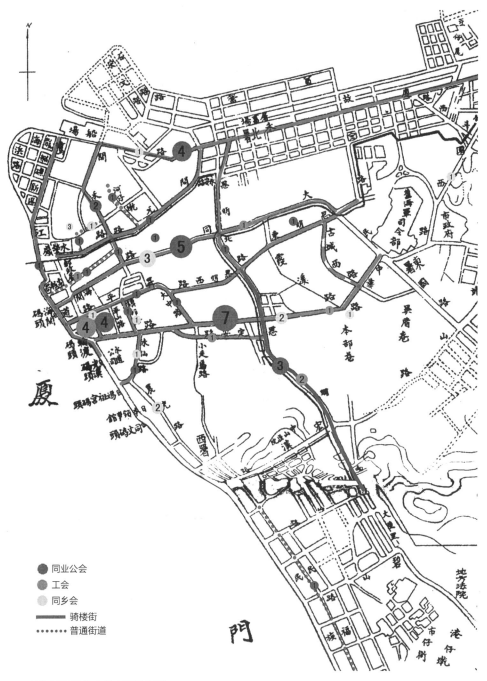

● 同业公会
▣ 工会
◍ 同乡会
── 骑楼街
····· 普通街道

图2-54　厦门民间团体建筑空间分布图
（图片来源：作者自绘，底图为1941年厦门地图）

2.4.2.1　厦门：办事场所多附属于骑楼建筑商铺

　　结合以上图表，不难看出，在厦门市区，绝大多数社会组织都位于骑楼建筑中。其中，同业公会位于骑楼街道的比例约达到83%，工会为81%，同乡会为60%，一般我们认为骑楼是下店上宅，商住合一的建筑形式，从这里就可以看出这仅是笼统的概括，显

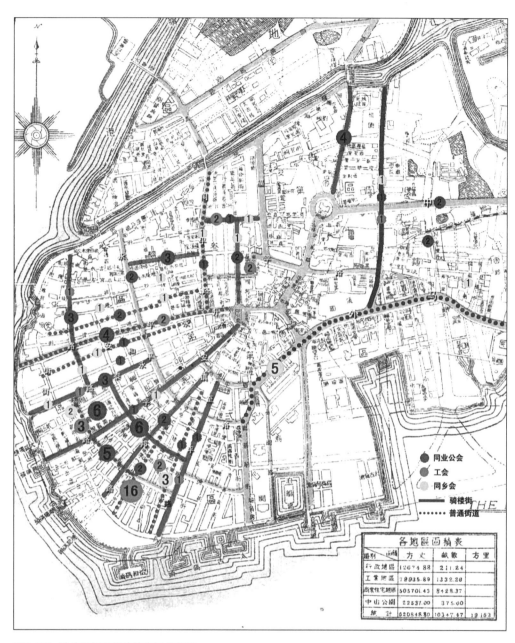

图2-55 汕头民间团体建筑空间分布图
（图片来源：作者自绘，底图为1947年汕头地图）

图2-56 大浦同乡会馆
（图片来源：作者自摄）

然骑楼有时也具有办公用途，但其所能提供的办公功能显然又是有限的。由于首层一般都是临街店铺，其商业价值不能浪费，这些社会组织的办公场所理应位于二层及以上①。骑楼建筑的平面单元面积并不宽裕，并不适于较复杂和有较大面积需求的功能空间。这些办公场所能设立于其中，本身就说明其较小的规模。

根据《厦门大观》等民国文献的记载，也有很多公会都直接设置于骑楼街的某商号店铺内，如粮食公会设于鹭江道新源行，五金公会设于中山路建兴行，港沪采暹杂粮公会设于厦禾路天成行等。这也说明厦门的公会组织还常依附于私人的经营体中。

此外，从表中还可以看出多个组织属于同一栋建筑（同一门牌号）的情况是较为少见的，仅在海后路有4家单位分属于两座建筑中。其他民间组织基本在空间分布上都表现为分散形态，互不关联，由于它们大多数设于骑楼中，而骑楼专门用于办公的可能性很小，因此大体也可以推断其具有依附性的特征。

总的来说，骑楼成为厦门民间社会组织所凭依的主要建筑形态，究其原因主要在于其民间组织并不发达，相应的其办公空间也未能有成熟的发展，尚不具独立性。

2.4.2.2 汕头：专门性的办公建筑有较多出现

而汕头的情形则有所不同，同业公会位于骑楼街道的比例约为52%，工会为19%，同乡会为26%。其比例大大低于厦门。这首先说明在汕头有骑楼以外的建筑形态为民间组织提供办公空间，即汕头的洋楼建筑，在上一节对居住建筑的讨论中我们提到，汕头的洋楼建筑具有商住两宜的特征，实际上，这种建筑类型也常用作办公场所，并且可容纳多个民间团体，成为专门性的办公用建筑。

与厦门民间组织的散布性特征不同的是，汕头的同业公会和工会组织都在一定程度上表现出空间聚集性，首先是同行相聚，如暹商业公会、南商业公会都位于天后宫左巷，柴炭业公会与煤炭业公会都位于行署左巷怀德里8号，运输业工会和轮船起卸业工会都位于升平路153号等。其次，非同行业也可能位于同一栋建筑，如旅业公会和苏广洋杂业商业同业公会都位于棉安街34号，三轮车业工会和铁业工会位于镇平路10号等，在行业上没有明显联系。事实上，同行相聚应当看作是办公建筑发展的初级形态，而彼此不相联系的行业居于同一建筑内则说明建筑办公功能的专门化，而不受行业类型的差异化影响，而是仅仅提供各种社会团体办公的场地。总的来看，在汕头，民间团体位于同一座建筑内是较为常见的，且大部分不位于骑楼内，其中，容纳团体数量最多的有万安街44号和六邑会馆。

---

① 民国时期文献《厦门指南》《厦门要览》《厦门大观》等都未说明这些社会组织所处骑楼建筑的具体位置，但在汕头方面的文献如《汕头指南》等有这样的记载，如汕头中药熟药业公会位于国平路骑楼街道59号三楼，甜料果脯业公会位于至平路（骑楼街）66号二楼等，推测厦门也属类似的情况应是合理的。

图2-57　六邑会馆戏台遗址
（图片来源：作者自摄）

图2-58　樟潮会馆历史图片
（图片来源：汕头特区晚报）

六邑会馆位于商平路95号（图2-57），始建于清同治六年（1867），是潮安、澄海、饶平、普宁、揭阳、潮阳六县商人联合创办的潮汕本土的联合商业机构，与旧有的漳潮会馆（图2-58）相对应称为新会馆，其内设有纸料出口业公会、港沪出入口货业公会等六家单位。中华人民共和国成立后改为小学，原建筑于1984年被拆除，现已不存。作为清末建立的商人会馆，六邑会馆的建筑形式为传统样式。

万安街44号则包括市总工会在内的各行工会10家，以及惠来同乡会共11家单位。由于万安街44号所在街道已经改建为现代小区，只能推测其建筑形式，应与当时汕头普遍存在的楼房筑式是相类同的。

从内在原因上来说，近代厦门与汕头侨乡民间团体所对应建筑形态的差异也反映了两地政府与民间权力结构的差异性，在厦门，以林国赓为领导的海军司令部以铁腕政治促成了城市改造的成功，其政府力量大于民间力量，表现为政府决策，以华侨为主体的商人阶层提供资源的特点；而在汕头，华侨等民间力量有效的参与到城市事务的运作中，表现为官民合作的特征。民间团体的活跃与发达在建筑上表现为其所对应建筑形态的独立性。

另外值得一提的是，无论厦门或汕头，与商业空间的大规模发展相比，办公场所的需求规模始终是较小的。办公建筑的最大需求实际上来源于工业化生产生产经营与商业销售流程的分离，而在近代厦门和汕头，华侨投资工业往往遭遇失败[①]，多倾向于将资金投入较容易获利的房地产业和商业，工业薄弱与商业繁荣的不平衡发展，使两地的办公建筑难以成为主要的建筑类型。同时，尽管厦门与汕头都不乏巨侨大贾，但更多的华侨及当地商人都属于小本经营，具有小商品经济的特征，一些办公的需求附属于商业空间即可，因此在商业上也催生不出发展办公建筑的需求。总结来说，在近代民间团体发展影响下，两地侨乡建筑文化差异可以总结为下表：

---

① 　可参看林金枝.《近代华侨投资国内企业史资料选辑（广东卷、福建卷）》等相关研究。

		建筑表现	社会动因		建筑表现	社会动因
民间团体的兴起	依附性	骑楼是厦门民间社会组织所凭依的主要建筑形态	民间组织尚不发达，其办公空间也未能有成熟的发展，尚不具独立性	专门性	有骑楼以外的建筑形态为民间组织提供办公空间	华侨等民间力量有效的参与到城市事务的运作中，民间团体相对发达
		在空间上呈散布特征，多个组织属于同一建筑的情况较为少见			空间聚集性，专门化的办公用建筑	
	共性：办公场所需求规模都较小，原因在于工业薄弱，且商业仍留有小商品经济特征					

2.5　政府权力强化影响下的建筑审美文化重构性与延续性差异

如果说民间社会组织对城市建筑的影响主要表现在局部和微观层面，那么政府组织的各种行为则更多地影响到城市宏观形态。然而现实并非如此简单化，地方政府制定计划进行城市建设和改造，受到来自于国家以及地方各阶层利益关系的影响，由于各方利益往往并不一致，建设的过程中难免有得益者和利益被损害者，前者制造动力，后者制造阻力。因此城市改造必须协调各方利益，因势利导。近代厦门市政改造的主持者之一林国赓就曾言道，"谋地方之发展，目光必先注视于其内外之情状，偏者全之，衰者旺之，塞者通之，重要者先营之，经济求省，工程求便，阻力求少，痛苦求轻，然后事使能举，举而后能济"①。对于近代侨乡城市来说，其特殊之处在于，华侨作为一个新兴的社会阶层开始诉求并掌控更多的社会权力，以至于政府需要依靠华侨的力量来进行建设活动，应该说，正是由于当时地方政府和华侨利益上的某种一致性，才使得近代厦门与汕头的城市近代化能够得以实现。同时由于两座城市政府与华侨等民间社会权力关系存在差异，也进而导致二者城市建设过程及结果的差异。总的来说，厦门当时由于强势政府的存在，兼有华侨财力的支持，使得各项阻力较大的城市改造能够得以贯彻，实现了对城市空间的重构。而汕头政府与民间社会权力关系相对均衡，在官民协力之下完成了对城市的近代化改造，且由于城市历史形成较短，改造阻力不大，基本延续了城市原有的空间逻辑，并在其基础上进行了扩展。

2.5.1　厦门与汕头近代城市改造之前的历史溯源

2.5.1.1　厦门城市历史溯源

厦门岛，古称嘉禾屿，唐开元年间，闽中豪族陈僖率家族"宵遁于清源之南界，

---

① 林国赓. 厦门市政之设施. 三水陆丹林编. 市政全书. 第四编［M］. 上海：中华全国道路建设协会. 1931：101.

海中之洲，曰新城，即今之名嘉禾里也"。同一时期诗人薛令之率家族迁居嘉禾屿西北洪济山之北。史称"南陈北薛"，可认为是厦门城市历史的发端。宋代厦门岛是泉州港外围一个重要的辅助港口，经济有一定发展。在宋仁宗嘉祐年间（1056~1063），该岛开始有驻兵设防，到元代至元十六年（1279）设立军事性质的"嘉禾千户所"，确立了该岛作为军港的地位。明代实行海禁，禁滨海民私通海外诸国，并迁移岛上居民，但同时也积极主动设置海上防御体系，构筑了"卫城—所城—巡检司城—寨堡"完整的防御体系。所处皆为海防要害处，多建在滨海地点，在岬角或半岛上。洪武二十一年至二十七年间（1388~1394）厦门城修筑完成，并以"厦门"替代嘉禾屿作为岛名。在今天厦门全市范围内，明代共建有七座城池和十座寨堡（七城十寨），其中厦门本岛有五座城池，包括方形的厦门城（中左所城）、直形的白城、镇南关以及塔头、高浦两个巡检司城（图2-59）。明代厦门岛的海岸线、地势与现在不同，海水一直淹到溪岸路，海岸路，霞溪路和桥亭一带，中所城实际上是滨海而建。在经济上，明正德年间，漳州月港成为福建最大的外贸港口，厦门港则成为月港的门户，明末清初，郑成功驻厦时期是厦门走向鼎盛的起点，1655年郑成功改厦门为"思明州"，政治上效仿明政权建制，经济上以商养军，成为郑氏集团的重要经济支柱，但康熙年间的反复迁界和战争对厦门社会经济破坏很大，城市几成废墟。迁界导致地区家族组织的解体，居民往

图2-59 明代厦门"七城十寨"中高崎寨旧址
（图片来源：网络）

图2-60　19世纪中期厦门港远眺
（图片来源：网络）

往"泛而无宗"，"合众姓为一姓"，族系矛盾，乡族械斗为社会常象，同时作为维护异宗异姓的纽带的地方神明信仰普遍。1683年，在施琅等人努力下，开放海禁，开发台湾的奏请获准。在厦门设立海关"闽海关"取代市舶司，厦门为正口，正式开放为对外贸易港口。城市发展从此走向一个新的阶段（图2-60），城市性质也由军事政治的守卫功能向经济职能转化。康熙五十六年再次海禁至雍正五年重开，准许福建商船与南洋贸易，但规定"洋船出入，总在厦门、虎门守泊。嗣后别处口岸，概行严禁"。雍正至乾隆的70多年间，厦门成为闽南的政治、经济、军事中心，乾隆十六年（1751）贸易总值达1821万银两，几乎每年都在千万以上，盛极一时。道光二十二年（1842）南京条约，将广州、厦门、福州、宁波、上海开辟为通商口岸。19世纪60～80年代，对外贸易有较快的发展，但大量的鸦片进口导致厦门地区经济的萎缩，到20世纪初，进出口贸易都呈现衰落的趋势。

2.5.1.2　汕头城市历史渊源

关于汕头名称的由来，民国潮州志载，"汕头于明代但称沙汕，清康熙时曰沙汕头，继简称汕头，嘉庆时称汕头港，同治后开埠称汕头埠，至民国十年设汕头市政厅，乃称汕头市云"①。可见与厦门不同，汕头城市的形成相对略晚，现今的汕头市区在明永乐年间还是汪洋大海，到1530年，有几道沙脊浮出海面，沿海居民到这里设栅捕鱼，称为沙汕②，"乾隆《周府志》康熙五十六年（1717）建沙汕头炮台"③（图2-61、图2-62），清嘉

① 饶宗颐总纂. 潮州志. 沿革志［M］. 汕头：潮州修志馆，1949.
② 郑可茵，等. 汕头开埠及开埠前后社情资料［M］. 汕头：潮汕历史文化研究中心. 2003：9.
③ 饶宗颐. 潮州志. 沿革志［M］. 汕头：潮州修志馆，1949.

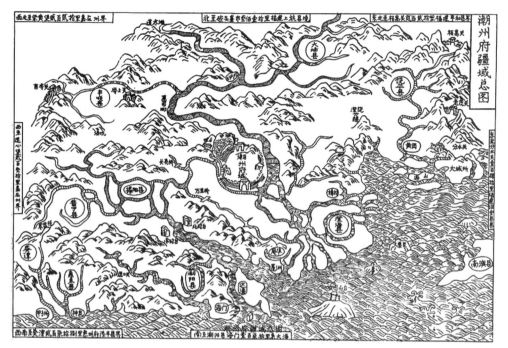

图2-61　清代潮州府疆域总图

（图片来源：《乾隆潮州府志》上海书店出版社，2003）

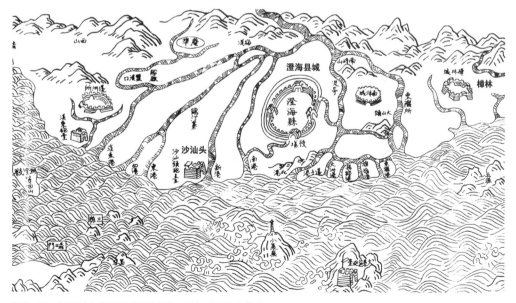

图2-62　清嘉庆年间澄海县疆域图，已有"沙汕头"地名

庆年间《澄海志》载:"沙汕头距澄海西南35里,东蓬州都即沙汕头前海沃也,有淤泥浮出沙汕数道,乃商船停泊之总汇",乾嘉年间,当地街市已初具规模,形成了顺昌街行街、顺昌街等相对稳定、集中的商业区,共有店居200余间,俗称"老市"。清咸丰四年(1854)漳州商人和本地商人共同兴建漳潮会馆,可见在开埠之前,汕头已是船舶来往贸易的重要港口。1860年,汕头开埠,从此一直到抗日战争爆发,汕头城市发展和商业贸易一直处于上升期并趋于鼎盛,而在1921年汕头成立市政厅进行城市改造之前,市区已形成了"四安一镇邦,四永一升平"的城市格局。

通过对近代城市改造以前厦门与汕头历史的简单回顾,可以看出,虽然二者在各自地域范围的参考系内都可被称为年轻城市,但互相比较之下,汕头相对厦门更加年轻,这一区别决定了二者在城市改造中面临的困难差异。厦门城市历史相对久远,道路街区格局已基本定型,土地产权错综复杂,各种地方势力也根深蒂固,因此牵一发而动全身,改造更为艰难,而汕头的情况就相对较好,原有街区范围本就不大,市政改造主要是按照其原有的空间逻辑进行延伸拓展。

2.5.2 近代厦门与汕头城市改造的迫切性

纵观20世纪以前厦门的城市历史发展,可以看到厦门的城市发展经过了从早期单纯以农业为主,到以政治军事职能为核心,再到向商贸港口经济职能的转变,这其中的转变并非泾渭分明,到了五口通商时期,厦门虽然以经济职能为主,但其政治地缘价值也仍然突出。然而政治和经济两种价值取向并未能合而为一,反而造成城市空间的无序。清末的厦门岛上有城池环绕,城内有道台、衙署,宫庙等一系列传统城市要素的设置,城外商业街市、民房码头则漫无规则,肆意发展,形成杂乱无章的城市肌理(图2-63),到了民国年间,厦门旧有的城市空间已无法适应新的社会经济形势的发展,亟须进行改造,主要表现在以下几个方面:

第一,环境污秽,市容不整。厦门市区位于岛的西南隅,略呈三角形。全市低洼沼池遍布,大部分成为倾倒垃圾和秽物的场所。如蕹菜河地处民居店铺稠密的市区中心,却是垃圾成山,恶臭难闻。但凡山头坡地,则满布新坟旧墓,有碍观瞻。过去还有一些恶劣的地方习惯,"死猫挂树头,死狗放水流",因此海滩之上常有动物家畜尸体,垃圾倾倒入海也是常事。

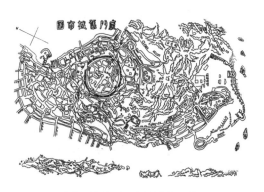

图2-63 清末厦门杂乱无章的城市肌理
(图片来源:作者按照同治年间厦门旧城市图重绘)

第二，街道狭隘，交通不便。美国牧师菲利普·威尔逊·毕写道，"这是个城！但与你想象的大不一样。这里没有宽阔的林荫道，漂亮的私宅。宏伟的公共和商业建筑。所有一切都与此相反。街道狭窄弯曲——石板缺裂，可以直接看到下水道。它迂回、扭曲、下降、上升，最后不知其所止。步行者虽然谨慎，亦不免在哪里出差错。在厦门没有一条直的街道，甚至可以说连一条可以称'直'的都没有。[①]"而在交通工具方面，陆路上只有马和轿两种方式，水路常须待潮水，因此水陆交通均不方便。

第三，房屋简陋，隐患丛生。城市改造以前厦门房屋多为木构，住宿拥挤，极易失火。《鹭江志》描写厦地店屋说："向来高不过一二丈，偶尔失火，易于扑灭。今因地窄，竟事崇高，至五六丈余。妆饰楼阁，对街之店，栏槛相交，如同一室。故一经火灾，便延毁数十间，或至百间，无可着力救止。"1902年厦门大火，即烧毁13条街房屋千余间。二是居住环境恶劣，不利健康，"窗户比孔还小，没镶玻璃，木窗总是关闭[②]"。城市无排水系统，在地势低的房屋，一遇大雨，顿成泽国。到了春夏之际，往往瘟疫蔓延全市，"鼠疫甚时，一日死五十人[③]"，以致商店停市，居民闭户。

再看汕头，关于汕市城市改造之前的情况，两任汕头市长的萧冠英对之有一番评述，"溯汕市成立，原未经国家之规划，故一切均无所设施，所谓市政，向未梦见。水陆不联络，街衢太湫溢，人口之密集水道之淤塞，建筑之危险，种种不合，求之世界各都市，殆无此恶劣[④]"。可见早期汕头街市属未经规划而自然形成，其市政情况也并不乐观，城市改造也是势在必行。

2.5.3 开拓新区比较

近代厦门与汕头都重视开辟新区对于市政改造之意义。当时市政建设官员苏逸云写道，厦门"每人所占面积不及两方丈，地狭人稠，秽气熏蒸，常生疫病，外人诋为阿莫尼亚之商埠，兹可痛也！故欲改良厦市，必先开新区，欲宽筹经费。必先开良好之新区[⑤]"。而对于汕头，萧冠英有类似的论述，"窃谓今欲整理汕市一切市政，均可暂取消极的维持。其最关紧要宜积极急进者。莫如扩张区域，以广容纳……另开新市域，加以种种新式适宜之设备，以为模范区域。使旧市场所有渐移入新市场。容积已宽，人口亦

---

① （美）菲利普·威尔逊·毕. 厦门方志，一个中国首次开埠港口的历史与事实 [M]. 台北：中国基督教卫理公会出版社，1912：7.

② （美）菲利普·威尔逊·毕. 厦门方志，一个中国首次开埠港口的历史与事实 [M]. 台北：中国基督教卫理公会出版社，1912：9.

③ 厦门市地方志编纂委员会办公室. 民国厦门市志 [M]. 北京：方志出版社，1999：38.

④ 萧冠英. 六十年来之岭东纪略 [M]. 大连：中华工学会，1925：122.

⑤ 苏逸云. 厦门之新建设. 傅无闷. 星洲日报四周年纪念刊. 新福建 [N]. 新加坡：星洲日报，1933：第乙三五页.

不至于过于密集"①。可见当时人都视拓展新区为改革市政之良方，下面就两地侨乡在此方面的建设进行一番比较。

2.5.3.1　内拓外展与外向延伸、改造自然与因地赋形

在城市形态的演变上，近代厦门的新区建设通过对城市原有地形的改造，在市区内外同时进行新区开辟，表现出内拓外展的特点。由于厦岛东面皆山，向西的支脉将市区截为南北两区，北区为市中心，位于全岛西南隅，南区为厦港区，市中心也有三支较低山脉，在山脉当中又夹有池河十五处，都占去不少面积，且荒山遍布坟地，池河卫生不整，因此新区开拓，首先从市内开始，1926年动工的瓮菜河工程是新区建设的起点。瓮菜河位于原城垣附近，今思明东、南、西、北路的交汇处（图2-64），工程利用拆除城垣获得的土石方进行填筑，节省运费。同时采用售地筹款，填筑与建设并进的方式，在短短两年时间内使"昔日首秽之一区，今变成为繁华之市矣"②，在瓮菜河工程的示范效应下，厦门的新区建设开始走向高潮，从1927至1932五年间，共开发土地30余处（表2-2），面积达1162187.8平方米，相当于原市区面积的42%③，其中"属于开辟山坟田地者，约1080亩，占49%，向海拓展，填筑滩地者，约770亩，占35%。在市内填筑池河低地者，约320余亩，占16%"④。大规模的填河、开山、填海活动使城市地貌乃至整体格局发生了根本性变化，是近代厦门城市形态进行重构的整体表征，也反映了近代厦门通过改造地理自然条件以扩容市区的建设思路。

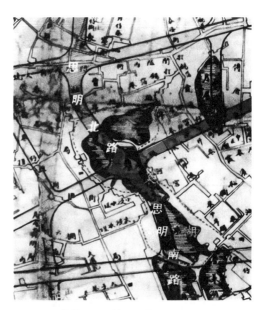

图2-64　瓮菜河工程总平面图
（图片来源：《爱上老厦门》，2011）

民国十六至二十一年厦门开辟新区表　　　　　　　　　　表2-5

开辟新区	开辟方式	旧城区内外	新区面积（平方米）	开辟新区	开辟方式	旧城区内外	新区面积（平方米）
瓮菜河	填河	内	23888.9	虎溪岩	整理山路	外	38888.9

① 萧冠英. 六十年来之岭东纪略 [M]. 大连：中华工学会，1925：122-123.

② 工商广告社编纂部. 厦门工商业大观 [M]. 厦门：工商广告社，1932：15.

③ 厦门市土地志编纂委员会. 厦门市土地志 [M]. 厦门：鹭江出版社，1996：43.

④ 郭景村. 厦门开辟新区见闻. 鹭江春秋·厦门文史资料选萃 [M]. 北京：中央文献出版社，2004：183.

开辟新区	开辟方式	旧城区内外	新区面积（平方米）	开辟新区	开辟方式	旧城区内外	新区面积（平方米）
外海滩	填海	外	72222.2	三峰山	整理山路	—	21055.5
内海滩	填海	外	109511	窟仔底	填低地	内	5444.4
镇南关	开山	外	46388.4	大悲阁	填水田	外	9688.9
洗布河	填河	内	15966.7	第一段堤岸	填海	内	17544.4
破布山	开山	外	16366.7	第二段堤岸	填海	内	11166.7
深田内	填水田	内	27133.3	第三段堤岸	填海	内	46022.2
深田外	填低地	内	17777.8	第四段堤岸	填海	内	129944.3
麒麟山	整理山路	外	36588.9	先锋营	开山	外	5366.7
虎头山	整理山路	外	12244.4	美仁宫	开山	外	6277.8
白鹤岭	整理山路	外	50288.9	厦门港	填低地	内	9288.9
蜂巢山	整理山路	外	61366.6	西边社	开设	外	10188.9
粪扫山	整理山路	—	2277.8	福佑宫	—	内	3366.7
美头山	整理山路	外	20866.6	龙船礁	填海	外	24377.8
后江埭	填海	外	307121.9				

（本表根据厦门地情网相关资料进行修改绘制）

相对于厦门崎岖不平的岛屿地貌，汕头所处地形由江河出海流沙沉积而形成，"地势平坦，既乏峻峰之耸立，亦无丘垤之起伏"[①]，因此没有在市内开山填河的需求，而其地势自东北陆地向海往西南延伸，城市发展及开发亦顺从此趋向，表现出外向延伸、因地赋形的特点（图2-65）。民国初期，汕头城区范围东至今公园路，西至今海墘内街，南至今港务区码头，北至今乌桥小区，主要城区集中于西南沿海，形态犹若张开折扇，已表现为自发性的顺应地形的城市空间发展逻辑，1921年城市改造开始，到1949年前，城区范围向东发展至饶平路，西至西堤路，南至外马路，北至乌桥小区。这一时期内城市建设奠定了小公园为商业中心的城市基本格局，且以市区西南至东南区域建设规模较大，原东部孤立的崎碌地区到1947年已与市区连成一片，而西南部市区也通过填海造陆有所扩充。总的来说，汕市城市改造是在原有市区范围基础上顺应地形作外向延伸，尤其以向东南内陆发展为主，而不像厦市对自然地理环境做大规模的改造，因土地开辟而带来的城市格局变化幅度也相对较小。

---

① 黄开山. 新汕头 [M]. 汕头：汕头市政厅，1928：80.

汕头开埠前沙沙汕头时地形图（1814年）
(1814年 嘉庆19年)

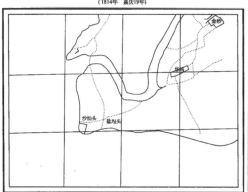

沙汕头开埠前夕地形图（1858年）
(1858年 咸丰八年)

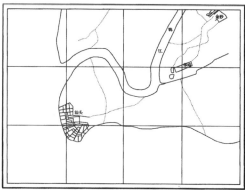

民国初年汕头地图（1911年）

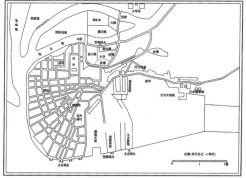

近代城市改造之初汕头地图（1923年）

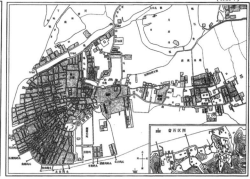

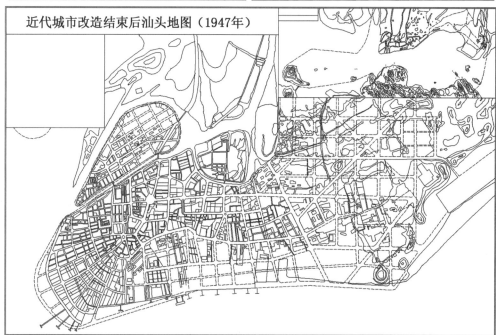

图2-65　近代汕头各阶段城市地形图

（图片来源：其中1814、1858、1911、1923年图摘自《汕头市志》，新华出版社，1999。1947年城市图
系根据平平公司1947刊印地图重绘）

2.5.3.2　城市功能布局的初步实践与远景规划之别

近代城市建设者都开始意识到城市规划中功能分区的重要性，曾任汕头市长萧冠英对此有较详细的论述：

"盖都市之盛衰，全视工商之能否发达。而工之与商，一为生产的，一为分配的，性质不同，设备自异。自工业方面言，则各种原料或出品之搬运贮藏，与夫烟煤喷出，机械震响，及各种引火危险之物品，有毒带臭之气水，在在于市民生命财产有绝大关系，且工业工厂仓库多属平面的，街路亦谨取坚平。故工业地区之设备，多觉特别，与商业地区不同。而商业地区与住宅地区亦有异点，住宅宜于清幽雅静，不若商场之繁华热闹，即保留空地亦比商业为多。街路宜宽洁，不必如工区之坚牢，亦不必如商区之美丽，而房之外观，与高度，又不能一致，此地区所宜分也。今统计全市面积拟划韩江西北部之将军滘火车站过澜桥等为工业地区，取其水陆便利，风向相宜，且通转运之便利。至住宅区则在旧市区东北部，行政地区则在月眉坞之东，华坞之西，全市适中之空地。行乐地区则取对面角石天然之山水，而于月眉坞设一中央公园，以供随时之游息"[①]。

这一论述与20年代汕头市政厅拟定的市政改造计划是一致的，即进行工、商、居住、游乐的功能分区，功能区划是新区开拓工作的具体方略，对比1926年的计划图（图2-66）和1947年建成区图，可以看到当时的设想得到了部分实现，中山公园作为娱乐区域得以建成，规划的西北部工业区域虽没有大的发展，但是也可以看到汕头市的主要工业单位如电灯公司、自来水公司、无线电报局等都设于市区西北部。此外，商业区域也按规划向东扩充，有一定发展。与规划不符的是，行政和住宅区域在1947年仍属于未建成区域。其中，当时市政机关，如东区绥靖公署（位于崎碌）、市政府（位于外马路）都已建成，因此无另辟行政区域的必要。至于住宅区域，市区当时还远未扩展至规划位置。总体来说，近代汕头城市改造按照功能分区的思路有了初步的实践，但其成果尚不完全。究其原因，主要在于其工业不发达，以及城市发展为日寇侵华战争打断所致。

对照之下，近代厦门城市建设以扩容商区和居住区域为主，显得较为务实，但在两个未能实现的新区规划中，其功能分区的思想以及关于城市远景发展的思路都有所体现。即填筑筼筜港计划和嵩屿商埠计划，筼筜港和嵩屿新区都因时局变动和战事而搁浅，成为纸上空文，所幸这两项计划都在今天得以实现，筼筜新市区于1981年动工建设，至1990年已成为涵盖工、商、行政、居住、娱乐多项功能的现在厦门的中心城区，而嵩屿则成为当今厦门由海岛型城市向海湾型城市转型过程中的重要一环，验证了当时计划的远见和合理性。

---

① 萧冠英. 六十年来之岭东纪略［M］. 大连：中华工学会，1925：123.

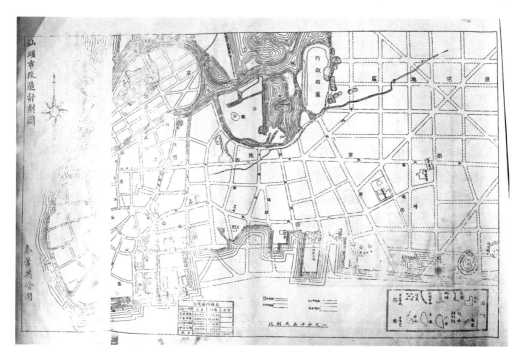

图2-66　1926年汕头市改造计划图
（图片来源：1928年版《新汕头》）

2.5.4　道路建设比较：破除束缚与扩展延伸

如果说新区建设是近代两地侨乡城市改造中的体与面，那么道路建设则是构成整体的骨架。道路可粗略划分为市内道路和市外道路两种，市内道路以沟通市内交通，并满足商业、生活等需求为目的，而市外道路则是沟通城市外部区域，输送及交流各类资源的渠道，是城市繁荣的基本条件。

比较近代厦门与汕头城市改造之前的市内道路情况，二者有明显的区别，因此改造过程也有很大差异。厦门在较长历史中形成的城墙以及狭窄无序的道路网是当时城市发展的严重阻碍，因此市区道路建设的目标旨在破除束缚，对道路体系进行重整。首当其冲即是拆除城墙，城墙在当时被认为是封建壁垒的象征，且在事实上也是阻碍城市交通和经济发展的重要因素，因此民国初年各地都兴起拆城运动，厦门也不例外，当时的厦门城墙建于清康熙二十四年（1685），周长1920米，于1926年被拆除，原城基被辟为古城路。城墙的拆除为市区干线的开辟准备了条件，1927年开始建设的五条干线中，大同路衔接民国路，中山路斜接中华路穿过原古城区域，思明西路衔接原古城基一部分的思明东路向北连接厦禾路。可见当时拆除城墙为市内交通建设带来的便利性。另一条干线思明南路则以沟通南部市区为目的，共同形成整体的"四纵一横"格局（"四纵"即厦禾路西段、大同路、思明西路和中山路，"一横"即思明南路）（图2-67），可见当时市

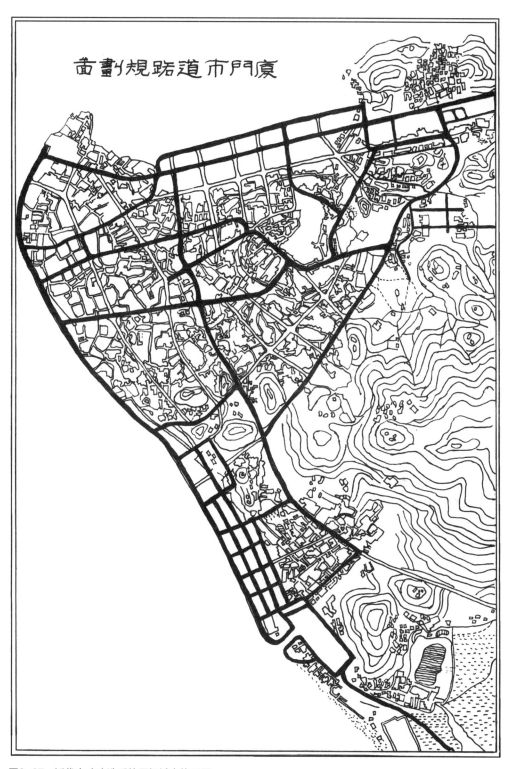

厦门市道路规划图

图2-67　近代市政改造后的厦门城市格局图
（图片来源：按照厦门市国土资源与房产管理局编《图说厦门》1931年厦门市道路规划图重绘）

区道路体系是在摆脱原有城市空间结构束缚的条件下完成的。

除干线外，各支线道路建设也大规模进行，从1920年厦门第一条马路开元路动工开始，到1932年市政建设全部停止的12年间，厦市共建设道路总长达35.4千米，总面积达47万平方米。而同时期汕头建设道路长度约为25.6千米，道路总面积与厦门大体相当①。近代厦门市区建成道路长度大于汕头，道路数量大于汕头，但平均路宽小于汕头。一方面这说明两市的道路工程量是大体相近的，另一方面，考虑到厦市道路开辟与原有街巷的空间逻辑基本相悖，而不似汕头很多情况下是顺应原有的街道进行扩展延伸，（这也是厦门市内道路宽度一般小于汕头的重要原因），因此总体上阻力和困难更多，却还能达到和汕头道路建设相近的工程量，并在某些方面还犹有过之，也说明厦门道路建设对旧有城市空间的改造力度之大。

再单独来看汕头，近代汕头城市改造以前的原有道路格局是在开埠以后形成的自东北向西南的环形放射路网，这一道路形态是在适应港口商贸活动的过程中自发形成，从本质结构上并不与城市发展构成冲突。但是由于条件所限，以及没有机动交通工具等因素影响，早期道路多为沙土路，且街宽较窄，一般仅有3~5米，并且在改造以前，汕头是"有街无路"的状态，几乎所有街道都为商业目的而形成，因此改造后的大多数马路都从街演变而来。如永平路前身为第一津街，永泰路由永泰街延伸扩展而来，镇邦路由镇邦街延伸扩展而来等。因此，道路建设的目标主要在于对原有街路进行加固和扩展，并根据城市新区拓展和对外交通联系情况对路网进行延伸。当时政府道路改造的规划也确实是基于此两项目的而制定的，正如萧冠英写道：

"街路为都市发展与存立直接之紧要关键。西人目为都市之神经血脉，良非口言。本市街路依据地形。拟以新规定之行政地区为中心，为求美观而便交通计，斟酌因革，取格子形，放射线，圆圈式三种，互相联络，以达各区。格子形规定宽六十英尺，放射线则八十至一百尺，旧市区内为避免商人重大损失起见，暂定为四十尺，使合于五等道路。圆圈式路即夹杂其中。至于堤岸则定为一百二十尺。因船舶辐辏。人货起落，均集于此。非宽其路面，不能适用，与内街之已经分散者不同也。若火车路线。为求经济与便捷，拟连接线经过中央公园之西，直达海岸。卑与船舶相联络。货物免驳艇雇搬之劳。直接可以起卸。倘因天气或货物过多之阻碍，则于附近设货栈，以容留之。至电车路将来必须敷设，已于六十尺以上之路预为地步。路线测定，全市规模于是乎粗具，可以从事于建筑矣。"

这段话的主要内容是对街路的形式和功能进行分类，对照道路改造以前的1909年汕头地图与20世纪40年代道路建设停滞以后地图，可以看出放射形路网是改造前城市路网的原

---

① 根据1990年《汕头城乡建设志》第115页载，"1949年，市区干道有47条，总长27.29公里，总面积有44.50万平方米"，但笔者根据其138页表格数据计算总长约为25.66公里，总面积47.65万平方米。数据有所出入，但相差不大，并不影响论点，为了与本文所采用表格数据统一，这里采用笔者计算的数据。

有特征，而格子形路网在这时城市西北部也已有雏形。可看出计划是基于现实基础的延续，这一时期还没有"圆圈形"道路，但在道路建设以后形成了小公园和同济医院两处环形路网，其实也算是放射形路网自然延伸汇聚的结果。而规划中的市区东部方格形路网，后来未能全部形成，仅开辟了抵达机场的黄山路等干道。此外，西堤马路得以建成，是计划中对堤岸道路设想的实现。至于连接铁路运输，由于潮汕铁路因日军侵略被毁去，因此相关计划也成泡影，令人惋惜。总的来说，可以看出汕头在近代市政改造时期的道路建设是基于城市原有文脉的调整和延伸，与厦门城市空间的整体重构有明显区别。

2.5.5 地方政府与华侨合作关系差异对两地侨乡城市建筑审美文化的影响

应该说，虽然近代厦门与汕头侨乡城市改造的具体过程不同，前者为重构，后者为延续，但结果却倒是殊途同归的，即二者都形成了为满足近代海外贸易发展需要为目的的商港型城市空间。但在这一过程中，两地城市改造遇到的阻力是不同的，厦门遇到的阻力更大，汕头则相对较小（这一观点在前文中已有提及，不再赘述）。如果说汕头的近代城市建设成果是历史必然性的体现，而厦门在这方面则多少带有一点偶然性。虽然二者城市建设都是在大量华侨投资的支援下得以实现，但华侨投资并不是城市改造成功的唯一条件，因为华侨群体是分散的个体组成，即使像近代汕头商会这样手握相当社会权力的商人组织，内部也不可避免存在矛盾，难以提出统一的城市建设计划。因此一个可以对民间各方利益进行统筹协调的政府也是城市建设得以进行的核心条件。从这一角度来看，近代厦门市政改造时期的政府较为强势，并且策略得当，有效发挥了华侨的经济优势，是城市改造成功的重要因素。而汕头当时城市改造本身内在矛盾较小，官民协力之下也取得了较大成果。

2.5.5.1 厦门：政府主导，华侨提供资金的建设模式

周子峰认为，"抗战前厦门城市建设运动可分成两个阶段，第一是市政会时期（1920~1925年），第二是海军治厦时期（1925~1932年），两阶段以市政督办公署之成立为分界线，当中以后一阶段成就较大"。这两阶段的政府性质也是不同的，前一阶段政府主要由市政局和市政会组成，市政局为执行机关，由官员负责，市政会为议决机关，会董在商绅中选出，共31人，表2-6是市政会人员组成的情况，从中也可以看出当时厦门社会权力结构的组成特点，即以华侨为主体的商人阶层和地方绅士[①]掌握了主

---

① 会董由厦门总商会、厦门教育会、玉屏、紫阳书院等公共机构推举，所以有部分会董来自学界，这些人员中实际上是地方绅士的代表，其中既有接受新式教育者，如杨景文等，更多的为获得清末科举功名的开明绅士，如卢文启，卢心启、周殿薰等人。

要的社会权力。然而在市政会主持建设的6年中，成果寥寥，除厦禾公路外，室内马路仅完成1.22公里，张镇世描述说，"市政会审议事项，商学两界董事往往意见分歧，未能一致，不是厉害冲突，就是见解不同，因而每周会议，流会者多，迁延拖拉，百端俱废"[①]（表2-6）。

厦门市政会会董人员组成[②]　　　　　　　　　　　　表2-6

华侨（包括台侨4人）	林尔嘉、黄歆炳、黄奕柱、黄必成、曾厚坤、黄仲训、林文庆、林木土、叶崇禄、王人骥
学界、地方绅士	黄孟圭、郑煦、卢心启、卢文启、孙印川、李禧、杨景文、周殿熏
本地商人	黄庆元、黄廷元、黄书传、洪鸿儒
不明	黄竹友、黄庆庸、黄瀚、阮顺永、曾宗礼、欧阳轸、郑俊卿、叶崇华、叶孚光

（图表来源：根据郭景村作《厦门开辟新区见闻1926—1933年》（鹭江春秋·厦门文史资料选萃）、2004年）第171页所载会董名单，以及《民国厦门市志》（厦门市地方志编撰委员会办公室整理，1999年）、《厦门市志·第五册》等相关资料绘制）

然而客观困难是确实存在的，苏逸云总结道，"厦市改革困难之点约有五端：地价奇贵，收买难；籍民作梗，交涉难；街名崎顶，湾度又多，施工难；上不支国币，下不派民间，筹款难；规划路线动须迁就，实施计划难。是谈建设于厦门，实较他地尤难"[③]。因此厦门市政建设的第一阶段可谓内外交困，步履维艰也是情理之中了。

1924年海军入据厦门，1925年市政局撤销，厦门进入海军治厦时期，这一时期的政府有一定的军人政治特点，以海军司令林国赓为首，任用周醒南为顾问，但在市政建设上胜在高效有力，主要表现为：

第一，裁撤冗余机构，提高政府效率。林国赓撤销市政会和督办公署，原人员组成路政处和堤工处，统归海军司令部管辖，职责明确且事权统一，无复过去市政会议事迟缓弊端。

第二，有效调动华侨经济力量，因势利导，策略得当，其时受世界经济危机影响，南洋各埠商业经营困难，因此华侨竞相回国投资地产。当时厦门政府通过开辟新区售卖土地觅得财源，算是借助了国内经济上升的大势。此外，在一些具体策略上，往往也有可取之处，例如迁坟和移庙工作，都采取迂回措施，而不和阻挠者直接发生矛盾。

第三，特定情况下，政府也采取强制措施以保证城市改造的顺利进行。如1929年，拆建大同路段过程中，遇日本籍民及日本领事阻挠，当局出动军队，封锁交通，令施工

① 张镇世等. 厦门早期的市政建设1920—1938年. 鹭江春秋·厦门文史资料选萃［M］. 厦门：厦门大学出版社，2004：156.
② 根据郭景村作《厦门开辟新区见闻1926—1933年》（《鹭江春秋·厦门文史资料选萃》，2004年）第171页所载会董名单，以及《民国厦门市志》（厦门市地方志编撰委员会办公室整理，1999年）、《厦门市志·第五册》等相关资料绘表.
③ 苏逸云. 厦门之新建设. 傅无闷. 星洲日报四周年纪念刊. 新福建［N］. 新加坡：星洲日报，1933：第乙三六页.

队强行拆除籍民店屋，从而使改造顺利进行。若以之前的市政会来解决此事，则显然难以实现。

2.5.5.2 汕头：官商共济、共同决策的建设模式

从1921年汕头成立市政厅，到1928年成立市政府，汕头政府结构也经历了两个阶段，即从委员会制过渡到市长制，陈海忠认为这是反映了"当局政治理念从一开始强调分权制衡到逐步强化行政权力的变化"①，但是从市政建设的成效来看，前后两时期的成果实际上是差不多的。以道路建设为例，1921年到1928年间，完成道路14.5千米，而1928年以后到1935年完成道路11.2千米，并未看出强化行政权力带来的更高效率，且由于汕头市长更迭频繁（1928~1949年有18任市长，不含日伪时期），政府政策的延续和执行显然也会受到不利影响，这一点与厦门海军治厦时期的强势政府有明显的区别。但所幸汕头商民对于市政建设颇为配合，萧冠英也认为汕市改造"事业重大。经费浩繁。非得政府之辅助。与地方绅民之协力。各具决心。积极规划。以促进行。必不能达于完美之域"②。强调地方民众协力的重要性，而把政府置于辅助地位。

事实上，尽管有政府机构统一协调，汕头市政建设仍有很大一部分权力掌握于以华侨为代表的商人阶层手中，具有官商合作的意味，一个典型例子是"汕头筹建中山公园委员会、筹建平民新村委员会"这一机构，成立于1929年，由市长陈国梁聘请社会各界人士34人组成，市长任主席，根据陈海忠的研究，这其中"能明确身份的委员27位，除了4位政界人物，其余23位均为商人"③。这其中许多华侨企业，如潮汕铁路、开明电灯公司、自来水公司等单位的负责人都名列其中，或者则为与南洋贸易有关的行业代表人，如电船公司、南洋烟草公司等。对照来看，该委员会与厦门市政会时期的政府权力结构其实是类似的，但表现得更有效率，如中山公园等市政设施都成功完成，这一方面是由于汕市城市建设阻力较小，另一方面也在于商民的配合。

汕头侨乡商民对于城市改造的支持在骑楼建设中也可见一斑。骑楼系政府大力推广的建筑模式，但骑楼建筑需占用店家的门前空间用作公共步道，在改造中也有减少商铺原有建筑面积的情况，因此从短期角度来说对商人利益是一种损害。当时商民却对政府这一举措颇为支持配合，如国平路商民联合呈请改建骑楼，并称"吾国平路各业户同人等鉴于本市各马路筑成两旁铺屋有建筑骑楼者，不独利便往来行人，而商业铺面更蒙交易利便，因是还请到会转呈市政府批准予照至平安平各马路

① 陈海忠. 游乐与党化，1921—1936年的汕头市中山公园［D］. 汕头：汕头大学，2004：14.
② 萧冠英. 六十年来之岭东纪略［M］. 大连：中华工学会，1925：122.
③ 陈海忠. 游乐与党化，1921—1936年的汕头市中山公园［D］. 汕头：汕头大学，2004：17.

建筑骑楼"①。Pietro Belluschi认为，"骑楼是一种推己及人精神的建筑，亦即将私有财产供给全体社会的建筑……是市民博爱感的具体体现"，这一赞誉用在汕头商民身上可谓恰如其分。

另外两地侨乡城市建设的筹款来源差异也反映了政府与民间关系的一些差别，与厦门主要依靠开辟新区，出售土地来筹得市政建设款项的方式不同，汕头市政建设的资金来源主要有征税、商人投资、募捐等。在税收方面，汕头税收远较厦门为多，如1923到1928年的五年中，税收分别为25万元、31万元、28.5万元、38.5万元、50.6万元②，而看厦门的情况，"自1923～1925年春的两年多来，市政局、会两个机构，唯一工作只是征收捐税而已。但每月税款收入，至多也不过2000余元，除人员俸给外，养路费尚成问题"③。相比之下，汕头政府财政虽然也不宽裕，但尚有资金能够投入城市建设。

汕头建设市政资金的另一来源是依靠商人投资，但与厦门售卖地皮不同，汕头市政设施往往是商人投资建设，收取租金数年，然后收归政府所有。如1928年筹建市场三所，"批准商人承筑，其办法系由承商出资，依照市厅所定计划图式建筑，筑成后，由该商专利收租十二年，期满由市厅收回"④。再如平民新村的建设，第一期由政府筹款，第二期建设则"招商照图式建筑。准专利十年。租金与市政府规定同。专利期满。建筑物收归市有"⑤（图2-68）。

募捐是汕头市政筹措款项的另一方式，如中山公园建设时制定了详细的募捐章程，"汕头市中山公园建筑费预计三十万元，除呈准政府就地筹措一部分外，不敷之数依据本章程向各方募捐"⑥。捐款人可获得一定的市民荣誉奖励，如可获取纪念品、奖章，将姓名、相片登入纪

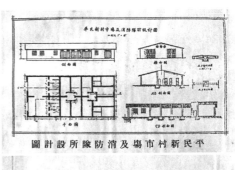

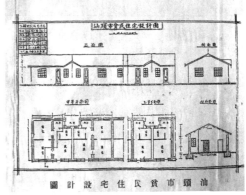

图2-68　汕头市平民新村相关建筑设计图纸
（图片来源：1930年版《筹建汕头中山公园、平民新村报告书》）

① 汕头市档案馆馆藏《国平路筑路委员会召集各业户、各执委会议签名盖章呈请建筑骑楼议案表决通过即席命起草呈及宣言》。
② 见《新汕头》，1928年，第101页，23年之前案卷，因1922年"八二风灾"散失不可考。
③ 郭景村. 厦门开辟新区见闻1926—1933年. 鹭江春秋·厦门文史资料选萃 [M]. 厦门：厦门大学出版社，2004：172.
④ 黄开山. 新汕头 [M]. 汕头：汕头市政厅，1928：102.
⑤ 三水陆丹林. 汕头市平民新村章程草案. 市政全书. 第四编 [M]. 上海：中华全国道路建设协会，1931：99.
⑥ 筹建汕头中山公园、平民新村报告书 [M]. 汕头：筹建委员会，1930：5.

念碑、纪念堂等。

政府采取何种方式取财于民，也在一定程度上是官民关系的反映，厦门在华侨力量作为政府权力组成部分之一的时期，筹措资金时遇到很大阻力，反映了近代厦门侨乡社会的复杂性和矛盾性，而后海军政府上台，以强硬手段排除阻挠势力，以灵活手段利用华侨资本，这一过程中，华侨等民间力量却退居二线，较少参与到政府决策中。反观汕头，一方面政府本身有以华侨为代表的商人力量参与，代表了商人阶层的利益，同时社会阻力较小，商民较为配合政府在城市建设中的各种决策，因此相对顺利。总结来说，厦门强势政府的存在是城市空间能够在短时间内得以重构的重要条件，而汕头政府与商人阶层力量均衡，且相互渗透，在市政决策中也能够互利合作，则是其原有城市文脉得以延续，城市空间有序扩展延伸的社会政治因素，两地侨乡在此方面的建筑审美文化差异可以总结为下表（表2-7）：

两地侨乡建筑审美文化差异 表2-7

官、侨合作关系		重构性		延续性	
		厦门城市改造	制约影响因素	汕头城市改造	制约影响因素
	开拓新区	在城市原有范围基础上的内拓外展	城市地形多山陵河汊滩涂	在旧有城市范围基础上外向延伸，以沟通沿海和内陆为目的	城市地处平原
		改造城市自然地貌		适应环境，因地赋形	
	道路建设	功能分区的远景规划	地价昂贵，籍民阻挠，土地产权错综复杂，施工难度大，筹款困难	功能区划的初步实践	1921年城市改造以前，是未经规划，自发聚集，自然形成的市镇
		破除城市原有空间结构束缚		对城市原有交通体系的扩展延伸	
		建设模式			
		城市改造难度较大，表现出政府主导，华侨提供资金的建设模式		城市改造难度相对较小，表现出官、侨共济，共同决策的建设模式	

近代闽南与潮汕侨乡经济的繁荣是其建筑审美文化得以发展更新的物质基础。单以侨汇来说，其涨落可谓是侨乡建筑文化兴衰的晴雨表，但侨乡经济对建筑文化的影响并不局限于此，而是经由各种产业的发展，对近代两地城镇格局变迁、主要和特色的建筑类型、区域的地标性建筑发生影响。同时两地侨乡的不同的经济结构和经济发展水平也导致这些影响具有差异性，具体来说，近代闽南侨乡由于内地经济凋敝，整体处于彻底的入超状态，生活生产全赖侨汇弥补，社会经济表现出高度的消费性。而潮汕侨乡虽然同样入超严重，但借水运之利，经济腹地较为广阔，出口相对旺盛，本土生产对入超能够起到一定的弥补作用，这些因素导致两地在建筑文化上产生一系列差异。

第3章

近代侨乡经济发展影响下的两地侨乡建筑审美文化差异

侨汇的大量输入保障和促进了近代两地侨乡经济的发展，从而为建筑文化的繁荣提供了物质基础。除了影响建筑活动的规模大小外，侨乡经济也影响到城镇格局的变迁、建筑类型的发展、建筑技术的进步等方面。由于近代闽南与潮汕侨乡具有不同的经济结构和经济发展水平，使两地建筑文化也表现出差异性的发展趋势。

3.1 近代闽南与潮汕侨乡建筑发展的经济背景

3.1.1 近代两地侨乡的对外贸易发展

近代厦门与汕头的对外贸易，虽不能完全说是华侨经济的一部分，但说其大部分从属于华侨经济，却并不夸张。首先就进出口商品的消费流向来说，在进口方面，"国内外运来之货物，非衣食之急需品，即生产用之材料"[①]，外来输入之商品除了部分转口到其他口岸外，大部分都在厦门、汕头及二者的经济腹地，即闽南潮汕地区的各县市销售。由于大量劳动力的外流等因素，两地侨乡的生活资料、生产资料都难以自给，因此在经济上都极为依赖进口，加之侨汇的输入，也使侨乡民众也有较强的消费能力，可见进口贸易主要还是为了满足侨乡内部需求。而在出口方面，闽南与潮汕地区的出口货物也往往是为了满足南洋各埠华侨的需求，"潮汕移民乡土观念浓厚，虽侨居国外而生活习惯仍不脱故乡风尚，喜用家乡土货。故汕头出口的货物，除抽纱品和部分瓷器、糖及少数原材料如矿砂、桐油、麻类等以外，其余各货如夏布、土布、生柑、薯粉、烟丝、干菜、咸菜等，几乎都以海外华侨为销售对象……可见，近代潮汕的出口贸易，基本上是国内潮汕人与海外潮汕人之贸易"[②]。闽南地区的情况也大体如是，闽南地区经由厦门港出口的商品以茶叶、纸、糖、水果等为大宗，以最大量的出口品茶叶为例，"专营茶叶商号大多系华侨投资侨办企业，销售对象主要也是华侨……凡是东南亚各国华侨足迹所到之处，都有厦门出口茶叶的销售市场"[③]。

其次在商品的流通环节，闽南与潮汕出口行业的主要资本一般都为侨资，而出口南洋的商品，也都有赖于各地侨商的转口和推销。总之在近代闽南与潮汕地区的进出口贸易中，如果把国内和海外市场视作一个整体，不难看出华侨及侨乡民众在商品的生产、流通、消费各环节中都是居于主体地位，进出口贸易是华侨经济的重要组成部分。

由于近代闽南、潮汕地区商品的进出口基本上都是以作为开埠港口的厦门和汕头为枢纽，因此通过比较厦门与汕头港的对外贸易数值（图3-1），可以进而分析闽南与潮

① 萧冠英. 六十年来之岭东纪略［M］. 大连：中华工学会，1925：4.

② 杨群熙. 潮汕地区商业活动资料［M］. 汕头：潮汕历史文化研究中心，2003：350-351.

③ 林金枝、庄为玑. 近代华侨投资国内企业史料选辑（福建卷）［M］. 福州：福建人民出版社，1985：377.

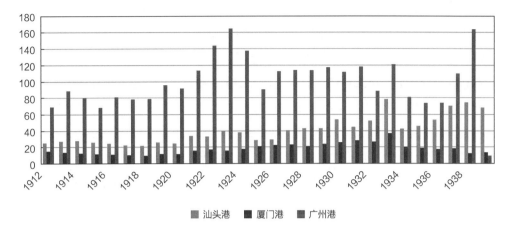

图3-1　民国中前期（1912～1939年）汕头、厦门和广州三港对外贸易成长趋势对比图
（图片来源：《民国中前期汕头港及腹地经济社会变迁之研究》，暨南大学，2012）

汕两地的经济结构差异以及内地经济发展的情况，由此再进一步为我们比较两地侨乡城镇墟市的发展提供参考。图3-1是1912～1939年厦门与汕头港对外贸易的数值比较，可以看出虽然两港一般都处于入口高于出口的逆差状态，但厦门的入超情况相对更为严重。而汕头的贸易总值始终保持在厦门的2～2.5倍左右，而出口值则在厦门的2～5倍左右，一般保持在3～4倍的差距。由于厦门和汕头都非商品生产地，因此出口值主要是内地城镇乡村生产能力的反映。

　　闽南出口贸易的低迷是其内地农村经济破产的写照，没有商品生产提供交易，乡镇墟市也随之衰败，这也是与事实情况相符的，例如根据中华人民共和国成立前的调查，福建墟市"偏于闽西北各县，沿海各县，则多已绝迹"[①]，沿海各县往往属于侨乡，侨乡经济主要通过侨汇支撑，大都不事生产，而墟市主要是提供农产品的交易地，因此其稀少乃至消失也是情理之中了。如同安县仅5处墟市，安溪3处，晋江则无。墟市趋于消亡，自然也就谈不上有何建筑文化。

　　而在另一方面，由于外来货物的大量进口，漳厦泉等中心城市作为洋货等商品的销售地则相对繁荣，其城镇建设也相应有不同程度的发展。但中心城市对周边城镇乡村农产品和手工业品的汇聚作用有限，相互联系薄弱，因此呈现为孤立性的发展。

3.1.2　近代两地侨乡房地产业的发展

　　近代闽南与潮汕侨乡的侨汇按用途分大体包括赡家、投资、捐赠等几种类型，房地

---

① 翁绍耳. 福建省墟市调查报告 [R]. 私立协和大学农学院农业经济学系，1941: 3.

产业是投资型侨汇的主要去向之一，在对此方面进行研究之前，有必要明晰房地产和房地产业的概念：简要的来说，房地产包括房产与地产，又称不动产，即土地和土地上永久性建筑物及其衍生的权利和义务关系的总和；而房地产业是从事房地产开发、经营、管理和服务的产业。可见房地产业是围绕着土地与建筑而进行的各种经济活动的行业。从这个角度来说，近代闽南与潮汕侨乡乡村的房屋建设较少具有房地产业的性质，因其大多数为自主建房，不以获取利润为目的，经济行为的色彩较淡。而相应的，针对土地和房屋的市场行为主要集中在城镇，由于华侨投资所带来的大量房屋建设，深刻的改变了各地侨乡尤其是城市侨乡的建筑面貌，也使得具有市场性质的房地产业得以真正形成，因此华侨投资与近代侨乡房地产业的发展密切相关，主要表现在以下几个方面。

近代闽南与潮汕华侨投资以房地产业为主（图3-2）。华侨投资固然有着建设家乡、繁荣祖国的心愿在内，但投资并非捐赠，首要目的还是以获取利润为主，而相比其他行业，房地产业当时风险较低，获利更丰，且可以作为不动产保存，因此成为华侨群体的主要投资方向。以厦门来说，近代华侨在房地产方面的投资占全市投资的65.17%[①]。再如汕头，近代房地产占全市投资额39.71%，和其他行业的投资比较，也可以发现房地产投资占主要地位。

从图3-2中也可以看出厦门房地产所占行业份额较汕头更大，这主要是由于厦门当时的投资环境有更利于房地产发展所致，在其后的比较中将详细分析这一问题。而二者房地产业的繁荣原因则是基本相似的，主要因素在于房地产业的发展也与华侨投资的涨幅息息相关，将各时期房屋建造数量与华侨投资额进行对比，可以发现其发展趋势大体是一致的，由于房屋建设周期较长，因此在图3-3中可以看到房屋新增速度相较侨汇变化有一定的滞后性。

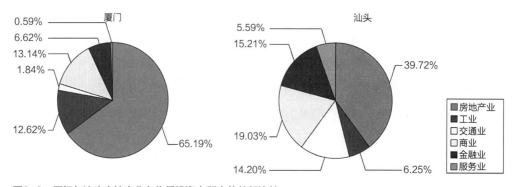

图3-2　厦门与汕头房地产业在华侨投资中所占的份额比较
（图片来源：作者根据林金枝"论近代华侨在厦门的投资及其作用""近代华侨在汕头地区的投资"等资料绘制）

---

① 林金枝. 论近代华侨在厦门的投资及作用 [J]. 中国经济史研究. 1987（04）: 113.

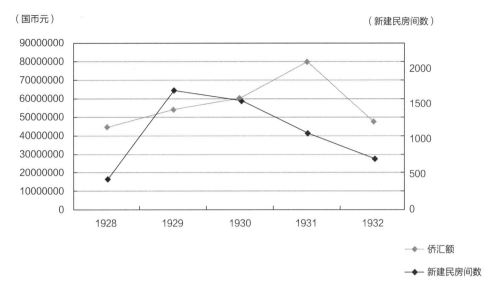

（国市元）　　　　　　　　　　　　　　　　　　　　　　　　（新建民房间数）

图3-3　1928~1932年厦门侨汇与新建民房数量关系对照表
（图片来源：作者根据《厦门市房地产志》厦门大学出版社1988年版、《厦门要览》厦门市政府统计室编
1946年版等相关资料绘制）

　　同时可以看到，20世纪20、30年代，尤其是1927~1932年间是闽南和潮汕侨乡房地产业发展的黄金时期，侨汇流入与房屋建设都达到了高潮，这与当时国内外社会经济环境有关。一方面，国外处于世界性经济危机的前期，华侨资本为寻求出路而大量流入侨乡，同时国际汇价大跌，也有利于侨资返回。另一方面，国内城市在这一时期纷纷进行市政建设，大兴土木，为侨资发挥作用提供了用武之地，同时城市相对乡村社会治安更有保障，华侨携资返回乡村故里居住往往有安全风险，也乐意在城市置地办业。总之，内外因素都促成了房地产业在此时期的侨乡城市中盛极一时。

3.1.3　近代两地侨乡侨批业的发展

　　"侨批是海外华侨寄给国内侨眷的书信与汇款的合称，又称银信"[①]，近代闽南与潮汕华侨漂洋过海，过番谋生，稍有积蓄便汇款回乡，并附上问候家人的家信，因此侨批具有"信款合一"的特征，可说是维系海外华侨与国内家庭经济与情感的纽带。为满足华侨寄送侨批的需求，侨批业应运而生，对此民国《潮州志》中写道：

　　"潮州地狭民稠，出洋谋生者至众，居留遍及暹罗、越南、马来亚群岛、爪哇、苏门答腊等处，其家书汇款，向赖业侨批者为之传递，手续简单而快捷稳固。厥后虽有邮政及国营银行开办，然终接承民营批局业务，因华侨在外居留，范围既极广，而国内侨

① 福建省档案馆. 百年跨国两地书——福建侨批档案图志［M］. 厦门：鹭江出版社，2013.

099

第3章　近代侨乡经济发展影响下的两地侨乡建筑审美文化差异

眷又多为散处穷乡僻壤之妇孺，批业在外洋采代收方法，或专雇伙伴——登门收寄，抵国内后，又用有熟习可靠批脚逐户按址送交，即收取回批寄返外洋，仍一一登门交还，减少华侨为寄款而虚耗工作时间。至人数之繁多，款额之琐碎，既非银行依照驳汇手续所能办理。其书信写之简单，荒村陋巷地址之错杂，亦非邮政所能送递，故批业之产生与发展，乃随侨运因果相成，纯基乎实际需求而来，固不能舍现实拘泥于法也。"①

该段话论述了侨批业的便捷性与稳妥性，且相较邮政及银行更有优势。可见侨批业在近代闽南与潮汕各地侨乡广泛存在具有其现实土壤。可说是最具侨乡特色的行业类型，且由于侨汇数额巨大，因此侨汇也在区域经济中的地位也是举足轻重，如在潮汕地区，侨批业是商业中四大行业之首②，其发展兴衰与民众生活息息相关，也直接影响到侨乡建筑活动的规模大小。侨汇盛时，侨民生活富足，纷纷兴建楼房和厝屋；而一旦侨汇断绝，兴造活动立刻戛然而止。另一方面，侨汇业本身则受世界经济环境影响极大，从清末到一战以前，是侨汇逐渐上升，同时也是侨汇业产生、组织运营渐趋完备的阶段，1919～1928年，侨汇稳步上升，而1929～1933年的世界经济危机下，银价下跌，侨资回国寻求出路，使得侨汇量进一步扩大，侨批业也相应引来了发展的高潮期，而抗日战争期间，侨汇几乎断绝，侨眷生活来源亦断，以至"百业凋零，饿殍载道"。1945年抗战胜利，汇路恢复，华侨迫切要求汇款接济家眷，侨汇量激增，遂引来侨汇业发展的又一个高潮，但1946年开始，国币不断贬值，侨汇业以投机方式牟取暴利，又表现出畸形发展的特征。

侨汇业一方面是侨汇得以往来国内外的直接媒介，是反映侨乡建筑发展兴衰的晴雨表。另一方面由于侨汇业经营网点在海内外的广泛分布，也就产生了相应的建筑类型。早期侨批由水客③递送，而后由于"水客居无定所，且常有发生侵吞批款之事，便有人创设行馆，以便居停，名为'批馆'"④。这便是与侨批业相对应的建筑类型——侨批馆的产生由来，而对侨批馆建筑进行研究，也是我们分析侨乡经济发展与建筑文化相互作用关系的一个独特视角。

3.1.4　近代两地侨乡服务业的发展

服务业或为生活生产提供便利，或满足人们的娱乐需求，但都需以富余的消费能力

---

① 饶宗颐总. 潮州志·实业志·商业 [M]. 汕头：潮州修志馆，1949：72.

② 另外三行业为运销业、出口业、抽纱业。见饶宗颐总纂：《潮州志·实业志·商业》第72页，1949年潮州修志馆发行，汕头艺文印务局印。

③ 水客往来于国内外，专门为华侨递送侨批和物件，因当时都是乘船走水路，故称为"水客"，同时他们兼带"新客"出洋，也称"客头"——沈建华，等. 侨批例话 [M]. 北京：中国邮史出版社，2010：4.

④ 杨群熙. 潮汕地区侨批业资料 [M]. 汕头：潮汕历史文化研究中心，2004：60. 此外，侨批业由水客固定化为批馆还包括扩大业务范围等因素。

为发展前提。近代两地侨乡都表现出突出的消费型经济特征，恰好为服务业的繁荣准备了条件。侨乡较高的消费能力来源于大量侨汇的输入，尽管本土经济低迷，生活资料大多依赖进口，对外贸易呈明显的入超态势，但侨汇使得入超情况得以缓解抵消，侨民家庭往往不事生产，日常用度、节庆开销全依赖家中在南洋的男子每月寄款贴补，以致形成炫富奢靡的风气，时人描述道，"（侨眷）生活皆籍南洋为挹注。各乡红砖白垩之建筑物，弥望皆是，婚嫁之费，普通人家开销资在千金以上"①。可见在这其中，房屋建筑本也是一种特殊的消费品。

而除了对生活生产资料的消费，另一种就是对服务的消费了，这也是近代侨乡社会日趋商业化的表现，尤其以厦门、汕头两座开埠城市最为突出，两地均为富商聚居之地，同时也是华侨往来于南洋与国内的必经枢纽，一方面，城市较高的消费水平和开放程度带了来娱乐方式的多样化，诸如电影戏院、舞场、浴场、咖啡馆、球场等新鲜娱乐场所如雨后春笋般建立。另一方面，为满足和方便华侨商务交际，出洋回乡需求，诸如旅社、酒楼、餐饮等行业也是兴旺一时。这些行业中有些为建筑提出了新的功能要求，如电影院等建筑需要大跨度空间以满足观影需求，催生了新的建筑类型。同时在当时来说，服务业受商品质量优劣的影响相对低于其他行业，更加倾向于通过其他手段招徕顾客，建筑造型表现常成为其经营策略的一部分，即建筑形象具有一定的消费品性质，更具时尚性和新奇性，以起到吸引眼球，聚焦视线的作用，因此往往成为区域内的地标性建筑，是建构侨乡城市整体形象的重要组成部分，同时也是侨乡城市商业性、消费性特征的直观表达。

3.2 对外贸易发展影响下两地侨乡内地城镇格局变迁

3.2.1 闽南侨乡内地城市格局的变迁

3.2.1.1 对外贸易影响下近代泉州的城市格局变迁

泉州古时因商贸繁荣而享誉世界，其兴起于海上贸易，在唐中期已是全国对外贸易四大港口之一，并在宋元时期发展至鼎盛。泉州城池伴随城市经济的发展而形成扩大，从唐开元年间始建，到元至正十一年（1352）新罗城筑成的500多年里，经过多次改建完善，城池面积发展至30平方千米，是东南沿海屈指可数的大城之一。入明以后，泉州海外交通和对外贸易趋于衰落，城市发展也陷入停滞500年之久，直到20世纪初，西方殖民经济的入侵才打破这座千年古城的沉寂，而以华侨为代表的爱国爱乡人士致力于市

---

① 颜义初. 菲岛通讯［N］. 上海: 申报, 1925（9.9）.

政建设，拆除城垣，开辟马路，使泉州城市格局开始向近代化的方向发展。

近代泉州城市改造始于20世纪20年代，在有识华侨倡导下，1921年成立了工务局，开始拆城辟路。道路建设主要包括沟通古城南北的中山路和东西向的涂门街和新门街。中山路的建设从1921年开始，先是在城南新桥头一带拆除旧城，开辟马路，因遇商民反对而中断，1923年，工务局易名市政局，完成新桥头马路扫尾工程，本拟让新辟马路破城而入，同样因社会阻力较大，只得循着城墙，使马路从南门入城，拆去天后宫西廊，衔接旧街北上，路面略作拓宽，建成长约800米的南新马路，并命名为"中山路"，接着因时局动荡，工程又告中断。1925年，新马路向北延伸至威远楼，1926年路面铺设竣工，初为石板路，1929年又改为水泥路面。1934年建成东西街十字路口钟楼，因此经过近十年断断续续的修建，泉州中山路才基本定型，其全长2414米，宽12米，道路两侧为兼具泉州地域风格和南洋风情的骑楼式建筑。除中山路外，近代泉州的道路建设主要还包括对原有东西街、涂门街和新门街的拆建拓宽，于1927年动工，20世纪30年代建设完成。至此泉州古城原有十字形的街坊格局演变为一纵两横（一纵：中山路，两横：东西街，涂门街和新门街）的空间形态（图3-4）。从对泉州近代城市建设的回顾可以看出，其城市改造的过程可谓步履维艰，成果也并不显著。首先城市总体格局没有太大的变化，除城垣被拆除外，城区面积没有拓展，城市道路开辟也仅限于中山路等寥寥数条。城垣

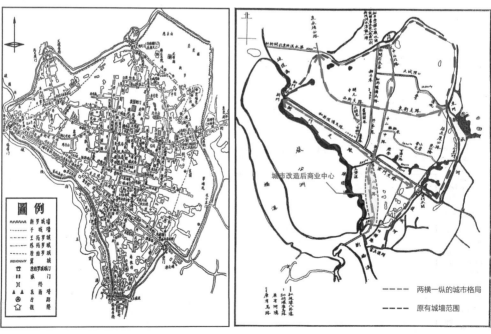

图3-4　近代城市建设前后的泉州城市格局对照图
（图片来源：底图摘自《泉州古城踏勘》，厦门大学出版社，2007）

的拆除以及从十字形的空间格局演变为一纵两横格局，虽然意味着传统城市空间的礼制性和象征性被打破，但也止步于此，城市的近代化是不完全的。

究其原因，主要在于商业贸易的发展对泉州城市建设的推力有限。自"五口通商"后，福建省辟有福州和厦门两个对外贸易港口，而泉州的对外贸易港地位则完全丧失。民国时期，泉州也没有外贸自主权，进出口主要通过厦门及其他港口转口。而如前所述，厦门此时的对外贸易，尤其是出口也呈衰落状态，贸易逆差较为严重，这也影响到泉州等传统城市的经济发展，即泉州仅是在一定范围内对外来输入商品的分配中心，而较少发挥对周边乡镇生产的农产品和手工业品的集散作用。这一经济特征使得城市空间缺乏更新扩展的内在动力，主要表现在两个方面：

首先，由于泉州较少对周边乡镇产品的转运，意味着城市没有必要来开辟新的商业和居住区域来供货流、人流以及各种交易活动使用。而对周边物流吸引力的减弱也意味着城市缺乏向外部扩展的趋向性，因此没有向外开辟新区的情况。

其次，由于仅限于对外来进口商品的内部消化和调配，泉州仅在城内某些区域局部较为繁荣，即新拓的中山南路至顺济桥一带为商业中心区，市区批发零售几乎都分布在这一带，主要包括百货业、金融业、中药业、甘味业、图书文具业、电影戏剧业、照相业等，而其他区域则较少商业网点分布。这也是由于中山路贯通城市南北，东西向则有各个横巷沟通街坊，使得城市原有的街坊空间得以相互联系，足以满足当时商业活动的需求。

从对泉州近代城市改造的回顾可以看出，其城市总体格局没有太大的变化，除城垣被拆除外，城区面积没有拓展，城市道路开拓也仅限于中山路等寥寥数条。与大多数侨乡类似，近代泉州缺乏工业对城市发展带来的推动。而在商业方面，泉州局限于进口商品的调配中心，使得城市倾向于向内局部发展，新开的中山路成为当时泉州的商业中心，但其建设也是历经曲折，究其原因，还是在于城市建设缺乏足够的经济推力。

3.2.1.2 对外贸易影响下近代漳州的城市格局变迁

漳州早在晋代置县，唐置州，宋代形成城垣，历代为州、郡治所。明代，由于泉州港衰落，漳州月港兴起成为东南亚的重要贸易中心，城市遂有较大发展，其时城分东北隅、西隅、南隅、东厢、南厢。设四市：东铺头市、西市、南市、北桥市。清代城市形态变化不大，关于当时的城市格局，俗语有形象的形容，即"东门金，南门银，西门马屎，北门苍蝇"，商业区域主要集中在城市东部，东门紧连浦头港，浦头港又直通月港，因此东门外形成商旅辐辏、店坊罗列的街区。城南沿九龙江西溪，是竹木类货物汇聚的区域，商贸亦较为繁盛，城西为县衙所在地，车多马杂，城北则较为荒凉。到民国七年（1918），援闽粤军陈炯明部驻漳州建立闽南护法区，进行城市建设，拆除城垣，修堤辟路，城市因之有较大变迁（图3-5）。

清光绪年间漳州府城图　　　　　　　近代城市改造以后的漳州市区图（1944年）

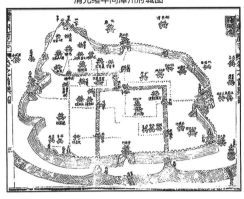 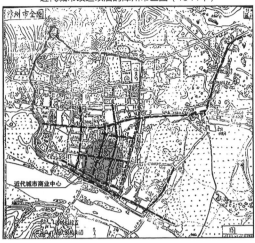

---- 原有城墙范围
---- 近代所建设道路

图3-5　近代城市建设前后的漳州城市格局对照图
（图片来源：《漳州历史建筑》，海风出版社，2005）

　　除政治因素外，华侨经济亦成为漳州城市发展的重要推动力。与闽南侨乡腹地其他区域的凋敝不同，近代漳州商品贸易相对繁荣，这也和漳州与潮汕侨乡有较为便利的交通往来有关。以民国二十三年（1934）为例，是年漳州输出农产品163万元，多运往汕头、厦门、南洋及北方各埠；输入各类商品140余万元，呈顺差状态[①]。可见漳州当时是有一定繁荣程度的地方性商品集散中心。由于清末浦头港淤塞，而城市南面沿江，货物水运便利，因此商业贸易中心转移到城南的东新桥—厦门路，香港路、陆安路（现新华南、北路）一带。尽管如此，由于经济规模不大，仅表现为原有南部区域的商业密度增加，而未有明显的城区拓展。从漳州传统商业街市布局看，除了九龙江南岸通津桥附近的城内商业街市外，过东新桥（新桥）到通津桥（旧桥）的沿江岸一线（现厦门路）是城门外沿江的市街，米市街与新兴街是过东新桥沿路（现解放路）的行市，另外，东门古街（现新华东路）是漳州往省城的古道，南傍"后港"，东临"浦头港"。《漳州府志》载："东厢设东门市、浦头市"，这几条传统街市均为漳州城外商肆云集的沿路线状行市，与城内商业中心结合，形成以城内商业街区为中心扇形发散的、片状与线状结合的传统商业街市系统。近代漳州古城之外形成的现新华东路、厦门路东段、解放路等几条线状骑楼街正是对传统片、线结合商业街市的发展，在原有线状街市的基础上，拓宽道路，两侧街屋改造成骑楼。骑楼这种统一的建筑形式，无疑是加强了传统街市群体布局的完整性与连续性，而这几条线状骑楼街道的建设可以认为是传统城市形态向东南方向发散式生长的近代延续与发展。

---

① 中国人民政治协商会议福建省漳州市委员会文史资料委员会. 漳州文史资料第18辑［M］. 漳州，1990：39.

3.2.2 潮汕侨乡内地城市格局的变迁

3.2.2.1 对外贸易影响下近代潮州的城市格局变迁

潮州位于粤东潮汕平原北缘，韩江下游北溪、西溪、东溪分支处，其城背靠金山，西倚葫芦山，东傍笔架山，韩江由北而南绕城东侧，因此有"三峰朝拱一水围"的描绘。潮州城的建设始于晋代设为义安郡治，至迟在唐代，已形成了完整的子成和外廓。宋代城内道路格局分为街巷两级，通向城门者为街，横亘于两街之间者为巷。其中南北向街道主要有三条，即中部的大街（今太平街）、东街（今上、下东平路）、西街（今西平路），东西向道路亦有西中东三条，因此成棋盘式格局。至清代，古城内有主要街道18条，巷道数十条，街道一般宽3~6米，巷道宽1~3米。

在汕头开埠以前，潮州城商业贸易极为繁荣，由于韩江这条交通大动脉位于古城东侧，因此集市均集中于城区东面及沿江一带，有街市和桥市两类形式，其中街市为主干道太平路与连接东门的竹木门街、东门街和下水门街一带，广济桥两侧则形成桥市。清末，潮州东门外设有"东关府税厂"，韩江上游潮汕各县乃至兴梅、闽西各地而来的货船都需在此报关纳税，才能进城或运往下游，再出南海，销往南洋各处。因此这里商贾云集，商业区域不断扩大，使得城市向东部扩展，同时原有城区内商业也多集中于东区。

除了城东外，潮城南北区域也因贸易兴盛而有所拓展。竹木土纸是经由潮州转运的主要产品，一般经由韩江上游各地南下，经由潮州转运或售卖，当时潮州南堤开凿有南门涵，这里因水运方便而成为竹类贸易的中心。清末在潮州城南门古一带，竹铺有40多家，被称为"竹铺头"。到民国时期，竹类经营的商业区域扩展到东堤、东门街及东门城外的沿江一带。南门沿江两岸则成为批发市场，从南门外到春城楼千余米的街道大部分经营竹业。在城北，则主要汇集来自意溪的竹木，因此也开有墟市，但为主要为临时墟，因此这一片城市区域发展有限，主要还是向东南部拓展和细化。

而在原有城区内部，商业的繁荣也促进了城市建设的发展（图3-6），潮州在近代城市改造中没有拆除城墙，但是以骑楼街为代表的道路建设有较大成果，清代潮州主要街道宽3~6米，巷道宽1~2米。民国时期，以对沿街商户摊派的方式对太平路、中山路、北马路等16条街道进行了拓宽，其中太平路改造为车行道9米宽，人行道2.7米的骑楼街，其他道路宽6米，人行道1.8米，也多为骑楼形式。在改建过程中，原有街道中的一些石牌坊因妨碍交通而被拆除，如太平街拆除牌坊17座，但仍保留19座，由此形成了西式骑楼街道与中式牌坊并存的独特景观（图3-7），相似的情况也出现在漳州，不过这些剩余的牌坊在中华人民共和国成立后也被拆除。而无商业和较少商业的街道如南春、西濠、北濠、下水门等道路则因无建设资金来源而保持原状，从侧面反映了商业繁荣对于城市建设的支持作用。

近代闽南侨乡和潮汕侨乡建筑审美文化比较

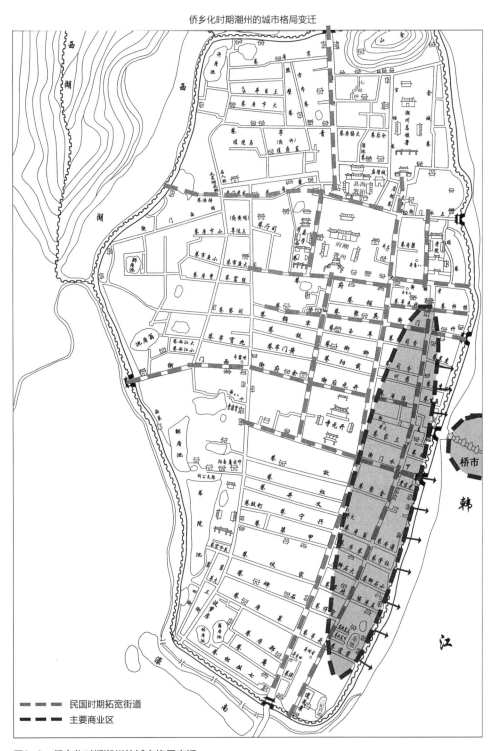

民国时期拓宽街道

主要商业区

图3-6 侨乡化时期潮州的城市格局变迁

（图片来源：底图摘自《潮州古建筑》，中国建筑工业出版社，2008）

图3-7 骑楼和牌坊共存的近代潮州太平街
（图片来源：http://www.weibo.com/
chaozhouoldpictures）

图3-8 揭阳思贤路骑楼街
（图片来源：作者自摄）

3.2.2.2 对外贸易影响下近代揭阳的城市格局变迁

南宋绍兴十年（1140），析潮州海阳县地之永宁、延德、崇义三乡凡十三都重置揭阳，辟玉滘村为治所，直隶县衙，玉滘即今揭阳市榕城区。到民国时期，榕城作为揭阳县治所在已有近千年之久，其水陆交通畅达，货运转输便利，是全邑经济的枢纽，然在汕头开埠以前，榕城仅限于毗邻各处的商品集散，汕头开埠以后，对外物资交流大为拓展，揭阳县境及周边的农产品、手工业品得以通过榕城输出到全国及南洋各地，相对的，洋货等物资也以榕城为枢纽流向周边村镇。因此，榕城愈加繁荣，商店林立，道路得以扩筑增建，整个城市格局也因贸易的繁荣而发生显著变化。

在近代城市改造以前，榕城城区原分四市，但并非分设四方，而是南北市各有内外市，南关外市在南门外，渔舟停泊，鱼鲜在此上市，而北关外市在北门外，亦有渡头，为农产品集散地。作为一处典型的岭南水乡城镇，榕城溪河纵横，周城环绕，榕江在此城处分为南北两河，南北门附近还设有三窖水门，即南窖、北窖、马山窖，以供载运木材、稻草、灶灰、大米等货物的船只进出。这些商品的集散也影响到县城的街道格局，形成如柴街、草街、灰粉堆街等以行业相聚为特征的街道。

民国时期，在侨乡对外贸易发展的影响下，揭阳进行了规模较大的城市建设，城区有向东北和东部拓展的倾向，这一时期拓建的主要道路有中山路、韩祠路、西马路、北马路、新马路等，沿街多为2~3层骑楼建筑（图3~8）。这些拓宽或新建道路多与城市水系相连，成为商业中心（图3-9）。由于城北北河流域通往北部和东部的内地乡村，生产繁盛，各类农产品和手工业品通过水路运输便于在东门、北门、进贤门一带汇集，因此此处城区也随之繁荣。例如夏布是揭阳县最主要的出口产品，从进贤门外的揪布排街，到城内加工作坊区，再到布街，一线相连，形成从原料运输、加工、售卖的夏布业集中经营区。此外，出口量的增大也进一步对水路运输提出更高的要求。清光绪十六年（1890），潮阳人萧钦泰于设汕潮揭轮船公司于揭阳，在北门外马牙渡口西畔建码头，

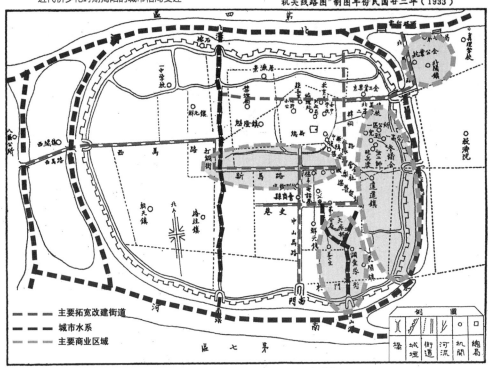

近代侨乡化时期揭阳的城市格局变迁

原图为"揭阳县政府长途电话总局县城通话各机关线路图"制图年份民国廿二年（1933）

主要拓宽改建街道
城市水系
主要商业区域

（本图据民国廿三年《揭阳县政概况》附图复制）

图3-9　近代侨乡化时期揭阳的城市格局变迁
（图片来源：底图摘自《榕城镇志》，榕城镇地方志编纂办公室，1990.）

附属建筑有客桥、码头厝、客寓等。而后又有多家轮船公司来揭设立码头，轮船往返汕揭，使客流物流输送效率大为提高，繁荣的商品贸易使这里开始形成新的城区，从1933年的榕城地图中可以看到，新开的北马路（1930）通向电船码头、航业公会也设于此北门外已形成北关镇，侨乡对外贸易对城市发展的影响可见一斑。

3.2.3　近代两地侨乡乡镇墟市的比较

墟市是初级的商品交换中心，担负着农村生产资料和生活资料、农产品收购和交易的功能，而在对外贸易中，通常也是农产品出口的起点。近代闽南与潮汕侨乡进出口贸易的结构差异决定了两地侨乡的墟市功能也是各有侧重的，在闽南侨乡，由于出口量较低，墟市通常具有小农经济的自给自足特征，即仅为其周边村落提供商品交换。而在潮汕侨乡，海外华侨对本地农产品有大量需求，出口量相对较高，因此墟市成为出口贸易的重要环节。这种差异进而导致了两地墟市数量、地理分布和建筑形态上的差异。

近代闽南侨乡和潮汕侨乡建筑审美文化比较

108

3.2.3.1 闽南侨乡墟镇：近山以自足

根据中华人民共和国成立前的调查，福建墟市多"偏于闽西北各县，沿海各县，则多已绝迹"[①]，由于闽南各地沿海侨乡经济主要通过侨汇支撑，较少从事生产，而墟市主要是提供农产品的交易地，因此其数量减少也是情理之中。而相对的，闽南靠近内陆的山区县份，则仍有较多数量的墟市存在。反映了山区侨乡在经济上具有一定的自足性。

由于多处山区，墟市店屋也表现出较多山区建筑的特点。如德化县上涌镇杏林街，其集市最早形成于明隆庆年间，到民国时期有店屋百余间，大都为2～3层的木构楼房（图3-10）。店屋前后相接形成街道，石筑路面，宽度较窄，为2～3米。街道一侧房屋为背山而建，另一侧则沿山坡而建，房屋面向山坡的背面有一二层位于街道平面以下，作为附属空间使用。房屋沿街面大都屋檐深远，形成遮蔽空间，属于对炎热多雨气候的适应。由于地势原因，需拾阶而上，众多房屋也因山势而逐步升高，屋面或高或低，参差不齐，形成鳞次栉比的建筑群体景观，这是一种保持了传统建筑风貌的闽南山区墟市街道形象。除此之外，近代侨乡普遍建设的骑楼形式也对山地墟市的街道产生影响。如泉州山镇和塘街，沿街两侧为民国时期兴建的骑楼建筑，多为两层，高度约7米，路宽

图3-10　德化县上涌镇杏林街的山地建筑特征
（图片来源：闽南近代建筑，中国建筑工业出版社，2012）

---

① 翁绍耳：福建省墟市调查报告［R］.私立协和大学农学院农业经济学系.1949：3.这一调查所得具体数据似乎与现实情况有所矛盾，可能与对墟市的不同界定方式有关。但总体来说，参照姜修宪等"开埠通商与腹地商业——以闽江流域城市的考察为例"等相关研究，近代福建沿海墟市稀少，山区墟市较多应是成立的。

图3-11　永春县五里街骑楼街道立面图
（图片来源：根据华侨大学建筑学院测绘图纸重绘）

图3-12　五里街的沿街骑楼商铺
（图片来源：dp.pconline.com.cn）

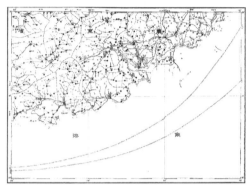

图3-13　民国初年潮汕地区乡镇城市分布示意图
（图片来源：依据中华民国北洋政府时期潮循道地图上修改绘制）

7～8米，高宽比在1左右，尺度宜人。同时较传统的墟市街道大有拓宽，反映出近代化的影响。再如永春县以西5华里的五里街，是永春、德化、大田一带山区的货物集散地，现有街道格局为1917年旧街失火后在1920年重建，采用了统一规划的骑楼街形式，街道平面呈"丁"字形，宽9米，长约1100米，两侧为2～3层的骑楼店屋，采用砖筑柱廊，但墙体围合仍为木构，仍保留了较多的山地建筑特征（图3-11、图3-12）。

3.2.3.2　潮汕侨乡市镇：傍水以互通

潮汕各地侨乡多处平原，区域内有韩江、榕江、练江三条主要河流并向东汇入大海，水系发达，河网密布，市镇多近河、海要冲而建立，并借助于水路运输而互相沟通联系发展壮大，在近代时期，由于侨乡对南洋贸易的繁荣，也带动腹地乡镇墟市的发展。旧有的墟市得以扩大，新的墟市纷纷建立（图3-13）。

潮安县庵埠是较早形成的市镇之一，位于潮州与汕头之间，昔为海滨贸易埠市，《潮州府志·圩市》载，"渡头庵圩，县南六十里，即龙溪都庵埠市，海潮揭澄四邑商贾辐辏，海船云集，逐日市。"这是说到庵埠对周边四县商品的汇聚作用，而《海阳县志》载，"凤号冲要，加以吴越八闽之舶时挟赀财以来游，众聚日众……今则市廛喧阗，桑麻披野，居然海洋一大市镇矣"，可见庵埠的贸易范围溯流而上可延伸到福建江浙一带。在市镇格局方面，庵埠原设城寨，呈缺角心脏形，近代侨乡化时期，各商业店家发展

图3-14　庵埠镇中山路骑楼
（图片来源：作者自摄）

图3-15　庵埠骑楼装饰
（图片来源：作者自摄）

至700余家，原有市镇格局难以满足商业进一步发展的需求，遂于1926年拆除城寨，开辟道路，共建造和拓宽中山路、亨利路等11条街道，街宽6～8米，沿街建筑多为骑楼形式，一般二层，少数达三层，立面造型和装饰大多比较朴素（图3-14），也有部分修饰较为精细华丽者（图3-15），但与汕头骑楼比较，装饰风格更明显的趋向于中式，多采用传统的花鸟虫鱼、文房四宝等为装饰题材，反映出外来建筑文化在潮汕侨乡的影响从开埠港口到内地市镇呈明显减弱的趋势。

再如揭西棉湖，是一处典型的因沿江交通便利而发展起来的市镇。其位于榕江之畔，同时也处于平原与山区的交接位置。揭阳县志载"棉湖为霖田都巨镇，土地肥美，民物殷饶，衣冠之族，弦诵之家，甲于通邑"。可见近代以前的棉湖是以农业经济为主。近代侨乡化时期，棉湖由于水路运输便利，同时其位置也利于山区土产的汇集，商贸由此大为发展，原有城寨空间不能满足商业活动的需要，因此集市交易多向寨外扩展，建筑大都为店屋形式，并沿榕江东南岸向北延伸扩展。而城寨内的传统民居也有相当数量辟为仓库货栈使用。棉湖镇在近代的演变发展反映了近代潮汕侨乡由农业经济向商品经济的转型，而这种转型是以水路运输为支撑的，因此在市镇形态上也呈现出滨水性的特征。

潮阳谷饶的赤寮市集则是一处由传统小型墟市向近代市镇转变的例子，这一转变过程中的关键因素正是水路运输的开通。谷饶处于山地与练江之间，据山十里，据练江十余里，最初为当地乡民在祠堂埠头及周边建立的一处墟场，清代有"三横一直"四条街道，供附近乡里的居民满足日常生活用品的互通余缺。到民国时期，由于赤寮与外界交通不便，市场冷落，乡民遂有开凿运河直通练江之举，1927年河道开凿工程完成，来自汕头的中型帆船和小电船可直达谷饶，货物运输由人力改为船载，外来的洋货和本地的土产得以在此地集散，商品经济立趋活跃，原有4条街道也扩展为10条，共有铺屋350多间。1939年以后，汕头和潮阳县城相继沦陷，谷饶起到部分代替汕头市的作用，商业繁荣盛极一时。

3.2.4 对外贸易发展影响下两地侨乡建筑审美文化差异的对比总结

在对外贸易发展影响下，近代闽南与潮汕侨乡内地城镇格局变迁差异可以总结为下表（表3-1）：

近代闽南与潮汕侨乡内地城镇格局变迁差异　　　表3-1

		近代闽南侨乡内地城市格局的变迁		近代潮汕侨乡内地城市格局的变迁
共性：拆除城垣、拓宽道路，沟通商业，城市原有的象征性和礼制性被打破				
泉州	建筑活动	兴建中山路骑楼街、拓宽东西街、涂门街和新门街	潮州	拆建拓宽太平路、中山路、西马、汤平、东门等16条道路，两侧多为骑楼店屋
	城市格局	原十字形的空间格局演变为"一纵两横"		由棋盘式的街坊格局演变为"四纵三横一环"的格局
	城市商业	商业中心位于新拓的中山南路至顺济桥一带，没有向外拓展		商业区域向城东和城南扩展
漳州	建筑活动	政治运动"闽南护法区"强制下的城市建设，拆除城墙，兴建骑楼街10余条，拓宽取直街道35条	揭阳	拆除扩建中山路、城隍路、店马路、新马路、西马路等11条街道，两旁街屋多为骑楼形式
	城区发展	九街十三巷的传统街坊式格局		受商业驱动，城区向东北和东部扩展
总体差异		华侨经济推动下的建筑活动较少，城区较少扩展		华侨经济影响下的建筑活动较多，多在城外形成新的商业区域
社会经济动因		入超严重、出口低迷，较少对周边乡镇产品的转运，城市仅限于对进口商品的内部消化和调配，表现为城市局部区域商业中心的繁荣		入超情况下，内地乡镇农产品仍有相当数量出口，城市区域以沟通内地水运为目的而向外拓展，便于各地乡镇的货物集散
	近代闽南侨乡乡镇墟市			近代潮汕侨乡乡镇墟市
总体特征	近山以自足			傍水以互通
建筑特征	采用木构、适应地形的山地建筑特点；明显受骑楼形式影响			沿江河呈带状布置的滨水建筑特点，受骑楼形式影响，同时货仓栈房是重要建筑内容
社会经济动因	内地农村破产，沿海墟市数量日趋减少，山地墟市多为自给自足性质			汕头带动内地经济的繁荣，农产品较多出口，以水路运输为主，市镇多近河、海要冲设立
典型实例	上涌镇杏林街、牯山镇和塘街等			潮安县庵埠镇、揭西县棉湖镇、潮阳谷饶的赤寮市集等

3.3 房地产业发展影响下建筑审美文化的商业化与商品化差异

房地产业是近代闽南与潮汕侨乡经济的主要支柱之一，也是在侨乡经济发展中与建筑文化关系最为直接密切的行业。近代两地房地产业都是在华侨投资下发展起来，尤其以厦门和汕头两座开埠城市最为繁荣。同时，房地产业的发展也给两地侨乡建筑文化带来一些差异，即在闽南侨乡主要表现为商业化特征，而在潮汕侨乡则主要表现为商品化特征。经济学用语里的商品化与商业化既有联系又有区别，所谓商品化，一般是指原本不属于买卖流通和通过货币实行交换的事物，在市场经济条件下已经转化或变异为可以进行买卖和货币等价交换。而商业化指的是以生产某种产品为手段，以盈利为主要目的的行为。商品化是商业化的基础，而商业化是商品化高度发达的表现。这里用商品化和商业化概括两地侨乡的建筑文化特征，意在说明两地房地产业不同程度的发展对建筑文化带来的差异性影响。

3.3.1 华侨房地产投资主要集中在开埠城市

前文主要以厦门和汕头为例，来说明房地产业发展与侨汇输入的联系，而较少提及其他地区，这是因为在近代闽南和潮汕侨乡，华侨投资主要集中在厦汕两市，以厦门来说，1871～1949年间，华侨在福建省房地产方面的投资为63345000元（折合人民币）[1]，而厦门房地产投资为57025000元（折合人民币）[2]，占全省房地产投资的90.23%，可见厦门的房地产投资在闽南地区也必然是绝对的主导地位。而在汕头方面，从1862～1949年，华侨在粤东地区（包括潮汕、兴梅）的房地产投资额为31393000元（折合人民币）[3]，而在汕头的房地产投资额为21110000元（折合人民币）[4]，占粤东地区房地产投资的67.24%，而占潮汕地区的比例显然高于这一数字，其主导地位也是很明显的（图3-16）。

厦门和汕头成为其各自区域范围房产业投资的主要地区，也有其内在原因，首先，两市作为开埠港口，是闽南和潮汕地区的经济中心，市场更为活跃和相对健全，同时又是华侨出入南洋之要津，也是侨汇集散之枢纽，因此较易吸引华侨前来投资；第二，厦门与汕头相对其他地区城市建设规模更大，也为侨资提供了更多的投资渠道；第三，近代社会不宁，民众财产难以获得保障，因此华侨置办房产往往为了保值和获取利润，一

① 林金枝，庄为玑. 近代华侨投资国内企业史料选辑（福建卷）[M]. 福州：福建人民出版社，1985：56.
② 林金枝. 论近代华侨在厦门的投资及作用 [J]. 中国经济史研究，1987（04）：113.
③ 根据林金枝，庄为玑. 近代华侨投资国内企业史料选辑（广东卷）[M]. 福州：福建人民出版社，1989：46，50，55，60，64. 相关数据计算得出.
④ 林金枝. 近代华侨在汕头地区的投资 [J]. 汕头大学学报，1986（12）：108.

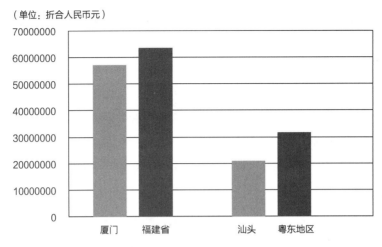

（单位：折合人民币元）

图3-16　近代闽南与潮汕华侨在房地产业的投资
（图片来源：作者自绘）

位华侨说，"买房还比存款可靠些，因在银行或商号存款，有时候连本钱都被人侵蚀了！但房屋是永远摆在那里，人人看得见，拿不动的"①，这或许反映了许多华侨的投资动机，而厦汕两市的房产无疑在此方面更具安全性和保障性。

　　总之，各方面因素都使得厦汕两座开埠城市的房地产业在闽南和潮汕侨乡最具代表性、典型性。泉州、漳州、潮州、揭阳等地的房产业虽有一定发展，但毕竟规模较小，难以呈现明显的性质差异。因此在本节有关房地产业发展对闽南与潮汕侨乡建筑文化影响的比较中，将主要以厦门和汕头两市为例进行对比分析。

3.3.2　其他城镇华侨投资的房地产业

　　尽管如此，对闽南和潮汕侨乡其他地区的房地产发展情况做概貌式的了解也是必要的，总的来说，开埠城市以外的中小城镇房地产规模不大，并表现出一些趋同的特征。

　　第一，华侨投资房产多位于地价较高的城市中心地带，以便于获取更高的收益。以泉州为例，新中国成立前华侨购置的房地产业有569座，其中用于出租占多数，有323座，且多位于涂山街以南到新桥头之间的市中心地区，因这一区域租金较高，出租也较容易。而在潮汕潮州，有华侨吴潮川在利源街（近市中心西马路和太平路路口）购置和兴建楼房多处，华侨陈协盛在华新街（近太平路）也兴建了数座楼房。

　　第二，华侨投资房地产业与近代城市建设密切相关。除了厦门和汕头以外，其他各地城镇都有不同程度的城市建设活动，带动了房地产业的发展。如闽南晋江石狮镇在

---

① 陈达. 南洋华侨与闽粤社会［M］. 北京：商务印书馆，2011：123.

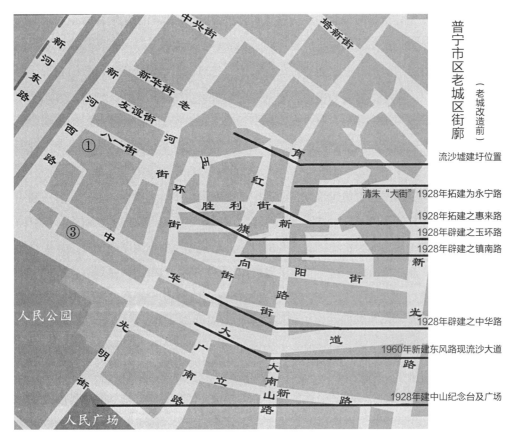

流沙墟建圩位置

清末"大街"1928年拓建为永宁路

1928年拓建之惠来路
1928年辟建之玉环路
1928年辟建之镇南路

1928年辟建之中华路

1960年新建东风路现流沙大道

1928年建中山纪念台及广场

图3-17 普宁流沙镇侨乡化时期城市建设示意图

1930～1936年间在华侨的倡导下进行城市改造，修整拓宽城隍街、糖房街、大仑街等旧街、新建了新华路、民生路、聚仁路、福建路等一批新道路，形成了今日石狮旧城的基本格局，这一时期的新建房屋也是最多，且其中60%以上为华侨产业。再如潮汕普宁县流沙镇，20世纪20、30年代拓建永宁路、惠来路，辟建镇南路、中华路（图3-17），吸引许多华侨来流沙置地办业，建有100余座住宅店屋，其中泰国华侨陈铺庭一人即建有24座楼房，多用于出租。

3.3.3 骑楼建筑形式对房地产业发展的适应

骑楼是近代闽南和潮汕侨乡城镇普遍兴建的建筑形式，其繁荣的原因既有对东南沿海地带多雨湿热气候的适应，也有政府在其中的推波助澜，包括广州、汕头、厦门等城市都有相关的政策出台，彭长歆指出，"骑楼首先是一种城市制度，然后才是一种建筑现象。作为一种城市制度，骑楼建构了岭南近代城市以旧城为中心的基本骨架，并衍生了岭南最具特色的'骑楼街'和'骑楼城市'"。而政府之所以推广骑楼，除去气候因素外，相当程度上还在于骑楼这种建筑形式对于侨乡社会经济特征的适应。正如之前所提及的，近代华侨投资主要集中于房地产业、商业、金融业。此三者其实相辅相成，金融业为大规模的房产开发提供了资金来源，侨汇业从根本上来说也是金融业的一种，而华侨投资房地产，多用于出售和出租，而具体用途主要包括商用和居住两种，因此房地产业所开发出来的建筑也多是为商业发展提供场所空间。鉴于侨乡城镇居民多为商业人口，为满足商人对经营和居住空间的毗邻要求，下店上宅、商住两用的骑楼也是一种理想的建筑形式。

另一方面，以骑楼为主要建筑类型的房地产开发适应于侨乡以小成本经营为主流的商业模式。骑楼开间布置灵活，空间可大可小，可以满足不同经营规模的需求。但总的来说，骑楼建筑一般表现为在临街面展开的以小开间为单元的空间序列，更适合于小规模、小资本的商业经营活动，这与当时侨乡城镇大部分商人的资产规模相适应。近代华侨资本结构具有"量少而分散"的特点，真正出洋打拼而成巨富的华侨毕竟是凤毛麟角，大多数华侨苦心积攒数年获得小额的财产，寄回家乡供家人亲眷做一些小本生意，当然也有回国自己经营店铺者，本地商人的情况也大体如是。侨乡这种普遍的小资本经营使得以小空间为单元的骑楼建筑更受欢迎，房地产开发以盈利为目的，自然选择更能满足业主需求的建筑类型。由此形成了这样一种现象，即拥有巨额资本的华侨商人往往开发骑楼形式的房产出售或租赁给普通华侨、侨眷及其他本土商人，供他们在城镇居住并进行小规模的经营活动。

3.3.4 房地产商品化和商业化差异在骑楼建筑性质上的表现

骑楼建筑是近代厦门与汕头华侨房地产投资中最为主要的建筑类型，同时在各类侨乡建筑中与商业关系也最为密切，因此受房地产业发展的影响也最有代表性，下面主要以骑楼建筑为例来分析商业化与商品化差异在两地建筑上的表现，总体来说，商业化的特征主要表现为大规模批量化的建筑生产，大众化、时尚化的审美趣味。而商品化处于商业化的初期阶段，建筑生产主体仍具有个体化性质，且建筑功能和传统的审美价值仍是决定建筑商品价格的重要因素。

3.3.4.1 骑楼功能的商住分区与商住同户差异

商住两用，下店上宅是骑楼建筑在功能上的主要特征，而根据地域和社会经济环境的差异，骑楼建筑也表现出多样性。如厦门骑楼与汕头骑楼在功能区划上就表现出商住同户和商住分区的区别（图3-18）。产生这一区别的直接原因是房地产开发方式的不同，而从根本上则是商业化和商品化差异带来的影响。

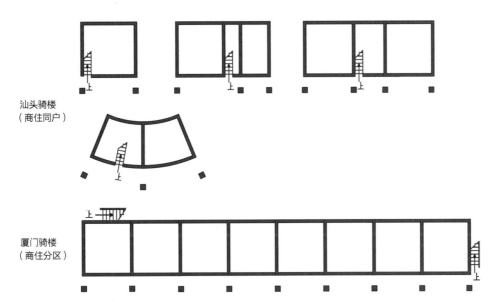

图3-18 厦门与汕头骑楼建筑平面型制比较
（图片来源：作者自绘）

　　所谓商住分区，是指骑楼建筑的居住功能与商业功能相互分离，楼上与楼下可不同户。而在商住同户的骑楼中，楼下店铺与楼上住宅一般同属一户人家。这两类骑楼的差异直接表现在上下交通空间的处理上。厦门骑楼较多采用分区形式，楼上住宅采用公共楼梯，一般独立设置于骑楼建筑背后。而汕头骑楼一层的每个商铺多设置内部楼梯上到上层的居住部分。表现在开间上，厦门骑楼多整体性开发，单栋骑楼沿街面较长，开间数较多。而汕头骑楼除去某些大户投资建造的外，有较多属于个人购置，建筑体量相对较小，单栋骑楼较多一开间至三开间者。上下同户也是早期骑楼和大部分城镇骑楼的处理方式，厦门由于房地产业较为发达，整体性开发的骑楼普遍出现，于是较多采用分区处理。与上下同户形式的骑楼比较，其优势首先在于出售和出租都更为灵活，可以满足置业者的多样化需求。而上下同户的骑楼由于不能分开使用，售卖对象范围就相对狭窄。其次，采用公共楼梯也有利于节省交通面积，降低建造成本，并相应扩大有效商业面积，对于地价高昂的厦门市中心区域来说意义重大，可见分区形式主要是在商业化角度上有利于骑楼房地产的经营。而同户形式中，骑楼上下空间属于同一业主，生活和商业经营都较为便利，比较适合小商户的经营方式，建筑的"商品"属性主要根据其使用功能转化而来。此外值得注意的是，两地城市不同的街巷结构也是影响因素之一，厦门的商业街区具有"围廊城市"的特征，骑楼街道背后一般属于后巷，较为便于设置楼梯等交通空间。而汕头骑楼街也称"外街"，其背后则多为"内街"，也为商业街道，在平面上是内外街道的商铺建筑相背贴合在一起，因此也不便于公共楼梯的设置。

3.3.4.2 沿街骑楼立面的均质化与异质化差异

厦门房地产业较高程度的商业化使得大规模、整体性开发的骑楼建筑得以普遍建造，单座骑楼开间数较多，沿街面较长，一座或数座便可组成一段街道，这些骑楼通常开间跨度、层数、装饰风格都较为相近，由此进一步产生了统一感和秩序感更为强烈的街道立面印象，表现出均质性的特征。而汕头房地产业的商品化特征主要表现于个体华侨的投资行为，多数建造的骑楼规模不大，开间数较少。由于一段街道往往由数量较多的，属于不同业主的单体骑楼组成，因此虽然也组成连续的街道立面，但表现出一定的异质性特征。

厦门整体性开发的骑楼以大同路、中山路等后期修建的街道最为典型。沿街骑楼一般高3~5层，底层高约4.2~5.3米之间，二层以上高约3.3~4米之间。柱廊内人行道宽2.4或3米。每个开间宽度一般相等，且与廊道立柱相齐，因此在立面形象上也较为整齐均匀。二层以上的单个开间一般开三扇窗，通常中间窗较大，从而形成主次区别。开间单元常通过贯通数层的壁柱分隔，并与小尺度的窗柱对比形成较为丰富的尺度层次（图3-19）。而在顶部一般采取平屋顶，以女儿墙栏杆作为立面收头处理。这类立面处理显示出对西式元素较为成熟的运用技巧，在厦门骑楼中非常普遍，几近程式化，反映出房地产在商业性运作中的批量化生产特征，而在街道立面上也相应地取得了统一连续的效果（图3-20）。

与厦门骑楼比较，汕头骑楼的投资建造以个体华侨为主，因此单体骑楼的规模大小不一，各具特征，当多个单体骑楼连续排列组成街道立面时，虽然有公共墙壁连结为一体，也能在秩序中呈现多样化的色彩。具体来说，这种多样性首先表现在单体骑楼的立面宽度上，汕头骑楼立面并不表现出厦门骑楼那样均匀整齐的效果，有的因开间数不一致，有的因跨度不同，有的因柱距不同，总之单元与单元之间往往是宽窄不一的（图3-21）。而不同的开间数目也导致立面处理方式的差异，三开间的骑楼常通过主次

图3-19 厦门骑楼建筑的常见立面形象
（图片来源：作者自摄）

图3-20　统一连续的厦门骑楼街道立面
（图片来源：作者自摄）

图3-21　开间不一致的汕头骑楼
（图片来源：作者自摄）

图3-22　立面对称的汕头单体骑楼
（图片来源：作者自摄）

窗扇布置和山头处理使立面表现出较强的自我对称性（图3-22），而单、双开间的骑楼立面处理则相对中规中矩。此外，汕头骑楼街的连续性不强，往往两三个骑楼单元组成一个连接体，互相之间由横巷打断（图3-23）。第三，汕头骑楼单元之间层数也常不一致，因此产生高低错落的效果（图3-24）。总的来说，这些建筑现象大都是因为分散而不统一的投资及建造方式而形成，骑楼建筑作为一种商品尚未进入集中性的商业化开发阶段。

3.3.4.3　骑楼建筑构件的机器化与手工艺表现

近代厦门较大规模的商业性房地产开发对建筑生产的速度也提出了要求，然而近代闽南与潮汕侨乡的工业化程度均较低，当然也远远不能实现建筑业的工业化。但少数建筑构件，尤其是装饰构件的标准化和批量化生产还是有所运用，这也是与国际上建筑发

图3-23　汕头骑楼连续性不强
（图片来源：作者自摄）

图3-24　高低不一的汕头骑楼
（图片来源：作者自摄）

展的趋势相适应的，即工业化的发展带动了建筑审美的变迁，以新艺术、装饰艺术等风格在厦门的流行为代表，人们开始更为青睐于几何化、简洁明了的装饰风格。这也以骑楼建筑最为突出，因为骑楼作为建筑产品的商业化程度更高，更为强调时尚性和标新立异。而洋楼等住宅建筑的往往反映了居住者的身份地位和价值立场，建筑风格也相对稳定、严肃和保守，对时尚的接受要稍滞后于骑楼等商业建筑。

　　这类装饰风格是以构件生产的机器化和模具化为前提的，近代闽南侨乡大部分工业（虽不多）也都由华侨投资，建筑工业也不例外，能够生产的建材构件主要包括玻璃、砖瓦等。其中玻璃制造厂如乡信（1906）、广建（1908）、同升（1920）玻璃厂；砖瓦厂较多，合顺砖瓦公司（1916）、南洲有限公司花砖厂（1919）（图3-25）、厦门瓦窑公司（1920）、福建洋灰瓦厂（1924）、南安协成花砖碾米厂（1930）、振兴砖瓦厂、中南瓦厂、国建制瓦厂等，此外还有为数众多的机器锯木厂。而在装饰构件方面，骑楼建筑的装饰大多数采用水泥模具制作，这种制作特点也决定了像传统砖雕石雕的复杂的、随机化和感性化的装饰形象渐趋减少，而代之以具有重复性的、规律化、几何化、理性化的装饰风格，这也是与建筑生产的规模化和商业化相适应的（图3-26）。

　　在汕头骑楼建筑中，传统手工工艺如灰塑、彩画仍有较多的应用，使骑楼装饰呈现自然而有机的特征，感性色彩较为明显。虽然新的技术和材料也有相当程度的运用，但汕头侨乡民众仍较热衷于精雕细刻的手工艺表现。且根据《潮州志》《汕头市志》等文献记载，潮汕地区除有机器锯木厂外，其他建材未见有以机器生产的工厂。这也是由于汕头房地产市场商业化的程度尚较为有限，建筑产品生产和流通的速度尚未提出大量的机器生产需求。且由于骑楼建筑往往由个人所购置兴建，商住同户，骑楼即是商铺，也是住宅，在审美价值取向上也易趋向于保守，这都使得传统的建筑手工艺技术在骑楼中仍有较多的运用和表现。

图3-25 南洲花砖厂生产的花砖
（图片来源：www.douban.com/note/148779201/）

图3-26 具有机器化审美特征的厦门骑楼装饰
（图片来源：作者自摄）

不过需要指出的是，无论是闽南还是潮汕地区，两地侨乡近代建筑工业从整体上都是较为薄弱的，一些关键原料如水泥、钢筋等都需依靠外地或海外输入，距离建筑的工业化都十分遥远。且这里以厦门和汕头骑楼为例指出的二者差异也并不绝对，厦门骑楼有时也运用传统的工艺技术进行装饰处理，汕头骑楼中也不乏机器生产的建筑装饰和构件，这里所说的差异，更多的还是就发展趋向而言的。

3.3.5 房地产商品化和商业化差异在两地侨乡发展规模上的表现

3.3.5.1 在投资规模上的差异

在华侨投资作用下，厦门和汕头近代的房地产业都有相当程度的发展，分别是闽南和潮汕地区这一产业的中心所在。但比较二者数据，还是可以发现不小的差别。即厦门的房地产业规模是明显大于汕头的，而在本章第一节中已说明，厦门当时的经济总量逊色于汕头，这更凸显出房地产业在近代厦门经济中的支柱地位。具体来说，从1875年开始有华侨在厦门投资起，到1949年的74年里，华侨在厦门从事房地产业的企业有2145家，投资金额达57025000元（折合人民币），而汕头方面，从1889开始有华侨投资到1949年，华侨从事房地产业的企业为1426家，比厦门要少1/3，而投资金额为21110000元（折合人民币），仅为厦门的37%。此外，房地产业所占整体经济比重也有所不同，厦门华侨投资房地产业占全市投资的65.17%，而汕头方面，仅占39.71%。再比较两地20世纪20、30年代房地产业全盛阶段的情况，厦门在1927～1937年间，华侨房地产投资额为48000000元（折合人民币），占其整个近代投资的85%，而汕头在1927～1937年间，投资额为9300000元（折合人民币），占其近代投资的44%。这说明厦门在此阶段房地产业达到极盛期，而其他时间投资则较少，而汕头在整个近代时间区间内房地产投资相对平缓，虽然20世纪20、30年代总体较多，但其他时段也有较多数量的投资。

房地产业是围绕着土地与建筑而进行的各种经济活动的行业，因此其形成的前提是房地产的商品化，即土地和房屋的使用价值转变为交换价值成为市场上可交易的产品。一般来说，在健康市场的前提下，商业化的程度与市场上流通的房地产商品数量和价格是成正比的，因此高度的商业化要求更大的资金规模，较大的投资可以使建筑生产的规模、速度和总量得以提升，从而使市场上作为商品的房产和地产数量和流通速度得以增加。从这个角度来说，厦门房地产业投资规模更大，因此也比汕头有更大的商业化潜力。而汕头房地产业的投资总体上呈相对平缓的发展态势，即使在鼎盛期增幅也并不像厦门那样剧烈，这也在一定程度上说明其房地产处于基本的商品化阶段，建筑单纯的作为产品被生产，被销售，价格与价值差距不大，围绕建筑进行的其他经济活动也是不多的。

3.3.5.2　在建造规模上的差异

在建造数量上，20世纪20、30年代，华侨在厦门投资兴建的房地产达五千座以上，仅1928到1932年的六年间，厦门市区就新建房屋5349间。而在1831年以前，厦门原有民房19362间，其中从雍正八年（1730）到道光十一年（1831）的100年间，民房数量仅增加2722间，可见华侨推动下房屋建设数量是较大的。从建筑面积来看，清末厦门市区各种房屋建筑面积约为154万平方米，到1932年，房屋建筑面积达到343.8万平方米[①]，净增189.8万平米。汕头方面有关房屋数量的数据较为缺失，但有建筑面积的统计：在1860年开埠前，市区建成房屋面积为9万平方米，开埠后至1949年，新建房屋面积为2640879平方米，其中1905年到1937年间年均增加45148平方米，是增速最快的时段。

可以看到相较于投资量的巨大差距，汕头房屋的建造量却是与厦门相仿甚至有所超过，这与投资量与建筑量成正比的常规推论相矛盾，究其原因，大概有两方面：

第一，厦门房地产的开发成本高于汕头。厦门多山地和洼地，房地产开发首先需要开发土地，进行平山填湖，前期工程费用较高，此外，厦门采用开辟新区与拆迁旧区相结合的方式，由此也带来较高的拆迁费用，而汕头地处平原，且房产开发多于地产开发，土地费用较小，相应降低了开发成本。

第二，厦门地价高于汕头。1926年厦门瓮菜河填河辟地工程中，投资者都获取厚利，取得很好的示范效应，华侨纷纷效仿争购地皮，促使地价节节攀升。如开辟以前的中山路和大同路街道狭窄，商店寥寥无几，地价不足400银元每市方丈，开辟后洋行商店鳞次栉比，成为商业中心，地价涨至3000银元每方丈，高峰时甚至达到5000元，当时地产市场之兴盛可见一斑，相应导致房地产开发成本也较高。而同时期汕头的地价虽然

---

① 厦门市房地产志编撰委员会. 厦门市房地产志［M］. 厦门：厦门大学出版社，1988：16.

也有大幅上涨，但相对厦门来说市场较为温和。

因此厦门在建筑总量上的相对逊色来源于其较高的投资成本，这也说明了其房地产市场的复杂性以及更高的商业化程度。由于土地开发与买卖成为基本的乃至核心的环节，这使得房产价格更加受制于地理区位的影响，而房屋本身的建设成本成为次要因素。而在汕头，相对较小的投资规模与更大的建造量反映了较低的房地产价格，也说明了价格与房屋本身的价值偏差相对较小，可见土地区位因素在其中所起的作用尚不如在厦门那样重大，所以汕头近代的房地产虽完成了商品化，但进一步商业化的程度却不及厦门。

3.3.6 房地产商品化和商业化差异在运作方式上的表现

3.3.6.1 对于地产开发和房产开发侧重点的不同

近代厦门的房地产业更侧重于地产开发，城市建设的基本模式是通过政府出售土地吸引华侨投资，以此筹措建设资金，从而实现旧城改造与新区开辟的良性循环。因此土地是其中的关键因素，而土地价格主要取决于区位，受市场因素制约，这使厦门的房地产开发表现出更多的市场化特征。由于一些区位价值较高的新区地段供不应求，于是采取拍卖竞购的方式，如模范村（今深田路）、美仁宫、同文路、蓼花溪（今蓼花路）、虎园路、碧山路一带，都先后通过投标拍卖决定承购权，显然这更多的表现为经济行为，而建筑生产被作为获取利润的工具。

而在汕头，房地产业则侧重于房产的开发与使用。房屋获取利润的手段主要是用于出租，这是房屋商品化的基本表现之一。据统计，在华侨投资的2110座建筑中，出租者有1613座，之所以出现这种情况主要在于华侨多居住于海外，一般只能委托代理人进行出租，或用作住房，或用作商铺，在这中间，房产价格中起决定因素的仍是其使用价值，土地区位因素虽然重要，但尚没有明显的导致商业化特征的形成。

3.3.6.2 经营和组织形式的不同

商业化和商品化的区别也反映在近代两地华侨房地产投资组织形式的差异上。无论在厦门或汕头，拥有雄厚资金的华侨往往开发成片楼房进行出卖或出租，通过将资金转化成不动产来获得财富的保值或增值，但组织形式却有所差别，在厦门方面，出现了相当数量采用股份制形式的房地产置业公司，如菲律宾侨资的李民兴公司，曾投资300万银元，在中山路、大同路和鹭江道等处集中投资，其中外关帝庙新区的土地，承购额达3500元每市方丈，在此地建起6座3～4层的骑楼商铺。再如缅甸侨资的荣昌公司，主要投资模范村一带，兴建70座楼房。新加坡和缅甸华侨黄文德、许文麻等的

"振祥""宏益"公司，在浮屿角买浅海滩填地兴建楼房二三十座。而在汕头，"虽然出现了一些华侨投资大户，但是这些投资大户较少，且投资的组织形式仍然较为传统"①。如陈慈黉家族在"四永一升平"以及海平路、福和埠等商业繁盛地带兴建楼房400余座。新加坡的荣发源家族兴建了包括荣隆街、潮安街、通津街数条街道的楼房。再如吴潮川华侨家族在永和街、永兴街兴建楼房数座。可见汕头较大的房地产投资多属于家族经营，且这种大规模的开发不是普遍现象，据相关统计，近代汕头华侨投资的2110座建筑分属1426户所有，绝大部分为华侨零星购置②，因此从投资的组织形式来看，厦门华侨投资房地产相对更具现代性，商业化的程度较高。股份制形式的房地产公司有利于筹措更大量的资金，从而进行更大规模的房地产开发。而独资或合股购买应是汕头华侨投资房地产的主要组织形式，这种形式一般资金有限，相应的房地产建设规模也较小。

近代华侨在厦门的房地产投资还与金融业相结合，通过货币流通和信用渠道进行筹资、融资，从而使房地产的开发、流通和消费规模得以扩大。这类经营方式不是长期持有房地产，而是向银行和钱庄贷款购买土地，建设房屋后立刻转手，借助地价飙升在倒卖中获取厚利。如长裕公司股东杨德从，通过炒卖地皮，资金从8万元增值至50、60万元。当然也有投机失败者，如华侨兴业公司兴建的大南新村，建有20余栋洋楼，但因无法转手导致亏损甚巨。总之，虽然有畸形发展之嫌，但与金融业的结合也使厦门的房地产业更具商业化色彩。

3.3.7 房地产业发展影响下两地侨乡建筑审美文化差异的对比总结

在近代房地产业发展影响下，两地侨乡建筑审美文化差异可以总结为下表（表3-2）：

房地产业发展影响下的两地侨乡建筑审美文化比较　　　　　　　表3-2

闽南侨乡建筑文化的商业化特征	潮汕侨乡建筑文化的商品化特征
厦门和汕头两座开埠城市在华侨房地产投资中的核心地位	
厦门占全省华侨房地产业投资的90.23%	汕头占粤东华侨房地产业投资的67.24%
其他城镇	1. 华侨投资房产多位于地价较高的城市中心地带，以便获取更高收益；2. 华侨投资房地产业与近代城市建设密切相关
骑楼是房地产投资的代表性建筑类型：1. 对气候的适应；2. 政府推广；3. 适应于"量少而分散"的华侨资本结构特点	

① 胡乐伟. 近代广东侨乡房地产业与城镇发展研究［D］. 广州：暨南大学，2011：77.
② 杨群熙. 海外潮人对潮汕经济建设贡献资料［M］. 汕头：潮汕历史文化研究中心，2004：213.

商业化与商品化差异在骑楼建筑性质上的表现（厦门与汕头）

建筑功能	商住分区	商住同户
开发和居住方式	大规模、整体性开发；骑楼上下分区不同户	除少数大户投资，多属于个人购置，楼下店铺与楼上住宅一般同属一户
建筑体量	单栋骑楼沿街面较长，开间数较多，单栋骑楼体量较大	多数体量较小，单栋骑楼常为一开间至三开间，通过公壁连结成连续体
交通空间	外部公共楼梯通往二层及以上居住区，节省交通面积，降低建造成本，并相应扩大有效商业面积	采用内部独立楼梯，方便住户的居住与经营活动
骑楼街立面	均质性：开间跨度、层数、装饰风格都较为相近，进一步产生了统一感和秩序感较为强烈的街道立面印象	异质性：1. 因开间数目、跨度、柱距等因素差异，导致立面单元之间宽窄不一，以及不同的立面处理手法；2. 连续性不强，常被横巷打断；3. 层数不一致，高低错落
细部装饰	装饰构件开始采用机器化和模具化生产；具有标准性、几何性、重复性特征；工业时代的理性化审美趣味	传统手工工艺仍有较多应用；装饰呈现自然而有机的特征，感性色彩较为明显

商业化与商品化差异在发展规模上的表现（厦门与汕头）

投资规模	投资额[①]	占全市投资	投资家数	投资额[②]	占全市投资	投资家数
	57025000	65.17%	2145	21110000	39.71%	1426
	较大投资使建筑生产的规模、速度和总量得以提升，从而使市场上作为商品的房产和地产数量、流通速度得以增加。厦门房地产业投资规模更大，因此比汕头有更大的商业化潜力					

建造规模		189万平米（清末～1932年）	255万平米（1860～1949年）
	动因	1. 厦门多山地河汊，开发成本高于汕头的平原地形；2. 厦门地价高于汕头	
	分析	土地开发与买卖成为核心环节，房产价格更加受制于地理区位，反映了房地产市场的复杂性以及更高的商业化程度	略低的投资规模与更大的建造量说明房地产价格除了受制于区位因素外，还相对真实的反映了房屋的使用功能价值，房地产业处于初步的商品化阶段

商业化与商品化差异在运作方式上的表现（厦门与汕头）

侧重点	地产开发：政府售地吸引华侨投资，筹措资金，实现旧城改造与新区开辟的循环	房产开发：获取利润的手段主要是用于出租，这是房屋商品化的基本表现之一
投资主体	相当数量的股份制房地产置业公司	家族和个人

---

① 投资额单位为折合人民币元，指从开始有华侨在厦门投资的1875年到1949年的华侨投资总额。

② 投资额单位为折合人民币元，指从开始有华侨在汕头投资的1889年到1949年的华侨投资总额。

3.4 近代侨批业影响下建筑审美文化的地缘性与业缘性差异

3.4.1 近代两地侨乡侨批馆的建筑特征

侨批馆是独具特色的侨乡建筑类型，其建筑特征与侨批业的运营方式密切相关。同时其建筑功能简单，只要有几张桌椅即可办公，因此在建筑形态上也无特定形制要求，但也并非毫无规律可言，总的来说，近代闽南与潮汕的批馆建筑形态表现出多样性、依附性与层级性等特点（表3-3）。

代闽南与潮汕地区的批馆建筑　　表3-3

闽南侨乡批局	开埠城市	 厦门民生信局	 厦门天一信局分局		
	内地城市批局	 泉州中山路源兴信局	 石狮群英路侨汇业旧址		
	乡村批局	 漳州流传村天一信局	 泉州王宫村王顺兴信局	 南安梅山新蓝村合昌信局	 南安梅山镇竟丰村源兴信局
	海外批局	 新加坡信局集散地	 新加坡成丰栈兑信局		
潮汕批局	开埠城市批局	 汕头光益裕批局	 汕头捷成批局	 汕头天外天批局	

近代闽南侨乡和潮汕侨乡建筑审美文化比较

126

潮汕批局	内地城市批局	潮州松兴泰批局	潮州振华批局	揭阳魏启峰批局	潮阳成田永顺批局
	乡村批局	澄海东湖至成批馆	澄海图渡头村振盛兴批局	普宁泥沟村和合祥批局	
	海外批局	新加坡三盛信局	新加坡信局	东盛金铺兼办侨批局	

（图片来源：《百年跨国两地书——福建侨批档案图志》《泉州侨批业史料》《潮汕侨批文化图片巡览》以及作者自摄、网络资料等）

首先，批馆建筑在形态上存在层级性区别。

由于涉及海内外的钱款和信件收递，侨批业有特殊的运营结构。福建方面的相关研究中，把侨批局分为三类，即头盘局、二盘局和三盘局[①]，其中直接在海外收汇独众经营的为头盘局，接受海外各信局委托办理传驳内地信款的为二盘局，专营派送内地信款的则为三盘局[②]。其运营流程示意图如下：而潮汕则分为甲等局和乙等局，分别对应于二盘局和三盘局，并不对海外局有特定的界定，一般仅称"联号"。其运营流程图分别如下（图3-27），可以看到闽南侨批局相较于潮汕具有更为明显的层级和从属关系。

正因为侨批局存在海外批局、口岸城市批局以及内地批局的区别，相应的批馆建筑在形态上也表现出不同，一般来说，批馆总局或者厦门汕头等中心城市设立的批局功能最为专门化，也更注重建筑形态和内部装修的表达。

第二，批馆建筑形态多样，可表现为独立的单座建筑，也可是沿街的骑楼建筑，甚至乡村民居也可作为侨批馆使用。

第三，侨批馆常表现出依附于其他商业场所的特征。如厦门批局一般"均以兼营其

---

① 有的批局兼营头盘、二盘业务，称为"头二盘局"，也有兼营二盘、三盘业务者。

② 林真. 福建批信局述论［J］. 华侨华人历史研究，1988（04）：12.

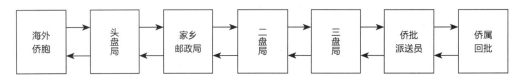

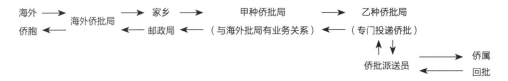

图3-27 闽南与潮汕侨批业的运营示意图

（图片来源：《百年跨国两地书——福建侨批档案图志》，鹭江出版社，2013、《潮汕侨批文化图片寻览》，潮汕历史文化研究中心侨批文物馆，2007）

他商业者居多，普通且皆以他业为正业，兼办信局为副业，实在单独经营者可说寥无几家"，在潮汕，"汕头批局因利益微薄，若设一号而专业侨批，殊难支应必需消费，故多由他业兼营。在二十年间汕头专业侨批之商号，全业中几十不得一，大都为汇兑业与收找业兼营者，此外如运销业、客栈业、茶业、酒业、糖业、出口业等，亦各有兼营侨批者"。此言虽可能有所夸张，但也可以看出批馆建筑往往并非独立设置。

3.4.2 两地侨乡批馆在建筑形态上的地缘性和业缘性差异

3.4.2.1 地缘性特征在闽南批馆建筑形态上的反映

而两地侨批业发展对比来看，闽南侨批业更多的依托于乡族地缘关系，专营特定地域范围的侨批业务，其批馆建筑也相应的在建筑形态上表现出地缘性的特征。

具体来说，这是由于在闽南侨乡，一个完整的批局经营体常常由主从关系明确的多地批局共同组成，总局之下，各地都由同族或同乡人打理分局业务。表现在建筑上是层级性较为突出，总局与分局在建筑形态上差异明显，通常总局建筑规模较大，更注重外部造型、装饰装修的表达，且在群体布局上一般也具有较强的独立性，此外，总局常设立于创办者的本乡，而不一定设立于厦门这样的中心城市，因此有时附带有较独立的居住等其他功能。这些都是其建筑文化趋于地缘性的表现。

如漳州角美镇流传村天一总局（图3-28）即是一个典型实例。清光绪六年（1880），漳州龙溪县水客郭有品在家乡"流传乡"创立"天一批郊"（1896年更名为"郭有品天一信局"），经营侨批业务，经过十数年的发展，成为海外分局24家，国内10家机构的批业

图3-28　天一总局北楼办公楼
（图片来源：作者自摄）

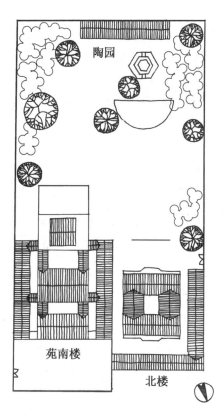

陶园

苑南楼

北楼

图3-29　天一总局总平面图
（图片来源：作者自绘）

图3-30　天一总局苑南楼后座洋楼
（图片来源：作者自摄）

巨擘。天一信局是家族经营模式，海内外分号的经理大都为郭氏族人。而其经营网络的中心却是在郭有品的家乡天一总局。

　　天一总局建筑群由苑南楼、北楼和陶园组成（图3-29），其中建于1911年的苑南楼是两落五间张带双护厝、局部楼化的传统闽南大厝（图3-30），该后座洋楼高两层，有券柱式外廊环绕四周，线脚细腻精美，其他装饰不多，表现出早期闽南侨乡建筑局部楼化的特征。而建于1921年的北楼为办公楼，专门经营侨批业务，建筑面宽25米，高7.5米，内部设天井，共两层，采用单侧券柱式的出规式外廊，方形叠柱形式，柱头装饰为卷草和涡卷的混合，中部顶端设有汕头。总体建筑形象敦厚有力，装饰考究。而在南面的陶园除有一栋二层的外廊式洋楼外，还设有花园，院内设置亭台楼榭，假山花圃，烘托出优雅闲适的氛围（图3-31）。由此可见，天一总局形成了包括办公区、居住区、休闲区在内的较为完善的功能区划。

　　再如泉州浮桥镇王宫村的王顺兴批局，由王宫村人王世碑创办于1898年，批局建筑主要由"奇园"和"船楼"组成（图3-32）。其中船楼据称有象征运送批信船只的寓意，但毁坏较为严重，"船头"已不可见。而另外一栋主体建筑奇园建于1928年，为主体两层、局部三层的平梁式外廊洋楼，外廊采用立于巨大的柱墩上，通高两层的双柱形

图3-31 天一总局陶园洋楼及亭榭遗址
（图片来源：作者自摄）

图3-32 王顺兴批局主建筑奇园和附属建筑船楼
（图片来源：厦门文化信息网）

式，顶部以单坡屋顶形成厚重的压檐，气势雄伟庄重。除此之外，还有一些护厝形式的附属房屋，据称是供员工住宿使用。

可以看到，在闽南批局中，总局建筑大多规模较大、功能完善，此外，作为有金融业性质的行业类型，建筑表现往往也采用流行的外廊形式，并追求雄伟壮丽，以坚固可靠的建筑形象表现其雄厚财力。这也是由于总局建筑常基于地缘性而与分局建筑有层级性和规格方面的差异，且常设立于创办者家乡乡村，用地较为宽裕，才有如此规模。

3.4.2.2 地缘性特征在潮汕批馆建筑形态上的反映

与闽南比较，潮汕侨乡批局发展在经济更为活跃的背景下，相互之间更多地倾向于代理业务，即业缘关系，而非闽南常见的依托地缘、乡缘导致的从属关系，且闽南侨乡常有少数批局取得近乎垄断性的地位，从而兴建大规模的总局建筑。在潮汕侨乡，各个批局既相互配合，又相互独立，各家业务量也相对均衡，因此在建筑规模上一般也较为适中，且较少因总局、分局差异而对建筑规格发生影响。而是根据所处地域地段、业务是否具有专门性等因素而表现出建筑形式的多样性。另一个与闽南侨乡的显著区别是，虽然潮汕乡村也有少量批局分布，但大多数批局还是位于城市商业中心地带，建筑形式上与普通商业建筑趋同，且汕头作为口岸城市，汇聚了大多数的侨批馆。

汕头批局多位于"四永一升平"的繁华地段，并以永和街、永泰街、永兴街、升平路等最为集中。而在建筑形态上，批局与大多数商业建筑相似，为临街联排式建筑的组成单元，这主要是由汕头商业建筑的均质性特征决定的。

如永泰街34号（图3-33），是光益裕批局的旧址，其建筑形象在汕头颇为常见，面阔三间，高三层，采用方形壁柱修饰立面，视觉中心是通高两层的凹斗门楼。建筑现已破败，得益于汕头山水社对光益裕老员工马发先先生的采访，我们得以一窥批局过去的旧貌：

"当时的光益裕很漂亮。那个侨批局是由一个澄海人建的，里面的业务主要是泰国那边的，但兼有其他侨汇。是泰国那边一个有钱人（澄海籍）自己建（光益裕批局这栋楼）。这些批局建筑是木板的，全部是用酸枝木来铺木板，再铺水泥。楼梯全市用红木建的。要花很多钱建的。建筑后面的井的旁边还有一个暗库，专门在储钱。它的门设在三楼或二楼的一个房间里面，那个房间一般是老板或是老板的亲戚住的"。

"当时一楼、二楼是办公场所，一楼是办公大厅，大厅右边是账房，账房有铁栏杆和长柜，有办公桌，桌上有文房四宝和算盘。大厅后面的一个账房是算账的家伙，后厅

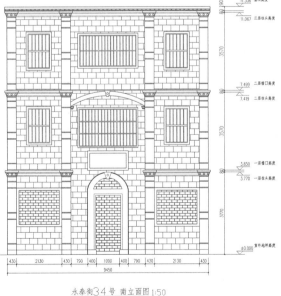

永泰街34号 南立面图1:50

图3-33 永泰街34号光益裕批局前景及现状南立面图
（图片来源：汕头山水社）

有炕床，炕床上有'茶盘家伙'外加四张酸枝椅。二楼大厅中间有一张大桌，经理和伙计在那里拆分批件。三楼是会议室和员工宿舍"。

——汕头山水社对光益裕老员工员工马发先生的采访

从中我们可以得到一些有关批局建筑的功能布局、材料技术等方面的信息，可以看出，批馆在当时建造、装修都颇为昂贵，同时也是商居一体的建筑类型，这与我们在前文中有关汕头民居的认识是相验证的。而在另一方面也应当看到，批馆建筑在形制上与其他商业建筑并无明显区别，建筑规模较为适中，即其建筑形式与所在地区的主流建筑形式是相一致的。

而关于光益裕的业务，也有相关资料记载：

"汕头光益裕批局：1911年开业，司理人陈湘芸，澄海籍。是汕头一家较大型的批局，受理新加坡光昌、再和成批局、万益成批局、安南太兴批局、荷属东印度的三益、李同春、兴和、益成礼记、郑和发、许万和、和兴、吴长记、源合兴、林升合、和平等批局的批信。投递范围：澄海、诏安、潮安、潮阳、揭阳、饶平等12家投递局" [1]。

可以看到光益裕与其他批局的业务往来为代理关系，而非同家经营体的从属关系。因此在建筑上也不存在规格主次之分。在设计营建上，只是沿用了当时汕头常见的建筑形式，而并不表现出类型的特殊性，汕头批局建筑大多如此，这里就不赘述了。

而位于普通城镇的批局也多位于繁华区域，以便于业务开展。在近代潮汕侨乡各地城镇，主要商业街道沿街建筑都改造为骑楼，因此批馆建筑形式也大多随之限定，但一般相较其他商铺更重视立面造型和装饰的处理。如揭阳的魏启峰批局（图3-34）是一家较为著名的批馆，其创办可以追溯到1879年，现存建筑位于揭阳榕城商业中心地段的思贤路，为单开间的骑楼形式，高三层，二层以墙体围合并开窗，三层是券柱式的阳台。窗饰和拱券肩饰较为精美。尽管建筑规模较小，但其经营网络却非常庞大，与宏通、捷成等30家批局有业务代理关系。

再如潮州批局，与揭阳略有不同，并不直接位于骑楼街道，而是多位于主要街道两侧的横巷中，且也表现出行业相聚的特征，如在商业中心太平路附近图训巷中，就聚集了13家批局。这些批局在建筑形式上与当地民居大体趋同，但在入口大门处理上通常有一定的外来建筑文化影响，表明其特殊的建筑性质（图3-35）。

潮汕侨乡也有一些乡村批局，多在住居功能之外附设侨批业务，表现出依附性特征。如澄海人曾仰梅在家乡建造的"驷马拖车"格局的业祖家塾，就集住宅、批馆于一体。值得一提的是，乡村批局的营业网络性质就决定了其具有地缘性的特征，即它们一般是为周边乡镇村落服务的。我们说潮汕批局建筑表现出业缘关系特征，闽

① 杨群熙. 潮汕地区侨批业资料［M］. 汕头：潮汕历史文化研究中心，2003：310.

图3-34 魏启峰批局
（图片来源：作者自摄）

图3-35 潮州松兴泰批局
（图片来源：《潮汕侨批文化图片寻览》，潮
汕历史文化研究中心侨批文物馆，2007）

南则趋于地缘并非是绝对的划分，事实上两种特征二者是同时兼有的，但趋向性有所不同。

3.4.3 两地侨乡批局建筑空间分布的地缘性与业缘性差异

地缘性与业缘性的差异也反映在批局的建筑空间分布上，下图在叠加经营网络的基础上，从宏观和微观两个角度对这种差异进行了对比，这里所谓宏观，指大量批局集合起来在海内外所设批馆建筑的空间分布。而所谓微观，指单家批局在海内外所设批馆建筑的空间分布，为清晰表明二者的不同，图示进行了抽象和简化，实线代表批局之间同属一个经营体，而虚线则代表业务代理关系。

结合经营网络来看，（图3-36 a）表示了纯粹以地缘关系为纽带的单家批局建筑在国内外的分布情况，由于海内外批局同属一个经营体，所以其空间分布以实线联系呈线状，而（图3-36 b）是纯粹以业缘为基础的单家批局空间分布情况。多家地缘关系组织起来批局网络所表现出来的空间分布情况为（图3-37 a）。而当多家业缘关系组织的批局则表现出类似（图3-37 b）的网络状建筑空间分布。

然而大多数批局在地缘或业缘关系上并不纯粹，实际情况是更为复杂的。

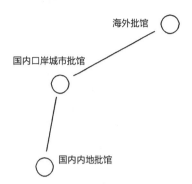

海外批馆

国内口岸城市批馆

国内内地批馆

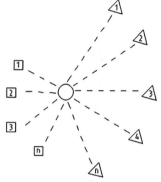

○ 口岸城市批馆分布
△ 海外批馆分布
□ 内地批馆分布
···· 业务联系

微观上，以地缘和乡缘为基础的单家批局在海内外都设有批馆建筑，彼此紧密联系，为线状分布，与其经营网络相重合

微观上，以业缘为基础的单个批局建筑为点状分布，与其经营网络不重合

a 以地缘为基础的单家批局批馆建筑分布模式　　b 以业缘为基础的单家批局批馆建筑分布模式

图3-36　叠加经营网络，单家批馆所属建筑在空间中的分布模式
（图片来源：作者自绘）

○ 口岸城市批馆分布
△ 海外批馆分布
□ 内地批馆分布
···· 业务联系

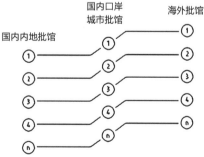

国内内地批馆　国内口岸城市批馆　海外批馆

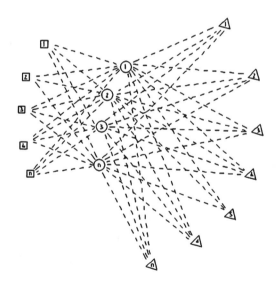

a 叠加经营网络，以地缘为基础的多家批馆建筑分布模式　　b 叠加经营网络，以业缘为基础的多家批馆建筑分布模式

图3-37　叠加经营网络，多家批馆所属建筑在空间中的分布模式
（图片来源：作者自绘）

首先来看闽南，（表3-4）反映了1937年厦门46家批局的经营情况。从中可以发现大多数批局在海外的业务对象局限于一地或较小范围，如和丰信局只经营新加坡侨批，甘泉信局只经营安南侨批等，且这其中又有区别，和丰信局在海外的委托局也为和丰，即属兼营头二盘的同家信局，而甘泉在海外的委托局则为隆信，非属一家。对应于批局的建筑分布，和丰在海内外有两间批局，两点连线呈线型状态，而甘泉仅在国内有一家，因此为点状。在46家批局中，也有业务范围较广者，经营南洋各埠侨批，这样的批局数量有11家，占总数不到四分之一，且其中专营侨批业的仅有6家，仅占全数1/8，而像天一信局那样头二盘兼营者，仅有福源安一家，可见在20世纪30年代的闽南，绝大多数单个批局的批馆建筑数量不多，分布并不广泛，应是呈线状或点状分布的。

1937年厦门批局经营情况统计　　　　　　　　表3-4

批局名	专/兼营	南洋委托局	委托局所在地	批局名	专/兼营	南洋委托局	委托局所在地
和丰	兼营	和丰	新加坡	远胜公司	专营	远胜公司	岷尼拉
甘泉	兼营	隆信	安南	信义安	专营	义鸿	岷尼拉
三益	兼营	荣记	安南	和盛	专营	和盛	岷尼拉
振成	兼营	联成	新加坡	新永兴	兼营	多家	英属各埠
万有	兼营	协丰	万雅佬	建南	专营	建南	岷尼拉
南日	兼营	2家	日里，万雅佬	瑞记	兼营	多家	南洋各属
正大	专营	正大	英荷各属	慎德	专营	多家	南洋各属
泉昌	兼营	泉昌	岷尼拉	大元	专营	多家	岷尼拉
鸿盛	专营	鸿昌	岷尼拉	联美	兼营	2家	岷尼拉
远裕	专营	李胜安	日里	锦美	专营	锦美	岷尼拉
轮山	兼营	2家	日里	永福	兼营	德记	缅甸
永盛兴	兼营	源兴	岷尼拉，怡朗	活源	兼营	2家	岷尼拉
苏公方	兼营	隆记	岷尼拉，南洋各属	协记	兼营	协丰	巴株巴辖
福通	专营	福通	岷尼拉	鸿美	兼营	2家（含自己）	岷尼拉
瑞芳	兼营	3家（含自己）	岷尼拉，新加坡	源信昌	兼营	古源成	望加锡
崇成	兼营	成吉利	槟城	福源安	专营	福源安	南洋各属
同兴	专营	同兴	岷尼拉	茂泰	专营	捷茂	南洋各属
金南	兼营	长生兴	南洋各属	捷兴	专营	三家	南洋各属
江南	专营	江南	岷尼拉	三春	专营	三家	南洋各属
捷通	兼营	捷利	南洋各属	谦记	专营	两家	岷尼拉
振安	兼营	新记	南洋各属	顺记	专营	三家（含自己）	岷尼拉
复安	兼营	骆萃记	槟城	文记	专营	华大	南洋各属
林和泰	兼营	三家	南洋各属	有利	兼营	利川	缅甸

（来源：根据《百年跨国两地书——福建侨批档案图志》等资料制表）

导致这种现象的原因固然有很多，但除了经营资本的限制外，最主要的因素在于地缘和乡族的影响，批局营业往往要"依借封建宗法关系，大都有家族地域之分。如南安人所设之批局，其所收汇款，大都为南安华侨"①，张公量也写道，"南洋批信局吸收汇款大都有区域界限之分，如晋江人所开之信局，所收汇款大都为晋江华侨，晋江某一角落之华侨，又常汇寄其同乡人所开之信局，虽因有乡谊之亲，实则比较明白根底"②，因此大多数闽南中小批局的经营线路都较为单一，其批馆建筑分布也一般与其经营线路相一致，呈点状或线状，是一种以地缘为基础的批馆建筑分布模式。

而在潮汕侨乡，虽然也不乏与闽南相似的情况，但总的来说，潮汕批局互相代理委托的情况更为普遍，海外批局委托汕头批局接收批信，汕头批局则委托内地批局进行解批。以汕头有信批局为例，其由澄海人黄寿三于1923年建立，与南洋18家批局有业务往来，也是一家大型批局。与天一局不同的是，有信局虽然在新加坡、香港等地设有分局，但其大半业务均为代理关系，即代收海外18家批局的批信，在国内分发，而在分发过程中，除汕头、潮州、澄海三地自己派人下乡投递到户外，其余潮阳、揭阳、饶平、普宁、惠来、南澳等地区也都委托其他批局代理。用闽南方面的术语来说，有信是一家兼营头盘，主营二盘局的侨批局，其建筑分布与其经营网络并非重叠，批局建筑仅设立于汕头、香港、新加坡等少数几处接收和转递中心，但其经营地域范围却远远超过于此，这是一种以业缘为基础的批局建筑分布模式。

这种业缘性倾向也可以从各个时期批局的海内外数量对比中得以窥见，1935年汕头领有执照的批局共110家，但海外潮帮批局则达790家，1948年汕头有执照的批局减少为70家，但与之有业务联系的海外批局仍达652家，这意味着平均每家汕头批局需要代理近10家海外家批局的业务，实际情况也是如此，同行业间广泛的委托代理关系使得即使是中小型批局的经营模式也呈现网络化的特征，同时正是由于大多数国内潮汕批局与海外批局是委托关系，因此在海外无需设立总局或直属的分号，当然需要指出的是，闽南批局代理委托的现象也是广泛存在的，1936年福建全省登记的头二盘局数量为110家，海外局464家，1948年全省头二盘局173家，海外局506家③，平均的代理数量约为3~4家，但数量毕竟较潮汕为少，业缘关系较弱。

事实上，这种差异从两地侨乡对批局类型的划分已可一窥端倪，比较之下，闽南较多同时兼营海内外业务的批局，因此批馆建筑也需同时设立在海外华侨侨居地与国内，

① 中国银行泉州分行行史编委会. 泉州侨批业史料［M］. 厦门：厦门大学出版社，1994：109.

② 中国银行泉州分行行史编委会. 泉州侨批业史料［M］. 厦门：厦门大学出版社，1994：14.

③ 中国银行泉州分行行史编委会. 泉州侨批业史料［M］. 厦门：厦门大学出版社，1994：109. 另据福建省档案馆编《福建华侨档案史料》，档案出版社，1990年，360-362页资料，1936年厦门批局总局数为116家，1948年为99家（含鼓浪屿）。因抗战影响，20世纪40年代后期厦门与汕头的批局数量都有所减少，泉州和揭阳等地则有所增加，且战后因为国币贬值，商人大量从事侨汇投机，反而引来畸形发展，国内外批局数量都大幅增加。

呈线性联系。其业务虽然集中，联系紧密，但相应的范围则不广，表现出专营特定地域范围的地缘性的特征。而潮汕海内外同一个机构的情况相对较少，国内批局主要代理海外诸多批局的业务，联系虽不紧密，但基于业缘的关系业务范围易于拓展。在建筑上，表现出互相联系形成的网络特征。

以业缘为中心发展的侨批业显然更利于经营网络的扩大和相关制度的规范化，问题在于，近代潮汕华侨及民众对乡族地缘关系之重视丝毫不比闽南逊色，为何潮汕批局的经营更多的基于业缘发展？究其原因，或许与近代潮汕经济较闽南更为活跃，且侨汇量也大于闽南有关（图3-38），另一方面，近代潮汕地区社会治安较闽南稍好也是一个影响因素，1918年以后，闽南军阀混战，地方治安紊乱，批脚在解批途中常有被土匪劫杀者，因此闽南批局发行山票以应对，但却因滥发而导致投机，20世纪20、30年代，闽南侨汇业因滥发山票、经营投机而倒闭或改组至少24家以上，著名的天一信局也因投机山票于1932年倒闭，导致闽南金融动荡。而在潮汕地区，一方面地方社会相对安定，同时集行会力量"以汕头公会为总枢，负保障全潮批款安全责任，订有保护奖恤追究等办法，官厅民众皆乐于协助，故失批之事尚少闻也"[1]。可见潮汕侨批业较闽南有相对更稳定的发展环境。

总结以上因素，近代侨批业发展影响下的两地侨乡建筑文化差异可以归纳为下表（表3-5）：

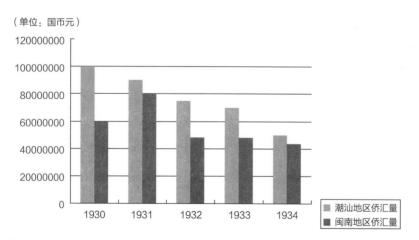

图3-38　1930～1934年闽南与潮汕地区侨汇量比较
（图片来源：本图根据厦门市政府统计室编《厦门要览》1946年版、饶宗颐总纂《潮州志》，潮州修志馆1949年版等相关资料绘制）

---

① 饶宗颐. 潮州志·实业志·商业［M］. 汕头：潮州修志馆，1949.

闽南侨乡建筑文化的地缘性特征	潮汕侨乡建筑文化的业缘性特征
侨批馆建筑特征	寄送侨批业务的固定化和扩大化导致侨批馆建筑的产生
	1. 多样性：城市洋楼、骑楼商铺、乡村民居均可作为批馆 2. 层级性：有总局、分局之别，总局建筑规模更大，独立性更强 3. 依附性：常依附于其他商业场所

	闽南侨乡建筑文化的地缘性特征	潮汕侨乡建筑文化的业缘性特征
侨批馆建筑特征	层级性更为突出，其中总局建筑常表现独立性的外廊式洋楼建筑	建筑形态的多样性、使用功能的依附性倾向更为突出
空间分布特征	国内总局不一定设于厦门，而设于经营者本乡	国内总局一般设于汕头商业街区，且形成同业相聚的特征
与经营网络叠加来看批馆建筑空间分布特征	通过同家批局联系海外各埠、厦门、与内地，批局建筑呈线状空间分布	海外各埠、汕头、内地的批局互相为代理关系，形成网络状的建筑空间分布
典型实例	漳州天一总局、泉州王顺兴批局等	汕头捷成批局、汕头永泰街34号等
社会经济动因	更多的依托于乡族地缘关系，专营特定地域范围的侨批业务	经济更为活跃，互相代理委托的情况更为普遍
	1. 近代潮汕侨汇量大于闽南，更利于经营网络的扩大和相关制度的规范化 2. 近代潮汕地区社会治安较闽南稍好，侨批业有相对更稳定的发展环境	

3.5 服务业发展影响下建筑审美文化的娱乐性与商务性差异

在近代厦门与汕头侨乡，剧院、旅社、餐饮等服务业建筑的发展都颇为繁荣，这一方面是由于两座城市作为开埠港口，是华侨出入集散之地，人烟稠密，商旅辐辏，在娱乐、服务业上有较大的需求量。同时，也是侨乡经济的消费性特色使然，民众对于各种娱乐休闲项目有较高的消费能力。但具体来看，两座城市服务业建筑的发展还是各有偏重，概括来说，厦门的服务业建筑表现出更多娱乐性、休闲性的倾向，尤其以剧院建筑为代表，而汕头方面则表现出更多商务性的特征，以旅栈业建筑为代表。

3.5.1 影剧院建筑的对比

观剧看戏是旧时人们闲暇时消遣娱乐的主要活动之一，在1896年电影传入中国后，各大城市的电影院建筑也颇有发展，厦门与汕头也不例外，下面就两地的影剧院建筑做一番对比。

3.5.1.1 数量众多、功能完善，具有地标性特征的厦门侨乡影剧院建筑

数量众多是近代厦门影剧院发展的第一个特点，据1931年版厦门指南所载，厦门市区及鼓浪屿共有影剧院12处，兹列表如表3-6：

近代厦门的影剧院 表3-6

戏院名称	地址	座位	院主	建筑情况	创办时间
思明戏院	思明东西南北路交叉点，2~14号	700	华侨曾国聪	6层、观众厅2层，楼上楼下座席，钢筋混凝土，6470平方米	1928
中华戏院	中山路225号	800	华侨林绍裘	两层木构（500人），后改为砖木结构，沿中山路正立面为1932年添建	1907
龙山戏院	后厅衙巷40~42号	600	菲律宾华侨曾文烈	1298平方米，地上3层	1925
开明戏院	开元路	800	缅甸华侨杨德	占地面积500平方米，建筑面积1380平方米，主楼6层，裙楼4层，一楼为票房大厅，2、3楼为舞台观众厅，4楼为放映机房。5楼为办公室仓库，6楼为塔楼圆顶	1929，1994年拆除
三春戏院	前营衙	500	不明	民房改用	不明
南星乐园	思明南路	1000	印尼华侨黄超群	位于四楼，并设置电梯	不明
青年会影戏场	小走马路	600	不明	不明	不明
中山公园影戏团	中山公园	不详	不明	建筑中	不明
延平戏院	鼓浪屿市场	800	不明	不明	不明
屿光戏院	鼓浪屿市场边	500	不明	不明	不明
鹭江戏院	鼓浪屿草埔仔	600	不明	临时盖造	不明
大东旅社剧场	鼓浪屿龙头	300	不明	不明	不明

（来源：本表根据1931年《厦门指南》《厦门市房地产志》等相关资料自绘）

"建筑戏院之利，比其他房屋为佳。故年来戏院日增"[1]，表中所列13家尚不包括筹建中和已废者。1931年厦门人口为163380人[2]，而根据上表所列座位数值，这些影剧院理论上总共可容纳7200人观剧，占人口的近1/20，厦门影剧业当时的繁荣景象可想而知。同时也可以看到，这些影剧院，尤其是较大规模者都为华侨投资，如呈三足鼎立之势的开明戏院、中华戏院与思明戏院皆是如此，这也反映了华侨阶层能较快的接受新兴事物，并将之引入国内。

---

① 苏警予，等. 厦门指南 [M]. 厦门：厦门新民书社，1931.
② 福建省政府秘书处统计室. 福建省统计年鉴. 第一回 [M]. 福州：福建省政府秘书处统计室，1937：99.

此外，较大型的剧院建筑都具有较完善的设备，功能分区合理。如开明戏院（图3-39），整体采用钢筋混凝土结构，主楼6层，裙楼4层，一楼设票房大厅，2、3楼则为舞台观众厅，4楼为放映机房，5楼为办公室仓库，6楼为塔楼圆顶。影剧院一般空间跨度较大，需要较高的设计和施工水平支撑。如思明戏院在1927年建成，到1933年夏屋顶因不堪大梁和水泥瓦的重量而出现弯曲裂缝，最终下塌，幸未有人员伤亡，改建后观众厅屋顶更换为钢梁和轻质铁皮瓦楞板，1934年重新开业，并屹立至今，这也反映了当时建筑业对新材料和结构技术的不断摸索和进步。

突出的地标性是近代厦门侨乡影剧院建筑的另一大特点。这些建筑往往位于城市的重要节点，造型摩登时尚，成为区域范围内的标志性建筑。如思明戏院位于思明东、西、南、北路的交叉点上，此处原是界临后岸墘与薤菜河之间的沼泽地带，在这里打地基建筑戏院无疑耗资不菲，华侨曾国办选中此处显然是为了最大程度吸引四方来客考虑，该建筑落成后被誉为"厦中最华丽坚固之戏院"，成为厦门的一大标志性建筑（图3-40）。建筑楼高六层，顶层为塔楼。立面造型采用当时流行的装饰主义风格，强调竖向线条，装饰简洁大方。开明戏院与之类似，位于思明北路的末端，顶层亦设计为塔楼，是浮屿角的地标性建筑。再如位于中山路中段的中华戏院，虽然原主体仅为两

图3-39　开明戏院
（图片来源：《厦门大观》，新绿书店，1947）

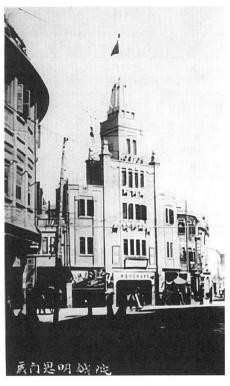

图3-40　思明戏院
（图片来源：《厦门旧影》，上海古籍出版社，2007）

层高建筑，但在1932年的改造中沿中山路的正立面也添建了局部三层，并在其上设置两层高的亭式塔楼，总高度达到5层（图3-41），显然是为了获得视线上的聚焦而考虑。这或也反映了当时剧院数量之多和竞争之激烈。

3.5.1.2 近代汕头侨乡影剧院建筑的曲折发展

相形之下，近代汕头的地标性建筑中并没有影剧院建筑的身影，这与其影剧行业的曲折发展有关。清宣统元年（1909），英国人为庆祝英女王加冕，在崎碌集资演戏，是汕头放映电影的发端。后有国内外人士效法，但早期建筑多为临时性，如1922年设立的大观戏院仅为一竹屋。1923年英国人毗士设立的真光戏院，虽然效益甚佳，却系"盖蓬营业[①]"，其建筑的坚固性可想而知。1924年永平天台戏院开业，虽座为之满，但"旋被禁

图3-41 中华戏院
（图片来源：《厦门旧影》，上海古籍出版社，2007）

营业"，1927年，李作聪设光天戏院，也是"然数年而停业"。根据1947年《汕头指南》，汕头当时有大光明、中央、胜利等五家影剧院，应该说有一定的发展，但其繁荣程度尚不如厦门，值得一提的是，汕头却还有传统戏剧业5家，如老玉梨香、老怡梨春等，反映了当地对传统文化的热衷。

3.5.2 旅栈业建筑的对比

厦门与汕头作为华侨出入之要津，每年过关的人数都在数万以上，为满足南洋来往之客的住宿需求。因此旅社业发达，也催生了大量的旅馆客栈，单以数量而言，厦门要大于汕头，1947年厦门有旅馆客栈总数共201家，汕头则有147家。但在汕头这一类型的建筑却相较厦门更具特色，具体表现为以下几点：

第一，住宿与高档餐饮相结合的大型酒楼数量较多。

汕头旅栈业建筑可分为三类，高档者为酒楼，既可住客，又兼餐饮，中档者为旅

① 谢雪影. 汕头指南［M］. 汕头：汕头时事通讯社，1937：36.

图3-42　南生公司百货大楼
（图片来源：作者自摄）

馆，有时兼营餐饮，再次为客栈，只具有住客功能。有名的酒楼如安平路的联春园，醉白园，怀安街光华楼，万安街陶芳楼，善街楼外楼，永平路永平楼等，1947年这类酒楼有12家[1]，都采用住宿与餐饮相结合的方式，因此楼层数也较多，下层一般用作酒宴，上层再作为客房。同时这些名酒家汇集了当时堪称一流的潮菜名厨，成就了潮菜发展的鼎盛时期，虽然表现出一定的享乐性特征，但其与旅社业的结合也并非偶然，酒楼、茶楼这类建筑本身就是潮人习以为常的交流场所，高档旅社的客户以巨侨富贾为主，配套设置高档的餐饮功能显然利于商人们之间的交际活动。而反观厦门，虽然也不乏住宿与餐饮结合的例子，但像汕头这样以美食而闻名远近的酒楼式旅社却并不多见。

　　第二，建筑形象突出，具有地标性特征。

　　南生公司百货大楼是旧时汕头最知名的地标性建筑之一（图3-42），虽然以经营百货为名，其实也兼有酒楼和旅社的住宿功能，即1～2层经营百货业，3～4层为中央酒楼，5～7层为中央旅社，颇有些类似今日的商业综合体建筑。南生公司大楼位置极具区位优势，位于小公园商业中心的中心位置，中山纪念亭南侧，这一基地的特性也要求着标志性建筑对场所精神的完善。而南生公司的建筑造型正呼应了这一要求，与当时汕头大多数建筑不同，南生公司大楼造型极为丰富，平面大体呈扇形以顺应基地地形，从四层开始逐层后退，形成雄伟巍峨的视觉观感。由于立面较长，布置了两翼两座塔楼形成主副视觉中心，主塔楼形象依稀仍可见潮汕凹斗门楼的痕迹。门楼采用通高三层的巨柱式，顶起带有巴洛克曲线趣味的顶棚，下书"南生贸易公司"的楼名，楼名下为巴洛克式的椭圆形窗，而门楼上方一层有五角星和旗帜装饰，再上为层层收分的塔楼，以锥形屋顶结束。而副塔楼采用中心对称形式，底层为骑楼，二、三层采用通高两层的双柱限定为三开间，四层有雕饰精美的椭圆形窗，再上层仅中间开间升高为塔楼，顶部为凉亭。整座建筑装饰精美，造型时尚，引人瞩目，遂成为区域内无可争议的标志性建筑。

　　而1936年开业的永平酒楼，楼高八层，是继南生公司后汕市最雄伟的建筑物，也是改革开放之前全市的最高建筑（图3–43）。其1层为入口大堂，2～4层为酒楼，5～7层为旅社，虽然造型并不复杂，但却以高度取胜，故也有人叫它"擎天酒楼"，开业时，酒楼曾登报以"擎天酒楼"求冠首对联，应对者众，入选的其中一联是"擎出广寒宫，酒筵览醉韩江月；天然俱乐部，楼阁高凌妈屿云"。永平酒楼虽然楼层甚高，却也是当时流行的传统民居平面的楼化形式，沿街正立面对称，不设外廊，高两层、凹门斗形式的入口半圆形拱门作为视觉中心。正立面为三开间，竖向上通过叠柱以及阳台和屋檐的水平线条完成了立面总体构图的三段式划分，首层立柱较为简化，2～5层则采用方形的巨柱式，柱头为爱奥尼式样。6层为三段式的上端，采用方形短柱与小尺度圆形立柱相配合，以深远屋檐压顶，颇具有帕拉迪奥母题的韵味，

图3-43　汕头大厦（永平酒楼）
（图片来源：作者自摄）

图3-44　汕头大厦顶部细节
（图片来源：作者自摄）

中间则局部高起，设有山花（图3–44）。7～8层则局部后退。外立面细节上以中式木质窗扇和彩色玻璃为主要元素，阳台栏杆均为西式铁艺，在建筑内部则有高达4层的中庭，以当时建筑来说算得上气势恢宏，展现了较高的技术水平。

　　除此之外，其他酒楼如中原酒楼、西南通酒楼等建筑造型也颇具地标性特点，这里就不再赘述。标志性建筑的功能类型在一定程度上也是城市价值取向的反映，正如近代厦门的影剧院常成为地标建筑，或多或少反映了其城市氛围的娱乐性与休闲性。在汕头

图3-45　左二为汕头中央旅社客房室内陈设，右图厦门大千旅社客房室内陈设

建筑中，为华侨及本地商人提供商业洽谈、往来住宿的旅社酒楼成为标志性建筑，也是其浓厚商业氛围的反映。

第三，条件舒适，装修华丽，设备先进。

从一些历史资料中可以窥见当时大型旅社内部装修之华丽，陈设之讲究。图3-45为两张中央旅社（南生公司）的客房室内陈设照片，可以看出装修呈中式风格。天花板以花纹修饰，挂有多盏吊灯，墙上则挂字画对联，家具以红木为主，雕饰精美，地板以花砖铺设。此外开有至少两扇窗户，光线充足，与传统民居忌讳开窗而形成的昏暗空间是鲜明对比。这里也可以拿同时期厦门设施顶级的大千旅社来作一番对比，如图所示，其客房室内陈设与汕头中央旅社相比则显得较为平淡。

当时的广告也在一定程度反映出这些旅社客房的条件情况，如这张永平酒楼的广告（图3-46）写道，"房间宽敞、空气清爽，陈设雅致？冷暖浴室、侍奉殷勤[1]"，再如西南通大酒店的广告："西式厅房、空气凉爽，池盆浴室、冷热水喉，一切设备、美丽堂皇，招待周至，无负雅望"[2]。广告虽可能有所夸张，但也反映出一些客观事实，比如这些旅社都重视服务，配备了冷热水设备等。除此之外，电梯的引进也是一大特色，解放前汕头仅有三部电梯（图3-47），分别设置在中央旅社、永平酒楼和中原酒楼中（图3-48）。这些情况都反映出当时汕头大型旅社住宿的舒适与便利。

再来看厦门的旅社业，1937年厦门指南将其旅社业建筑分为两类，一为旅馆，二为客栈，其中旅馆"或有饭无菜，或饭菜俱无。大旅馆皆设有菜部，可自选择"，而"客栈与旅社不同之处，在专招待南洋各埠出入之客，设备多简陋。可代客订购船票及安置

① 谢雪影. 汕头指南［M］. 汕头：汕头时事通讯社，1937: 广告页.

② 谢雪影. 汕头指南［M］. 汕头：汕头时事通讯社，1937: 广告页.

图3-46　永平酒楼广告
（图片来源：《汕头指南》，汕头时事通讯社，1933）

图3-47　南生百货大楼内中央旅社电梯
（图片来源：佘嘉兴摄）

图3-48　鮀江旅社（原中原酒楼）
（图片来源：作者自摄）

货件"[1]，客栈是厦门旅社业的主体，数量占旅社业店家数量的86%[2]，而兼有住宿功能的酒店、酒家仅有"厦门""皇后""五洲"三家，可见大多数厦门旅社的餐饮配套应以实用便利为主，而一般不作为商务往来，交流聚会的场所。当然厦门并非没有酒楼业。

从建筑形态看，厦门大型旅社建筑一般造型较为简洁，与街景保持协调。如较知名的大千旅社（图3-49），由缅甸华侨曾上苑在1932年创办，位于大同路口，系钢筋混凝土结构的五层建筑，立面呈三段式划分，顶层做局部后退处理。以竖向几何线条做立面分割，整体风格稳重大方，却没有明显的视觉中心，个性并不突出。再如天仙旅社，为五层骑楼建筑，也为三段式立面，首层骑楼店铺，为中华书局。

第4和第5层分别以较深的压檐形成水平线条，这一点与大千旅社也是类似的，可见是当时较为普遍的设计手法。这些建筑规模并不算小，应该说也有相当的发展，但不像汕头发展成为突出的建筑类型。

---

① 苏警予，等. 厦门指南 [M]. 厦门：厦门新民书社，1931.

② 根据厦门指南第七篇，第1~6页旅馆与客栈资料统计。

图3-49　大千旅社
（图片来源：《厦门旧影新光》，厦门大学出版社，2008）

图3-50　消闲别墅
（图片来源：《厦门大观》，新绿书店，1947）

3.5.3　其他服务业建筑的对比

　　厦门服务业的娱乐与休闲特征也在舞场、浴场、咖啡馆、俱乐部、球室等场所建筑中有所体现。其中许多娱乐项目为舶来品，反映了侨乡善于吸收外来新鲜事物的特点。如咖啡馆就是因"时代进化，经营者知所趁时代潮流，设雅座，播音乐，以投客好"[①]的产物，这也可以与陈达先生所述，"社会地位较高的人家，不但用餐时饮咖啡，即在平常时间，亦以咖啡待客，往往用以代茶"的侨乡生活习惯相印证。而有些场所虽然数量不多，却也深受欢迎，如舞场在1947年有五家，但"夜夜客满，生意极盛"[②]。

　　这些场所有的为独立建筑，典型的如"消闲别墅浴室"，旧时厦门淡水缺乏，因此洗浴业因时而兴，除洗浴外，还附带按摩、刮痧、品茶、小酌、听曲等系列服务，也带有一定的交流功能。消闲别墅即是其中最有名者，位于思明北路路口，对面即是明戏院，建筑为四层骑楼，占地763平方米，建筑面积近2000平方米，也是该地段的标志性建筑之一（图3-50），但于1996年被拆除。

　　也有许多娱乐场所设于某一建筑内部，占据其中部分楼层，如仙乐舞场设于大千旅社四楼。蝴蝶舞场设于思明南路某建筑四层，该座建筑三层还设有咖啡馆。这与主要商业街区建筑多为骑楼的建筑形态有关，因底层做对外营业的商铺，因此通常不会整栋建筑用作单一功能。此外还包括一些综合性的娱乐建筑，如"大千娱乐场""兴南俱乐部"等，这类建筑在其中设有多个娱乐用房间，如兴南俱乐部就设有麻雀室、纸牌室、轮盘三中宝室、博弈室、小演艺场等。

　　而关于近代汕头的娱乐业，以及其所对应的建筑和场所，无论是史料或当代文献，记述都较为缺乏。虽不能就此断定当时汕市娱乐业并不发达，却也至少说明在人们的集

---

① 吴雅纯. 厦门大观［M］. 厦门：新绿书店，1947：144.
② 吴雅纯. 厦门大观［M］. 厦门：新绿书店，1947：144.

体记忆中，娱乐相关的内容并不占显著地位，人们更为津津乐道的是汕头当时百业俱兴，万商云集的兴旺景象。

3.5.4 两地侨乡社会经济结构差异对服务业建筑发展的影响

那么是何种原因导致厦门与汕头两地侨乡在服务业建筑发展倾向上的分野?这其中固然有经济和文化的原因，但两座城市不同的社会阶层结构应是导致差异的主要因素。因为服务业的内容与服务对象的主体特征直接相关，有闲阶级倾向于更多的消费和娱乐，穷人则无余财进行娱乐，再如华侨阶层可能乐于接受电影、跳舞等新式的娱乐内容，旧士绅则可能更乐热衷于传统戏曲，商人则更乐于前往能够提供商机，开拓人脉的场所，他们走南闯北，同时也希望在旅途中能有提供舒适睡眠、缓解疲劳的落脚之地。这几种类型的主体在厦门与汕头都有存在，有时是重合的，但构成比例却有所不同。

第一，从人口的职业结构看，在厦门方面，无业人口数量巨大，且作为其中重要组成的侨眷群体消费能力较强，这是其服务业建筑偏向于娱乐和休闲特征的重要原因。1931年厦门有职业者为43195人，而同年全市总人口是154367人[①]，72%的人口是无业者，而在1947年的调查中，无业53030人，占总人口37.84%[②]。无业人口众多可能因两种情况产生，其一可能是处于社会底层的失业人口较多，其二则在于厦门侨眷众多，可以依靠侨汇为生，不需要在外工作。底层失业人员无额外的消费能力，但侨眷的消费能力是较强的，他们无需工作，又较为富裕，因此可以花较多的时间和金钱在娱乐场所中。

而在汕头方面，社会阶层以商人为主体，相应的影响是服务业建筑也趋向于商务性特征。根据民国《潮州志》的统计，1946年汕头市工业人口占30%，商业人口占60%，其他为10%[③]，可见汕头并无太多有过剩消费力的无业人口，因此可以推想汕头民众在娱乐方面的需求也相对略少。

第二，厦门华侨家庭数量较汕头为多也是产生差异的一个方面。由于"华侨家庭之消费，实远高于非华侨之家庭"，如食物之消费，华侨家庭在非华侨家庭的两倍半以上。房屋之消费，在6倍以上，杂项消费则在3倍以上[④]，在这里娱乐应是在杂项费用中，而20世纪50年代，厦门华侨、归侨、侨眷占市区人口的10%[⑤]，而汕头则为4.89%[⑥]，明显低

---

① 苏警予，等. 厦门指南 [M]. 厦门：厦门新民书社，1931：第十篇五十八、六十九页。
② 民国福建各县（市）区户口统计资料（1912~1949）[M]. 福建省档案馆，1988. 转引自林星. 近代厦门人口变迁与城市现代化 [J]. 南方人口，2007（03）：43.
③ 饶宗颐总纂. 潮州志. 户口志. 统计图表 [M] 汕头：潮州修志馆，1949：9. 这一统计可能较为粗略，但应当能大体反映当时人口职业分布情况，且同时期似无更多相关资料饶宗颐总纂：《潮州志·实业志·商业》1949潮州修志馆。
④ 郑林宽. 福建华侨汇款. 民国时期社会调查丛编. 2编. 华侨卷 [M]. 福州：福建教育出版社，2009：797.
⑤ 林金枝. 论近代华侨在厦门的投资及其作用 [J]. 中国经济史研究，1987（04）：110.
⑥ 广东省侨务统计资料汇编1957年7月，转引自林金枝. 近代华侨在汕头地区的投资 [J] 汕头大学人文科学版，1986（04）。

于厦门，这也可作为厦门服务业建筑在娱乐消费方面强于汕头的一个佐证。

第三，从海关出入人口占总人口的比例来看，两地都表现出旅居型城市的特征，但汕头更为显著，继而影响到服务业建筑的发展倾向。（表3-7）列举了1935～1938年间两地华侨出入的数据，可以看到每年过关人数都在数万，而当时两座城市总人口都在20万上下，可见人口流动之巨，同时也可以看到厦门每年出入国人数一般低于汕头，当时人们往来南洋与国内之间主要是为生计奔波，而非观光旅游，娱乐并非他们的主要目的，因此可以理解汕头在旅社业方面发展更为显著，而娱乐业的发展则相对一般。由于华侨多从事商业，旅社业与餐饮业结合更迎合了他们商业往来，会晤交流的需要，因此相应发展起来的大型酒家型旅社也成为汕市最引人注目的建筑类型之一。

1935～1938年厦门与汕头口岸出入关人数对比　　　　表3-7

年份	厦门				汕头			
	出国人数	占当年总人口比例	回国人数	占当年总人口比例	出国人数	占当年总人口比例	回国人数	占当年总人口比例
1935	60599	33%	47411	26%	130766	67%	123768	63%
1936	65671	36%	50344	28%	91157	45%	49739	24%
1937	81139	31%	59470	22%	68661	33%	69474	34%
1938	27548	数据缺	14250	数据缺	59095	31%	22658	12%

（来源：本表结合厦门市地方志编纂委员会编《厦门市志》第一册第206页、郑林宽《民国时期社会调查丛编》，2编，华侨卷第845页《福建华侨汇款》、广东省汕头市地方志编纂委员会编《汕头市志》第一册，第423页，第四册，第546页等相关资料绘制）

概括来说，近代两地侨乡服务业发展影响下的建筑文化差异可以总结为表3-8：

服务业发展影响下的两地侨乡建筑文化比较　　　　表3-8

	闽南侨乡建筑文化的娱乐性特征	潮汕侨乡建筑文化的商务性特征
社会经济动因	厦门与汕头作为开埠港口，是华侨出入集散之地，人口众多，商旅辐辏，在娱乐、服务业上有较大需求量。同时，也是侨乡经济的消费性特色使然	
代表性建筑	影剧院建筑	旅社建筑
建筑特征	1. 侨资剧院建筑数量众多 2. 功能分区合理，设备完善 3. 突出的地标性，建筑层数较多，造型摩登时尚	1. 旅社居住、餐饮等综合性功能 2. 建筑形象突出，具有地标性特征 3. 条件舒适，装修华丽，设备先进
典型实例	思明戏院、开明戏院、中华戏院等	汕头大厦、南生公司大楼、中原酒楼等
其他建筑类型	舞场、浴场、俱乐部等娱乐性建筑	较少记载
社会经济动因	无业人口比例较大，其中较多为侨眷，华侨家庭比例较大，城市消费能力较强	1. 侨民为代表的商人是主要社会阶层，有商务往来需要 2. 过关华侨更多，人口流动性更强于厦门

第4章　近代华侨文化影响下的两地侨乡建筑审美文化差异

近代闽南与潮汕地区社会经济的发展最终推动了文化的转型，使传统乡土文化演变为具有近代化特征的侨乡文化。在文化转型影响下，两地侨乡中外建筑审美文化发生了不同的冲突、分化和整合现象。出于对外来建筑文化接触和认同程度的不同，两地侨乡建筑审美文化冲突表现出整体性和局部性差异；出于对本土建筑文化延续和发展方向的分歧，两地侨乡建筑审美文化分别表现出破旧立新和继承创新的差异；而出于文化心理和思维方式的区别，两地侨乡中外建筑文化在具体的整合过程中又表现出外向兼容和内向吸纳的差异。

在近代闽南与潮汕侨乡的文化转型中，外国殖民文化的侵入，新兴华侨文化与传统士绅文化的相互作用，社会俗尚的西化等因素都是影响建筑审美文化发展的变量，这些因素导致了中外建筑文化的冲突融合。两地侨乡建筑文化分异的焦点集中于对待本土传统的态度上，近代闽南侨乡建筑文化倾向于破旧立新，对外来建筑文化进行外向整合；而潮汕侨乡则倾向于继承创新，对外来建筑文化进行内向吸收。

4.1 两地侨乡近代建筑发展的文化背景

4.1.1 殖民文化的影响

4.1.1.1 近代两地侨乡的殖民文化与华侨文化的关系

在近代闽南与潮汕侨乡，殖民文化与侨乡文化之间在一定程度上存在着先后承继的关系。这种关系的生成既包括具体历史事件的影响，也包括宏观的社会历史发展逻辑的作用。一方面，殖民化是导致侨乡化的直接因素之一，尽管闽南和潮汕地区自古就有向海外迁民的历史，但真正大规模的往来于南洋和大陆之间还是在鸦片战争以后[①]，而厦门和汕头作为开埠港口，率先并集中性的受到华侨的影响。另一方面，两地侨乡民居文化的发展相当程度上是对之前殖民者所传入的外来文化的吸收与转化，在这其中，租界是一个相当重要的因素，由于"设有租界的约开商埠与没有设立租界的约开商埠有很大的区别，近代以来，租界被称为'国中之国'，之所以如此，就在于租界是被外国用强力将其从中国政府的统治机制中分离开来，脱离了中国城市的发展常规……在其财富资金的转移过程中，也有少数的资产积淀下来，以及某些西方文明的示范和城市的管理与建设的展示，从而推动了这些城市的发展"[②]，因此租界的设立与否在相当程度上决定了两地侨乡建筑文化发展的走向。

近代两地侨乡中外建筑文化的冲突是以厦门和汕头两个港口城市开埠通商为起点的。厦门是第一次鸦片战争后《南京条约》所立四个通商口岸之一，与1842年正式开埠，而汕头则为第二次鸦片战争后《天津条约》的约开口岸，于1860年正式开埠，二者时间差距有18年，因此闽南地区遭到西方殖民文化的入侵要稍早一些。早在1860年汕头第一座殖民建筑英国领事馆建造以前，厦门已至少有鼓浪屿的英国领事馆（1844）、英

图4-1 厦门海后滩英租界全景
（图片来源：《厦门旧影》，上海古籍出版社，2007）

商和记（1845）、西班牙领事馆（1850），以及英租界的德记、和记、宝记商行等一批殖民建筑建造完毕，已初步形成了具有完整印象的西式建筑群景观（图4-1）。到19世纪80、90年代，殖民建筑在厦门的兴建达到高峰期，而同一时期在汕头仍仅有寥寥数座领事馆和教堂得以兴建。因此就殖民者引入外来建筑文化的时间而言，闽南显然早于潮汕，而在这段时间差内，外来建筑文化在闽南也得到了较为充分的传播。

华侨的引进是中外建筑文化接触的另一种重要途径，两地口岸华工的出洋时间问题，由于人是建筑文化交流的媒介，这一因素对侨乡建筑文化的形成是有重要影响的。尽管闽南和潮汕地区自古就有向海外迁民的历史，但真正大规模的移居南洋还是以鸦片战争以后华工出洋应募建设南洋各埠开始，称为契约移民。在福建方面，据戴一峰的统计，"1840～1841年共5063名华工进入英属马来亚，19世纪40年代中期，每年约有1万名华工进入新加坡；1848年头几个月，有10475名华工进入新加坡。据此，我们可以估计1841～1850年间每年进入东南亚的华工人数约为一万名，以福建籍占30%计，则为3千名，10年共计3万名……，而从1841～1875年，福建华侨出国人数估计为525300人"[①]。而在潮汕方面，由于1852年厦门人民反对英国掠贩中国苦力的斗争，殖民者掠夺中国劳动力的中心便转移至汕头、香港、澳门等地。据相关资料统计，从1852～1858年，从南澳和妈屿掠运出洋的华工达4万名之多，而在1878～1898年，从汕头出国往东南亚的华工约为151万名[②]。可见与之前民众的零散出洋相比，鸦片战争以后，闽南与潮汕地区主要以华工苦力的形式出洋的数量是惊人的，由于大量的人员出国并返乡，从而才使得大规模的建筑文化交流得以促成。同时也可以看到，厦门与汕头开埠时间差异导致了两地华工大规模出洋时间有先后之别。闽南华工大规模出国从1840～1841年开始，而汕头则最早是从1852年开始的。因此从这一角度看，闽南华侨群体接触外来接触文化的时间也要长于潮汕华侨。

① 戴一峰. 近代福建华侨出入国规模及其发展变化［J］. 华侨华人历史研究. 1988（02）：36.
② 王琳乾，吴坤祥. 早期华侨与契约华工（卖猪仔）资料［M］. 汕头：潮汕历史文化研究中心，2002：3.

4.1.1.2 华侨海外侨居地的殖民文化特征

建筑文化冲突的空间范围并不局限于闽南或潮汕本地区域范围内，也非局限于物质性的建筑现象表现，当两地华侨来往于南洋与家乡之间，其对外域建筑景象的所见所感与头脑中原有的传统建筑观念发生接触和碰撞时，建筑文化的冲突就已经发生了。因此冲突的空间边界可以延伸到近代两地华侨的主要活动范围，即需要把华侨的侨居地纳入考察的范围。而近代闽南与潮汕华侨主要侨居地的差异，决定了二者建筑文化发生冲突的空间范围也有整体性和局部性的区别。

尽管近代闽南和潮汕地区侨民在海外的侨居地都以东南亚为主，但在具体分布上也有所不同。这是由二者不同的地缘位置决定的，由于近代航路仍以靠近大陆的近海为便，闽南华侨多由厦门港出洋，航线偏东南，到达地以新加坡、印尼、马来西亚和菲律宾为主，潮汕华侨大都由汕头港出发，航向略偏西南，到达地以泰国、马来亚、缅甸、越南为主。由此相应形成不同的主要侨居地。而在侨居地的建筑文化方面，近代南洋国家大多仍为西方列强的殖民地。其中新加坡在1819~1942年期间属英国殖民地，马来西亚则在1511~1957年长达400年的历史里分属葡萄牙、荷兰及英国的殖民地，印度尼西亚从16世纪初到1949年属荷兰殖民地，而菲律宾则从1521年开始成为西班牙殖民地，1898~1946年间成为美国殖民地。可以看出，闽南华侨的主要侨居地当时大多为西方列强的殖民地，宗主国的建筑文化对其殖民地的建筑有着重大影响，虽然其中也因受各殖民地本土人文地理和气候条件的影响而有所变异。但在上层社会的住宅和重要公共建筑中，西化的影响是极为鲜明的，并且英、美、荷、西等国的建筑也在相当程度上可以代表西方建筑文化的整体风貌，因此闽南华侨虽然大多并不前往欧美本国，但在其侨居地也能感受到较为全面的西方建筑文化冲击。

而在潮汕方面情况则有所不同，尽管近代潮汕华侨在新马、印尼等地也有分布，但还是以暹罗（泰国）为主，据1953年出版由谢犹荣编著的《新编暹罗国志》估计，泰国当时有华侨369万，其中潮州人占60%，应有221.4万人。1959年出版的《泰国华侨志》说，泰国华侨华人共369万人，其中潮州人占80%，据此算出潮人有295.2万。越南1962年约有华侨36万人。与东南亚大多数国家都有被殖民的历史不同，泰国是东南亚地区近代唯一没有沦为西方殖民地的国家，因此相应的受西方建筑文化入侵的影响也最小。而其作为潮汕华侨最主要的侨居地，其可以经由华侨引进潮汕地区的西方建筑文化显然也就相比闽南要少的多了。同时泰国自古以来深受中华文明影响，尽管也表现出自己的特色，但总体来说并不像西方文化那样表现为一种强势文化，因此潮汕侨乡建筑文化中来自泰国的影响也是不多的。除泰国外，潮汕华侨在南洋其他地区的分布相对较少，依次为马来西亚（据1947年的资料显示有36万人），新加坡（1937年8万人，1941年15万人），印尼（1934年12万人），柬埔寨（1962年21万人）^①，不构成潮籍华侨的主体，因此从这一方面说，潮汕侨乡通过海外华侨所接触到的中外建筑文化冲突也是不完全和碎片化的，具有局部性的特点。

4.1.2　从士绅文化到华侨文化

当新兴阶级拥有了足以改变其社会地位的能量时，通常的选择是去跻身于这个社会业已存在的上层阶级，并且使自己的生活起居，行为习惯接近于上层阶级，具体表现就是效仿上层阶级的建筑样式、穿着服饰、饮食习惯等。在近代华侨阶层形成的早期阶段，闽南和潮汕华侨都是倾向于认同和效仿地方社会原有的权势阶层，即传统的士绅阶层，而伴随着一系列重要的历史变革，社会变迁和时代精神的转变，两地华侨的意识形态才开始出现了分歧，在闽南地区，华侨的资产阶级意识上升较为明显，其社会行为也倾向于背离传统社会的士绅阶层，而潮汕华侨仍更多的追慕于传统，对于传统的士绅权力表现出更多的认同。

4.1.2.1　早期闽南与潮汕华侨共同的传统士绅意识

早期华侨所向往和仿效的士绅是旧有地方社会的统治阶级。在明清中国社会，尽管有大一统的中央国家政权存在，但国家的权力只能延伸到县一级，广大地方基层社会的权力掌握在士绅这一个特殊的群体手中，即表现出"二元社会控制体系"的特征^②，士绅权力的生成来源于国家权力对基层社会的微弱的控制力，并且因对文化资源的垄断而获得社会声望。受到乡民的敬仰和服从。赫秉健写道："具有文化知识的绅士，不仅熟悉作为主导意识形态的儒家文化，被人们看作是规范的解释者和象征"^③。这样一个受到人们敬仰并在事实上掌控着地方经济命脉与社会权力的阶层，早期富裕起来的华侨想要跻身于其中是自然而然的。

士绅是国家权力在基层社会的代言人，起到协调官府与民众之间关系的作用，同时在一定范围内，士绅代替国家进行各种地方建设，举办各种公益事业，包括兴修水利、兴办慈善、赈济灾民等。而相对应的，一部分没有通过科举考取功名的人士也可通过造福家乡获取国家认同而进入士绅阶层，这也是国家利用地方势力治理基层社会的一种策略，早期华侨的许多社会公益活动正是这一现象的反映。

清末华侨获得正式的士绅身份主要是通过政府的卖官鬻爵实现的，庄国土指出；

---

① 汕头市归国华侨联合会. 汕头华侨志. 上册 [M]. 汕头: 汕头市人民政府侨务办公室, 1990: 14-15.

② 傅衣凌. 中国传统社会: 多元的结构 [J]. 中国社会经济史研究, 1988（03）: 2.

③ 赫秉健. 试论绅权 [J]. 清史研究, 1997（05）: 24.

"晚清时期华侨捐款主要用于赈灾和买爵，而这两方面有时又是互相联系的，即捐款济灾后清政府常授以爵位"[①]。"当时，授予品级从郎中到九品，外官从道台到贡监，武职官衔从游击到千总、把总，华侨只要捐钱，均可授予。之后，经多次调整，劝捐条件越来越优惠，官也越捐越大。到1899年，文官衔可卖至二品顶戴，盐运使、武官衔可卖到副将"[②]，这一方面反映了政府对华侨的拉拢和引诱，另一方面也确实反映了华侨对于获得士绅地位的需求，当时，华侨为光宗耀祖，提高社会地位向清廷捐官蔚然成风，黄遵宪任新加坡总领事期内，许多华侨商人"多捐巨款、竞邀封衔翎顶以器荣幸"[③]。到"1911年以前，新加坡已有九百人买得官衔"[④]，早期捐官仅为虚衔，到光绪后期，为了满足财政需要，清廷也开始奖售实官，"华侨富商如张弼士、张榕轩、张耀轩、胡子春、谢荣光、梁碧如、戴喜云、吴寿珍、黄亚福等人，或因捐纳报效多，或因投资规模大，或因热心办学，有的被任为有实职实权的铁路帮办、总办、闽广农工路矿大臣、闽省商办矿务总办、海南垦荒开矿督办；有的身兼侨居地领事、副领事、商务大臣、管学大臣等；还有的获慈禧、光绪召见，赏以头二品花翎顶戴"。反映出华侨社会权势的提升。

　　而在社会活动上，早期华侨普遍热心地方公益事业，这一方面反映了他们急公好义，造福乡里的桑梓情怀，同时也应该看到，这些行为很大程度上也是对传统士绅行为的继承。在闽南，如印尼华侨黄志信"丁酉（1897年）修造灌口前场路，长五六里。己亥（1899年），灌饥，米斗千文，汇洋五千元，在灌设平粜局。辛丑（1901年）捐金七千，重修凤山庙[⑤]；勝律华侨柯祖仕"置祀田为祖祠祭费，设义塾供人来学。每值故乡荒年，购米平粜，迭糜巨金。其余如捐修庙宇、舍药施茶、刊刷善书及筑桥造路，诸善举悉彰彰在人耳目，其尤著者则在于赈贫困恤孤寡，岁以为常"[⑥]。在潮汕，最著名的莫过于在马润、郑智勇、马元利、蚁光炎等众多华侨的努力下重新发扬光大的善堂文化，这些事例不胜枚举。郑振满在研究近代闽南华侨对地方建设活动的推动作用时指出，"这些大型的公共工程，原来照例是由官府或士绅发起修建的，自晚清以降则主要由华侨或侨眷主持修建，由此不难看出当地社会权势的转移"[⑦]。而关于潮汕侨乡，陈春声也提出了类似的观点："具有跨国活动性质的华侨商人，在许多方面起着与传统时期

① 庄国土. 晚清政府争取华侨经济的措施及其成效——晚清华侨政策研究之三 [J]. 南洋问题，1984（08）：43.

② 周南京. 华侨华人百科全书. 法律条例政策卷 [M]. 北京：中国华侨出版社，2000：59.

③ 《清季外交史料》卷87，转引自庄国土. 晚清政府争取华侨经济的措施及其成效——晚清华侨政策研究之三 [J]. 南洋问题，1984（08）：44.

④ Yen Ching-Hwang. overseas Chinese Nationalism in Singapore and Malaya 1877—1922 [J]. Modern Asian Studies，1982（03）：45.

⑤ 厦门市同安区地方志编纂委员会办公室，吴锡璜. 同安县志. 卷三十六. 人物录. 华侨 [M]. 厦门，2007：1187.

⑥ 厦门市同安区地方志编纂委员会办公室，吴锡璜. 同安县志. 卷三十六. 人物录. 华侨 [M]. 厦门，2007：1187.

⑦ 郑振满. 国际化与地方化——近代闽南侨乡的社会文化变迁 [J]. 近代史研究，2010（02）：348.

乡绅同样的作用，在侨乡的社会事务和公共管理中扮演者日益重要的角色。"[①]可以看出在晚清社会的侨乡地区，原本属于传统士绅的社会权势转移到华侨群体手中，值得注意的是，权力的所有者虽然发生了更替，但权力机制仍按原有的模式发生作用，整个社会结构系统并未发生质的变化，无论在闽南还是潮汕侨乡，传统的意识形态仍然控制着华侨群体的社会行为。

然而随着清王朝的覆灭以及列强侵略的加剧，传统的社会结构势必难以维系，国家——士绅——大众这种二元社会控制体系失去了其赖以维系的凭依，而传统农业社会经济模式的瓦解，工商业的兴起又预示了新的社会结构的可能，在这一历史变局下，闽南和潮汕华侨热衷于士绅身份的群体观念开始发生变化，但却因二者不同的地域传统，不同的历史境遇等因素而表现出不同的发展倾向。总的说来，闽南华侨的观念开始表现出更多资产阶级的意识形态特征，而潮汕华侨则表现出对传统的持守态度，并表现出以商人道德对儒家伦理进行改良的倾向。

4.1.2.2 闽南华侨身份意识的发展：传统士绅观念与新意识形态的并置

华侨对乡绅身份的向往与其浓厚的乡族观念密不可分，然而，乡族组织虽然在某些方面对工商业发展有一定帮助，但总体来说是严重的束缚[②]。对于华侨来说，新的阶级意识的形成需以破除乡族观念的束缚为前提，而随着近代中国国家观念的形成、工商业的勃兴和西方自由民主观念的引进，传统国家与乡族的关系发生了松动。在闽南，以华侨为代表的商人群体开始寻求自己所属阶层的独立性，对传统乡绅身份的向往开始由新的民族资产阶级意识所替代，这一过程表现为两个方面：一是从偏狭的、小集体的乡族观念到整体的、国家民族观念的转变；二是从忽视个人、埋没个性的乡族观念到崇尚表达自我的个体观念的转变。当然需要指出的是，在闽南，这种转变过程并不彻底，尤其是华侨海内外社会网络在一定程度上对乡族的观念还有所加强。大多数时候，民国时期的闽南华侨群体，在观念上处于新旧两种意识形态并存的状态。

另外一个辅助说明的因素是近代闽南社会阶层的商绅对流现象，正如之前所说，早期华侨对乡绅阶层有向往和依附的心理，但到民国时期，这种现象开始转变，以泉州为例，陈泗东的《幸园笔耕录》记载了陈仲瑾（1879—1963，南洋华侨，曾任泉州商会长，引言中秀才陈张荣之子）一段反映乡绅与华侨关系变迁的谈话：

"戊戌变法之前，泉州华侨敬重绅士，巴结绅士。南安南厅村菲侨林露，营造巨屋，人称'有林露的富，无林露的厝'。对泉州当时的翰林陈棨仁，进士黄谋烈，非常奉承，

---

① 陈春声. 海外移民与地方社会的转型——论清末潮州社会向"侨乡"的转变. 人类学与乡土中国——人类学高级论坛 2005卷 [M]. 哈尔滨：黑龙江人民出版社，2005：347.

② 关于乡族对于工商业发展的束缚，可以参考傅衣凌"论乡族势力对于中国封建经济的干涉"《明清社会经济史论文集》。

多方设法与他们结亲……其时华侨多与绅士论婚嫁，女儿嫁到绅士家需多陪嫁妆奁，面绅士之女儿尚不大肯嫁给华侨……"

而到20世纪20、30年代，又是另外一副光景：

"此时绅士谋娶华侨之女为媳或多方设法把女儿嫁到巨侨家，事例甚多。从前巨侨回乡常要先宴请绅士，以求庇护。现则绅士先请华侨，以揩其油。1938年我到香港以及后来到菲为救济灾民和募捐，其情况与初次至菲不同，要多方说好话，托人拉关系，有钱人架子大，不能平起平坐了。"

可以看出，近代闽南华侨的社会地位经历了从攀附乡绅，到与乡绅平起平坐，再到乡绅反过来攀附华侨的戏剧性变化。这也从侧面说明华侨与乡绅的阶层原本就一直存在距离，而到了华侨力量强大的20世纪20、30年代，华侨已经俨然成为新兴的社会权势阶层，不再需要依附于乡绅的意识形态，模仿反映乡绅意识形态的饮食、服饰和建筑了，这种情况下，在建筑方面，选择一种符合自己身份的新的建筑样式表达就成为必然。

4.1.2.3 潮汕华侨：对乡族观念的持守以及对儒家伦理的商人诠释

近代潮汕华侨也具有同样浓厚的乡族观念，但与发展到民国时期新旧意识形态并存的闽南华侨不同的是，对于大多数潮汕华侨来说，传统的乡族观念直到民国后期也居于主导地位，新的阶级意识表现的并不明显。与此相对应的是，潮汕华侨对于乡绅身份的仿效也是贯穿于整个近代时期的，因此不需要借助于新的建筑样式来表达自我身份，这是近代潮汕侨乡建筑保持传统风貌在意识形态上的主要原因。

值得指出的是，潮汕华侨对传统观念的坚持也并非是一种僵化和守旧，在近代社会剧烈变迁的背景下，固守传统，故步自封毫无疑问没有出路，问题在于用何种方式以适应社会的变迁。与闽南华侨相比，潮汕华侨群体选择了更为温和的方式，即通过对传统的改良以适应社会变迁。而这种改良又是通过以商人伦理对儒家学说进行再诠释实现的。以潮汕社会对韩愈的崇拜为例来说，黄挺认为：

"'忠'和'勇'不但是儒士们所歆慕的品格，也应该成为所有潮州人所追求的精神。正是因为这一点，韩文公成为潮州人最崇拜的神祇之一……韩文公是潮汕人的导师，当然也是潮州商人的导师。在清代苏州会馆里供奉韩文公，这实际上寄托了那一个时期潮州商人对儒者身份的向往和对儒家道德理想的倾慕。这种向往和倾慕，最终锻炼成潮州商人的文化精神。[①]"

可见近代以华侨为代表的潮汕商人能够从儒道中汲取经商的智慧，在这里，儒家观念并不局限于社会伦理关系，而是超脱成为一种精神信仰和意识形态，或许也正是因为

---

① 黄挺. 清代潮州商人与韩愈崇拜. 2009中国·潮州韩愈国际学术研讨会［C］. 2009: 63.

潮汕人对传统儒家道德的持守与笃慕，才使得近代潮汕侨乡建筑文化在外来文化强烈冲击的时代背景下仍旧以传统为根本作出应对和调整，并表现出与近代闽南侨乡建筑不一样的文化特色。

4.1.3　西风东渐下社会风尚的变迁

4.1.3.1　对待西方事物所采取的认同先于理解的外向姿态

在近代侨乡，外来建筑样式的流行并不是孤立的文化现象，而是整个社会西化风尚的一部分，即在衣食住行等各个方面，侨乡风俗都有明显的西化倾向。如陈达描述华侨的服饰说，"喜欢西服的时风，在一部分的青年是极盛的，特别是学生或与外洋有过接触的人。某华侨子弟，年约十八，一日举一套白色佛兰绒西装相示，价值比类似的中装要大三倍。著者问：'在乡村何必著西装？'其答案是：'和我年纪相似的朋友们都喜欢用西式服装'"[①]。再如饮食习惯，"社会地位较高的人家，不但用餐时饮咖啡，且在平常时间，亦已咖啡款客，往往用以代茶。清晨未起休的时候，常常听见小孩们叫卖咖啡之声，因有许多人用早餐时，就喝一杯咖啡，再加饼干一类的食品"[②]。西式风尚达到一定程度，不免出现'凡是西洋的东西就是好的、体面的'这一心理，尤其在衣食住行四者中，房屋的知识最难为普通人所把握，即使是在本土传统房屋的建造中，建造技术和风水之说也掌握在工匠和风水师手中，讳莫若深。而有关西洋的建筑风格、历史渊源、技术内涵等专业知识，更不是一般民众所能掌握，即使在那些认同并选择西式建筑风格来建造房屋的华侨中间，往往也是出于对一切西方事物的认同心理，爱屋及乌，却对其内涵缺乏认知。对西式建筑的模仿往往流于表面，成为一种"表皮建筑"，体现在主体心理的文化抉择中，由于主体认知的局限性而无法取得更深入的发展。因此尽管侨乡社会对西方文化的认同表现出开放性的姿态，但这种开放是一种感官经验式的开放，而没有达到理论的高度。当然，从建筑审美文化的角度来说，主体经验直观式的借鉴吸收也使华侨建筑风格呈现出自然活泼，不拘一格的情趣，而没有学院派建筑常有的脱离实际，矫揉造作之气，并在大量的建筑实践中逐渐摸索出具有充分自然适应性和社会适应性的建筑形态。

4.1.3.2　中外混杂、多元融合的近代侨乡风俗

尽管近代侨乡民众表现出对外来文化的明显尊崇，但传统乡土文化仍然根深蒂固，在这种双重影响下，侨乡社会文化通常都表现出中外混杂，多元整合的特征。如语言方

---

①　陈达. 南洋华侨与闽粤社会［M］. 北京：商务印书馆，1939：102.

②　陈达. 南洋华侨与闽粤社会［M］. 北京：商务印书馆，1939：114.

面，闽南和潮汕地区都有本地方言借用外国词汇而来形成的"番客话"；服饰方面，"有些归侨或侨属男士，穿戴也别具一格，如上着白领西服，下穿香云纱宽大叉式汉装裤，头戴呢帽，足穿圆口黑布鞋。这种中西合璧的男女服饰打扮，乍看起来不伦不类，但后来穿的人多了，反而成为一度流行的时髦服饰"[①]；婚假喜事中，有的侨乡"新婚之礼亦杂旧礼行之。纳彩，过定，送日子等事，均多仍旧，惟结婚之日另设礼堂，礼节照现在规定之新礼行之"[②]。再如侨乡教育中，新学和旧俗也有相似的融合现象，如陈达描述和评论的，"闽南某华侨社区，其祠堂内有一匾，颜曰'法学博士'，旧制度和新文化相调和"，再如"潮州某华侨社区，在街巷间往往贴有小学毕业生的告白，红纸黑字，类似前清的'喜报'……这种旧习惯的精神，至今还是保存，分明和新环境相调和了"[③]。我们常以"中西合璧"来形容侨乡建筑文化现象，而在此也可以看到，这种现象绝非孤例，而是普遍出现在侨乡文化的方方面面中，对于这些俗尚的了解，也可以辅助加深我们对侨乡建筑文化的认识。中外文化相融的原因是复杂的，有时是出于务实性的选择，有时则表现为对流行风尚的从众行为。但无论何种情况，对外来事物需先产生认知然后再发生选择，而认知则是以侨民原有的知识结构和经验阅历为基础的，即他们头脑中原有的本土文化成为认识外来新事物的坐标原点。如潮汕侨民过去把西历元旦称为"红毛正"，不少乡亲都记得"冬至十日后，便是红毛正"[④]，正是在中国农历知识的基础上，来认识外来的西历，而以本土的、中国的知识经验为原点，去认识和理解西方文化，就产生外向和内向的趋向差异，内向的文化心态试图将外来文化纳入原有的知识经验结构之内，以本土文化解释外来文化，而外向的文化心态则倾向于获得外来文化的客观知识，并对其结构体系和价值取向有所理解，当然对于民间文化来说，这种理解往往并非理性逻辑思维的结果，而更多的是感性上的认知和体悟。

4.2 整体性与局部性：近代两地侨乡的建筑审美文化冲突差异

4.2.1 冲突内容的整体性与局部性差异

中外建筑审美文化冲突的内容非常广泛，在物质层面如建筑外在的功能类型、造型样式、装饰语言等，内在的平面、空间组织；而在制度和技术层面则涉及相关的营建体系、法规条例、材料和技术工艺；在精神层面则包括各种生活生产的价值理念、审美心

---

① 郑梦星：晋江侨乡的形成及其民俗. 晋江文史资料选辑第十六辑 [M]. 晋江：福建省晋江市委员会文史资料工作组，1994：30.

② 温廷敬总纂. 新修大埔县志. 卷七. 礼乐志 [M]，1943年铅印本.

③ 陈达. 南洋华侨与闽粤社会 [M]. 北京：商务印书馆，1939：291.

④ 沈敏. 潮州年节风俗谈 [M]. 汕头：新轮印务局，1937：168.

理。而受冲突双方的文化势差以及冲突的规模所限，冲突不一定能囊括建筑文化的所有内容，局部性冲突大多仅涉及建筑文化的表层的、外在的层面。而整体性的冲突特征首先在于冲突内容的广泛，进而由这种广泛性达到的深度性，即由表层冲突发展到建筑内在价值理念的冲突。从这一角度来说，近代闽南侨乡建筑文化冲突在内容上更具整体性，而潮汕侨乡则表现为局部性。这一差异取决于二者不同的历史境遇，具体表现为租界的建立与否。尽管租界毫无疑问有着侵略性的一面，但客观上集中展示了西方文明的城市建设经验和成果，推动了城市的发展，厦门和汕头虽同为开埠城市，但厦门辟有英租界和鼓浪屿公共租界，汕头则无，这其中差异甚大，外国建筑文化托庇于租界，从而以更完整的内容对闽南当地建筑文化形成冲突，并借此影响到闽南侨乡建筑文化的风貌。而在潮汕侨乡，外来建筑文化无租界之优势，只能以不完整的内容施以局部的影响。

4.2.1.1　近代闽南侨乡中外建筑文化冲突内容的整体性

在近代闽南侨乡，中外建筑审美文化冲突在各地和各个时间段都有发生，但集中表现为租界殖民式建筑在厦门的大量建造。厦门近代建筑的发展可分为两个阶段，第一阶段以即租界殖民式建筑为代表，其建造活动主要集中于19世纪40年代到20世纪10年代之间，也正是在这一时期，闽南民众才开始有大规模的出洋活动，此时闽南虽成为侨乡，但侨民的建造活动相对较少，侨乡建筑作为一种建筑文化也尚未成型。而从20世纪初至20世纪中叶，是厦门近代建筑发展的第二阶段，同时也相应的是闽南侨乡建筑文化的发展和繁荣时期，这其中又以20、30年代为极盛期，这时华侨资本已有相当的积累，因而华侨及侨眷有能力进行大规模的建造活动。可以看出，租界殖民式建筑与厦门乃至整个闽南的侨乡建筑有着明显的先后承继关系，侨乡建筑特有的文化特色也相当程度上是以租界建筑为代表的殖民建筑文化与本地建筑传统相互冲突的结果，这种冲突在内容上具有由表及里的整体性特征，具体表现为内外两个层面：

从建筑文化冲突的表层内容来看，借租界之便，近代厦门所建造的殖民式建筑数量和类型众多，形成了具有完整性的建筑设施体系和西式建筑景观风貌，与地方旧有的传统城市建筑景观形成鲜明对比，中西两种建筑风貌同处一城又截然分开，各自自成一体，于是冲突不是呈零散的相互渗透，而是以整体性冲突为前提的。19世纪末的厦门海后滩英租界，已是遍布银行、洋行、货栈、码头、常关、税厘分局、邮政局的繁荣商业区，大量的殖民式建筑在此建造，建筑式样多为外廊形式。而在区域规划上，采用方格网的道路布局，主要道路都通向码头，以沟通海运为特征（图4-2）。英租界主要为商贸区域，而鼓浪屿则逐渐成为外国人的行政和生活区域。虽然鼓浪屿到1903年才设为公共租界，但早在1844年已是划定的外国人居留区，各国领事馆多在这里建立，除领事建筑外，鼓浪屿的殖民建筑主要包括住宅、公馆、学校、医院、教堂、公共企事业、洋行

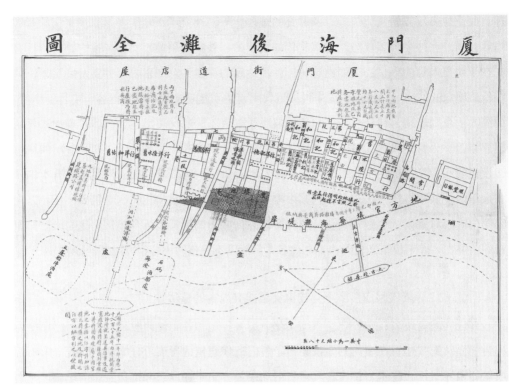

图4-2 厦门海后滩全图
（图片来源：厦门市档案馆）

图4-3 鼓浪屿全景图（外廊式建筑居多）
（图片来源：《厦门旧影》，上海古籍出版社，2007）

货栈等诸多类型，从历史照片中也可以一窥殖民式建筑在当时建造数量之大、类型之丰富。在英租界和鼓浪屿公共租界，中国传统城镇的风貌已荡然无存，取而代之的是一派异域风情（图4-3），由此在租界内外，产生了中外建筑文化在空间上的对峙，这是冲突内容整体性外在的表现形式。

而在冲突内容的内在层面，冲突并非仅仅是表面上租界和租界外传统城市空间的静态对峙，在时间积累之下，对社会经济文化发展更具适应性的一方对另一方产生示范作用，从而影响其形态，这是整体性冲突的特殊作用机制，即非通过单一的建筑形象或技术等内容对冲突方产生影响，而是通过建筑文化彰显整体的社会文明，从而影响另一方建筑文化的价值取向。租界的特殊性使得这种整体性冲突得以发生。这是因为租界并非是西式建筑的简单堆积，而是展现了近代西方文明的一些先进成果。以公共租界鼓浪屿为例，1878～1901年鼓浪屿岛上修路，1903年又成立了工部局负责建设管理，解决用电、用水、卫生等问题，市政建设取得了较好的成果，形成了舒适、便利、卫生的生活环境。而与此同时，租界外厦门本岛的旧城区则是鲜明的对比，地少人多，卫生堪忧，生活环境极为恶劣，美国人毕腓力这样描述厦门城："在这里我们看到异乎寻常的现象，听到稀奇古怪的喧闹。走过弯弯曲曲而又极为狭窄的街道，又穿过许多泥沼和垃圾。你无法想象这些街道是多么令人作呕的地方。用诗人所说的'好几种说得上的不同臭味'，你每走一步都可以闻得到"[①]。他在描述普通住家的生活环境时写道，"这些房屋尽在阴暗郁闷之处，一下子就发现阳光极少照射进来，没装玻璃的窗户比小洞眼大不了多少，还常常用木窗帘关着，令人愉悦的阳光怎能进到里面！这个城市需要阳光以及生命之光，这些家庭也同样需要"[②]。毕腓力的评论实际上也反映了当时西方人对于应有的生活形态的判断，狭窄污秽的街道，黑暗潮湿的居住空间不符合他们观念中健康卫生、安全舒适的生活标准，这些对今天来说可能是起码的要求，但对于当时大多数国人来说却是奢望，许多人为了生存已是竭尽努力。而近代城市改造中，健康与卫生也成为施政者的部分城市理想。从本质上来说，侨乡之所以成为侨乡，正是国内的生存环境难以满足这些基本要求，使民众不得不冒险出洋，以寻求那安定富足生活的一线希望。而与此同时，租界却以西方的标准提供了一套更好的生活形态的模板，这并非是一座住宅，一条街道带来的单一作用，而是以建筑为基本单元，营建涵盖居住、商业、教育、宗教、医疗等生产生活环境的一整套城市设施，从而体现出当时西方生活形态相较于地方旧有生活形态所拥有的整体性优势，并且借助于殖民者的政治经济特权，这种优势更显巨大。因此华侨具备一定经济实力后，开始纷纷在鼓浪屿置地办业，并在20世纪20年代达到高潮，据统计，到20世纪30年代，仅华侨与侨眷在鼓浪屿兴建的各式楼房多达1041栋[③]，这些建筑是华侨及侨眷为实现"以西式建筑作为范本，模仿心目中西方人高雅时尚的生活方式，以体现其富裕的社会地位与崇洋的审美品位"为目标的。可见在厦门中外建筑文化的冲突中，外来建筑文化牢牢占据了上风，其本质上是其西式的生活观念及价值标

---

① （美）毕腓力. 厦门纵横——一个中国首批开埠城市的史事 [M]. 厦门：厦门大学出版社，2009：15.

② （美）毕腓力. 厦门纵横——一个中国首批开埠城市的史事 [M]. 厦门：厦门大学出版社，2009：15.

③ 吴瑞炳，等. 鼓浪屿建筑艺术 [M]. 天津：天津大学出版社，1997：20.

准战胜了地方旧有的生活观念与价值标准，因此是一种从建筑文化的外在形式到内在观念的整体性冲突。这种整体性也表现在闽南各地的侨乡建筑中，厦门的政治经济中心地位使外来建筑文化进一步辐射到闽南侨乡的其他地区，这些地区不如鼓浪屿和城市改造后的厦门等城市那样设施齐全，外观西化的建筑也不一定能完全带来西式的生活体验，但凭借建筑文化冲突在内容上固有的整体性，各地市镇和乡村的洋化建筑也不是局限于对外在形式和符号的模仿，虽然并不具有自觉性，但确实受到西方建筑文化一些基本观念的影响，如空间形态趋向于外向，追求造型性的表达等。

4.2.1.2 近代潮汕侨乡中外建筑文化冲突内容的局部性

汕头民居虽然也受到外来建筑文化的影响，但主要是借鉴部分外来建筑式样和符号，采用钢筋混凝土等新兴建筑技术，在传统建筑基础上进行的近代演化，外来建筑审美文化的影响是局部和间接的。

在近代潮汕侨乡，作为开埠城市的汕头同样也是将外来建筑文化辐射至潮汕城乡各地的中心所在。但与厦门不同的是，外来建筑文化是以一种不完整的形式进入到汕头，因此产生的影响也是局部性的。这其中的一个重要因素在于汕头并未设立租界，尽管在礐石、崎碌等地也兴建了一些殖民式建筑，如领事署，教堂等，但作为非租界地区，建造数量毕竟有限，没有形成类似鼓浪屿那样完整的居住区，且殖民者不享有市政建设的权力，未系统引进道路、水、电、卫生等配套设施（图4-4）。而在市区，从当时的调查可以看出，外国人的居住区域以外马路相对集中，同时由于外国籍民在汕大多从事商业活动，因此在各主要商业街道的洋行商铺往往也是他们的居住场所。可见与厦门中外建筑文化各自独立为一个完整的空间区域而相互对峙的情况不同，汕头表现出一种华洋杂处的居住分布特征，相应的外来建筑文化与地方传统建筑文化在空间分布上也是相互交错，难分彼此的，这也决定了二者所处的城市设施环境也基本相似，在这种情况下，西式建筑并无法体现出多少生活水平上的优势，相应的在建筑文化冲突中就呈现另外一种局面：一方面，借助于殖民者的政治经济优势，外来建筑文化的表层面，尤其是样式语汇对于侨乡民众来说仍有较大的吸引力，民众热衷于在建筑中对之进行借用，用以象征类似殖民者所拥有的财富地位，而在另一方面，外来建筑文化的内在层面，诸如其内部空间组织所蕴含的生活观念，并未得到侨乡民众的认同，人们仍习惯于旧有的生活方式，其建筑的平面和空间组织仍保留着旧有的形态。可见在汕头侨乡，外来建筑文化尽管在内容的表层占据优势，但在内在层面对地方旧有建筑传统却未发生明显的影响，因此这一冲突在内容上也是表现为局部性的特点。

因此汕头侨乡民众对洋人生活方式和建筑样式的崇拜心理远较厦门为弱，较少对外廊式建筑进行完整的模仿，而是结合具体条件采用了另具特色的建筑形式。

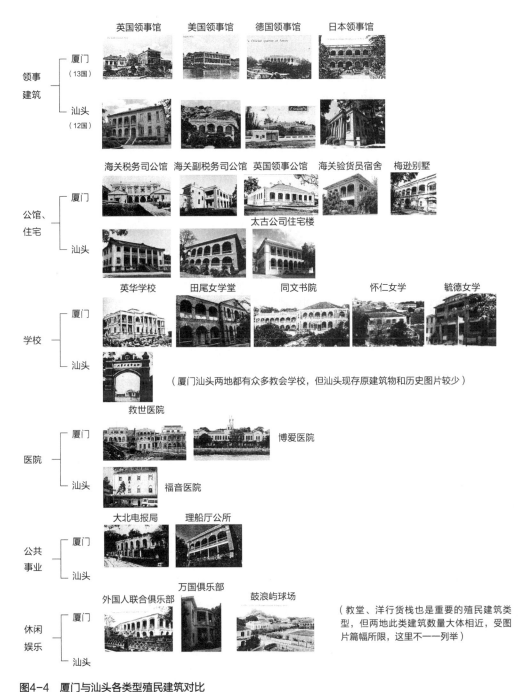

领事建筑 厦门（13国） 汕头（12国）

公馆、住宅 厦门 汕头

海关税务司公馆　海关副税务司公馆　英国领事公馆　海关验货员宿舍　梅逊别墅

太古公司住宅楼

学校 厦门 汕头

英华学校　田尾女学堂　同文书院　怀仁女学　毓德女学

（厦门汕头两地都有众多教会学校，但汕头现存原建筑物和历史图片较少）

医院 厦门 汕头

救世医院　博爱医院　福音医院

公共事业 厦门 汕头

大北电报局　理船厅公所

休闲娱乐 厦门 汕头

外国人联合俱乐部　万国俱乐部　鼓浪屿球场

（教堂、洋行货栈也是重要的殖民建筑类型，但两地此类建筑数量大体相近，受图片篇幅所限，这里不一一列举）

领事建筑：英国领事馆　美国领事馆　德国领事馆　日本领事馆

图4-4　厦门与汕头各类型殖民建筑对比
（图片来源：作者根据《厦门旧影》《厦门旧影新光》《汕头建筑》《汕头旧影》《近代闽南侨乡外廊式建筑文化景观研究》《闽南近代建筑》等资料绘制）

　　审美文化冲突的局部性决定了外来建筑文化只是以间接方式的影响外在的立面样式和装饰符号，而不影响到和生活方式密切相关的建筑平面。汕头侨乡民居一般以门楼为核心组织立面，而非采用外廊对柱式进行精心组织。

其实从立面设计的思维方式来看，汕头洋楼主要以门楼为核心组织立面，这一核心对其他装饰元素控制力的不足在一定程度上就导致了立面语汇符号化与碎片化的倾向。因此一方面这些建筑采用了一些西式的构图和符号，但另一方面其内在仍然是中式的图案和主题，表现出传统的价值理想。

4.2.2　冲突结果的整体性与局部性差异

4.2.2.1　近代闽南侨乡中外建筑文化冲突结果的整体性

在近代侨乡，中外建筑文化冲突影响的末端在乡村，闽南各地乡村虽不似城镇开放，但也广泛的表现出外来建筑文化的影响，尤其以外廊式住宅最为流行。杨思声在对闽南侨乡15个乡村调研的基础上进行统计学分析，得出结论是"近代闽南侨乡每个村庄拥有的外廊式近代民居的数目的平均值范围约在6至8幢之间"。与城镇洋楼相比较，乡村洋楼用地相对宽裕，一般规模较大，相对于传统单层的闽南大厝其视觉形象更加突出。在空间分布上，由于乡村聚落有着呈环状圈层向外发展的固有特点，如闽南侨乡的村落中心一般为该村立基时的最古老建筑，外圈建筑则年代次之，最外层则多为楼房式的近现代建筑，同时洋楼形体高大，若建于村落中心及靠内位置与传统风水观念多有冲突，这都造成近代外廊式洋楼大多数位于村落外围，由此极大地改变了乡村原有的建筑景观形态[①]。

总结来说，在闽南侨乡，中外建筑文化的冲突结果以开埠城市厦门最为突出，包括城市的整体格局、街道形态、居住方式等都深受外来建筑文化影响；泉漳等传统城市次之，主要表现为骑楼商业街对城市风貌的改观，而在居住区域，新式的洋楼建筑散布于传统民居群落中，未带来明显影响；乡村聚落受外来建筑文化影响相对较小，但一定数量洋楼建筑的兴建也极大地改变了村落原有的建筑景观形态。因而从城镇到乡村呈现整体的，但又具有过渡渐变特征的建筑文化变迁。

4.2.2.2　近代潮汕侨乡中外建筑文化冲突结果的局部性

在近代潮汕侨乡，中外建筑文化冲突结果也表现为局部性的特征，具体来说即是外来建筑文化的影响基本仅局限于汕头等城镇，而对乡村的影响则不明显，城市与乡村建筑发展不平衡。具体来说，在城镇方面，汕头作为开埠城市，是潮汕乃至粤东地区最为开放的城市，受外来建筑文化影响最为突出。而如潮州、揭阳等传统城市。与闽南类似，外来建筑文化的影响主要表现在骑楼街区的建设上，所不同的是，在民居建筑方

① 杨思声. 近代闽南侨乡外廊式建筑文化景观研究 [D]. 广州: 华南理工大学, 2011: 90.

面，这些传统城市仍较少出现新式的楼房住宅，而保留着以单层厝屋为主的坊巷制风貌。而在广大乡村，不像闽南侨乡每个村落都有数座外廊式洋楼成为视线关注的焦点，潮汕华侨大都更热衷于以地方传统的"四点金""下山虎"等建筑单体形式，在水平面上进行重复、组合，形成规模宏大的民居建筑群，而非倾向于垂直向的楼化发展，因此在侨乡化时期，乡村虽有大量兴造活动，民居建筑也更趋宏大华丽，但在整体上仍是聚族而居，风犹近古的乡村聚落形态，

可以看出，外来建筑文化在潮汕乡村的传播并不顺利，而是更多的受到地方传统建筑体系的抵抗，有时它必须改变自身的形态以适应当地的各种生活方式、传统习惯等，有时它还遇到文化上的绝缘体，以致无法对某种旧有的传统建筑形式产生明显可见的影响。唐孝祥先生指出："潮汕侨乡建筑面对'中西之争'在城镇和乡村表现出不同的文化抉择。前者更开放、更主动，融合性更强；后者相对保守，行动迟疑。这正好说明了潮汕侨乡建筑发展的不平衡性，说明了近代潮汕建筑进行理性选择和文化轻型的矛盾性、复杂性和艰难性"[①]。当从整体上来审视潮汕侨乡中外建筑文化冲突时，这种矛盾性和复杂性就更为突出，而与闽南侨乡相比较时，则令人疑惑，为何与潮汕侨乡社会性质相近，地缘相接的闽南地区这种城乡不平衡性不甚明显？并且相比较于近代汕头强大的经济辐射力来说，为何其建筑文化对周边的辐射力又如此之弱？

原因之一正如前文所分析的，首先在汕头所发生的中外建筑文化冲突本身在内容上具有局部性，侨乡民众对外来建筑文化的认知停留在表层，这导致了外来建筑文化在进一步向汕头周边区域传播的过程中后继乏力，另一个原因则在于本地原有传统建筑文化的牢固性，这种牢固根植于当时的社会、经济、文化土壤。正如在本文前两章所分析的，首先在经济上，潮汕腹地的农村经济因为农业发达和对外贸易的繁荣并不似闽南那样濒临破产，传统的小农经济仍得以延续，这是宗族制度得以延续的基础，表现在社会结构上，是潮汕华侨仍热衷于宗族的建设活动，但与近代闽南侨乡宗族的近代发展存在区别，闽南宗族倾向于原有宗族组织的延续和复兴，其间变化主要是宗族权力由旧乡绅转移到华侨手中。潘淑贞在分析闽南宗族的权力主体变化时认为，"清末，由于国内环境的变化，尽管还是由族长管理乡村事务，但海外具有经济实力的族人也成为乡村管理的辅助力量。进入民国，经济实力雄厚的海外族人对家乡宗族影响力剧增，有的返乡后则直接进入宗族管理权力中心参与管理乡村事务"[②]。相较之下，而潮汕侨乡宗族则倾向于分化和新建，黄挺指出，在潮汕"拥有财富的商人们在自己家乡的宗族建设中，大多有一种着力于加强本房支的倾向"，表现在建筑文化上，诸如潮汕侨乡所普遍流行的建"新乡"、建生祠等建造活动都或多或少是这种强化本房支力量的物质表现形式，实际上

---

① 唐孝祥. 近代岭南侨乡建筑的审美文化特征 [J]. 新建筑. 2002.（05）: 69.

② 潘淑贞. 清代以来闽南宗族与乡村治理变迁 [J]. 福建师范大学学报哲学社会科学版, 2014（03）: 132.

是可以看作是在旧宗族下分化出来的新兴宗族的再建过程，而在文化层面上，潮汕侨乡虽然有海洋商贸文化的基因，表现出开放性的一面，但另一方面，与闽南地区土地贫瘠不利耕种不同，潮汕地区自古农业发达，农耕文化根深蒂固，长期儒家伦理的熏陶使得其社会文化心理又有趋向于保守，因此在受到外来建筑文化的影响时表现出更为矛盾的文化抉择，吴妙娴认为，"（潮汕侨乡）乡村建筑形制的延续性与城市建筑形制的兼容性所体现出来的不平衡特点，来源于潮汕民系保守与开放的二重性心态"。这种二重性即使在汕头侨乡建筑中其实也有体现。

4.2.3　两地侨乡近代建筑审美文化冲突的对比总结

根据以上分析，两地侨乡近代建筑审美文化冲突可以总结为表4-1：

两地侨乡近代建筑审美文化冲突比较　　　　　　　　表4-1

	闽南侨乡建筑文化冲突的整体性	潮汕侨乡建筑文化冲突的局部性
冲突内容	来源：1. 租界建筑与本土建筑在空间区域上的整体性对峙；2. 侨居地多为列强殖民地，建筑西化程度较深	来源：1. 未设立租界，仅有为数不多的领事馆等建筑；2. 侨居地以泰国为主，未被殖民，建筑较少西化
	分析：外来建筑文化整体性进入，建筑数量和类型众多，形成完整的建筑设施体系和景观风貌，较为完整的彰显和示范西方社会文明成果，表现出对近代社会经济发展更具适应性的生活方式，影响本土建筑文化的价值取向	分析：外来建筑文化局部性进入，华洋杂处，水、电、道路等建筑配套设施与本土建筑相似，未体现外来建筑在生活水平上的优势，仅通过外来建筑语汇在社会权势上的象征作用发生局部的影响
冲突结果	1. 从城市到乡村广泛的表现出以外廊样式为代表的外来建筑文化的影响，建筑景观面貌呈现开埠城市—内地城镇—乡村的渐变过渡；2. 较为完整的接受和使用外来建筑设计手法、营建技术	1. 外来建筑文化的影响大体局限于汕头等城镇，而对乡村的影响则不明显。城乡建筑景观呈现跳跃性的变化，表现出不均衡性2. 借鉴部分外来建筑式样和符号，较多吸收外来建筑技术

4.3　变革性与改良性：近代两地侨乡的建筑审美文化分化差异

在中外文化冲突中，某种价值取向被强调，被凸显，从而最终导致独立和分化，表现在建筑中，即是原有建筑文化体系分化出不同的子系统，从而使建筑文化呈现丰富多彩的局面。在近代闽南与潮汕侨乡建筑中，建筑文化分化结合两地具体的社会条件而得以呈现出各自的鲜明特色。在闽南，审美冲突是生活价值取向的直接碰撞，在这一过程中，外来生活方式与理念显示出更多的优越性，因而分化出以西式生活为模板，追求个性和讲究享受的侨乡民居审美文化。而在汕头，中外建筑文化的审美冲突是间接和不全面的，外力影响较小，审美文化的发展趋势是以地方传统文化和城市商业发展的内在动力为主导，因此在侨乡民居审美文化分化的过程中，华侨住宅一方面继承了潮汕传统民居群体布局的秩序井然、规整和谐的特征，同时也很自然的被赋予了商业社会所带来的追求实用与效率的价值取向。

4.3.1 变革性与改良性分化差异在两地华侨阶层建筑样式选择中的表现

4.3.1.1 闽南：外廊样式与华侨新兴阶层身份对应关系的逐步建立

1.早期传统样式侨宅反映的晚清闽南华侨对绅士身份的向往

外廊式建筑为闽南华侨阶层普遍接受并不是一蹴而就的，早期闽南华侨建造的住宅仍属于传统样式，这或许可以解释成为外来建筑文化在地方社会从冲突排斥到接受与吸纳的过程，而从更宽泛的意义上来说，这也是外来文化在地方社会逐步被接受过程中的一个反映，问题在于，对于建筑本身来说，只有建筑样式本身被采纳，才有需要开始去解决诸如楼层增高与传统空间构架的矛盾问题，西式立面与中式平面的结合问题等，这些矛盾都需要设计和工程经验的积累才能逐渐解决，而在此之前，文化上的矛盾和认同过程已经先行一步了，因此相对于时代的发展，建筑上的发展总是有所滞后。在闽南，尽管在第一次鸦片战争之后，外来的建筑文化就已经伴随侵略者的坚船利炮而引入中国，而直到20世纪前20年，具有洋化特征的民居形式才广泛出现，而这一建筑现象背后不仅包括社会经济发展等具体历史因素的影响，也包括了社会权力的角逐，即经过了相当长的传统社会权力的衰落过程，新的权力和秩序才逐渐成形。而在这一过程中，代表旧权力象征的传统建筑样式一直延续。对于闽南早期的富有华侨来说，为了宣示其社会地位仍不免于对旧的权力进行攀附，在建筑样式上进行借用。

这方面最早的实例是前文提到过的蔡资深民居群，由于这组建筑群在闽南侨乡建筑发展进程中的典型性和起点性意义，这里以华侨对士绅身份认同的角度来做一点补充分析。工程建设者为菲律宾华侨蔡启昌及其子蔡资深。建造活动开始于清同治六年（1867），持续到宣统三年（1911）。关于蔡启昌其人，县志里描述他"商于吕宋，积资甚裕，量宏好善。捐修文庙、考棚，筑造寺院、桥路，恤孤怜贫，施茶舍药，倡设拯婴堂，靡不踊跃乐输。府尊章倬标奖以'乐善好施'匾额"[①]。而关于其子蔡资深，有《蔡永明翁传略》载"清光绪四年，其冢子碧峰山仕古田县儒学正堂，先生受浩封资政大夫

---

① （民国）苏镜潭. 南安县志. 卷三十四. 人物［M］. 上海：上海书店出版社2000：335.

加二品封典之衔……对排难解纷，填缺济困，不分远近彼此，在在勇为"①。可以见得父子二人都是深受传统乡族观念影响，在社会活动中也以传统士绅为效仿对象。而蔡资深更是通过贩济闽南灾民的义举而被诰封，正式获得士绅的身份。在这种背景下，相应的建筑样式选择都以传统的闽南宫殿式大厝为准，建筑形态均为传统样式，仅在最晚建造的醉经堂（1911）中体现出一些外来的影响，如南洋水泥印花地砖的采用，并在隅石、券门等处表现出一些西化的特点。

相似的实例有泉州鲤城区江南镇亭店村的杨阿苗故居，由旅菲华侨杨阿苗兴建，工程始建于清光绪二十年（1894），到宣统三年（1911）完工。杨阿苗曾向慈禧太后进贡一对四尺高的红珊瑚而获得诰封，清廷特赐"福""寿"两匾，此外还被加封授予"官道街臣"匾，可见其同样热衷于谋求传统的士绅地位。在建筑样式上，杨阿苗故居属于五间张二坐落双护厝的传统格局（图4-5），但在具体的平面布局上有所差异，包括其"五梅花"式的天井布局以及护厝"花厅"的处理都显示出其相较于传统形式有了新的发展，但这些变化无疑都是从传统建造逻辑的内部衍生出来的变异，而非受到外来建筑文化的影响而产生。这种差异性显示了屋主一方面希望跻身于传统的士绅阶层，另一方面又期望在这一个阶层中更能表现自己与众不同的财富地位的心理。前例的蔡氏民居群大体上也是基于这样的原因而在建筑规模和装饰上表现出特异之处。

建于清光绪三十四年（1908）的林路厝同样是一座做工考究，造价不菲的华侨大厝，坊间曾流传着"有林路富，无林路厝"的谚语，可见这座建筑的不凡之处。林路厝开始表现出更多的西化色彩，但总体上仍属于传统型制。建造者林路为新加坡华侨，从

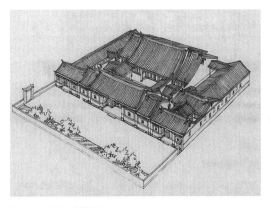
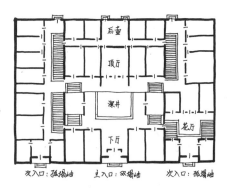

图4-5　杨阿苗故居
（图片来源："泉州传统民居官式大厝与杨阿苗故居"，《新建筑》，2011）

---

① 菲律宾柯蔡济阳公传真《蔡永明翁传略》转引自转引自宁小卓. 多元文化催生下的民居奇葩——闽南蔡氏古民居的成因探析与特征研究［J］. 中外建筑, 2007（09）: 62.

图4-6　林路厝
（图片来源：网络）

事建筑业，曾以在新加坡承建的维多利亚纪念堂而闻名于中外建筑界，然而他回乡建造
的住宅却选用传统样式，这也与林路积极谋求士绅地位不无联系，林路曾因捐输清廷而
获赐名云龙，并被诰封为福建花翎道，赏赐顶戴花翎。因此尽管他有建造西式建筑的经
验，但在自家住宅的样式选择上却必须与士绅趋同，不过基于其作为建筑家的经验，林
路厝也表现出许多有别于传统型制的差异，首先其五间张主体顶落以及榉头部分的都为
二层，表现出楼化的特点（图4-6），但与后来在传统平面基础上的局部洋楼化不同的
是，林路厝的二层楼化外立面不使用外廊、山花等西化建筑语汇，屋顶也为传统的曲面
坡顶，设以燕尾脊。二层的榉头间以山墙面作为正面形象。从建筑外观来看并不表现出
什么西化色彩。但在建筑内部，引入了产自南洋的水泥花砖和瓷砖，尤其在内院中，引
入了拱形窗券，是整个建筑西化最为明显的部分。但总体来说，少量的西式元素并未对
林路厝的建筑类型产生影响，而更多的表现为一种审美趣味，同时为屋主人有别于其他
普通士绅的特殊地位增添光彩。

　　林路厝或许反映了后来局部式的洋楼侨宅并非是从传统民居的基础上逐渐演变而
来，而是出于对殖民式洋楼的直接模仿，陈志宏认为，"传统大厝局部洋楼的出现时间
略晚于单栋式洋楼，表现了外来建筑从移植到融入的发展过程"[①]。林路厝和后来传统大
厝局部式洋楼没有明显的承接关系，却反映了作为建筑家林路对传统建筑样式改良的独
立探索，而这种努力因为清王朝的覆灭而中断，传统样式的大厝作为社会权力的象征衰
落了，外来的建筑样式开始逐渐取而代之，并以一种不完整的方式侵入到传统建筑的空
间秩序中。

① 陈志宏. 闽南侨乡近代地域性建筑研究［D］. 天津：天津大学. 博士. 2005：70.

2. 从租界西化生活方式中产生的新建筑象征及其文化辐射作用

随着清王朝覆灭，传统士绅阶层的社会权力丧失了其合法性来源，而与之配套的旧有建筑形式与社会权势的联系也变得不那么牢固，而洋人居住的外廊式建筑则成为一种新的样式选择。外廊建筑样式之所以能成为代表华侨阶层的房屋形式主要是基于一种对新式的、高雅的生活方式的象征性，是华侨富商为实现"以西式建筑作为范本，模仿心目中西方人高雅时尚的生活方式，以体现其富裕的社会地位与崇洋的审美品位"①为目标的。作为欧洲殖民者在热带殖民据点为适应当地气候而采用的建筑策略，外廊建筑样式随鸦片战争传入中国，在闽粤两省都有广泛传播，但在住宅中出现应以闽南侨乡最为普遍。从文化传播的角度看，原因大体有二，一是以鼓浪屿为中心的建筑文化辐射作用，二是有影响力的华侨在其中的推动作用。和其他地区一样，外来建筑文化在闽南也经历了从排斥到逐步接受的过程，当然，不同的地域排斥程度和接受程度都有所不同。一般来说，外来事物要被当地文化接受，首先要显示出其在某些方面的优越性，其次，则有赖于在当地社会具有影响力的人士的推广。建筑文化也是如此，相较于传统建筑，外廊式洋楼建筑并不表现出很多舒适性方面的优越，如果说空气流通、宽敞明亮的生活空间，传统建筑稍加改造也可以做到，至于电灯、抽水马桶等现代设施，传统建筑更没有太多设置的障碍，外廊样式的优越性主要表现在其暗示的一种西化、时尚的生活愿景，而这种愿景并不是单栋的一座楼房所能实现，还需要一系列其他的生活设施配套，如俱乐部、舞场、球场等，因此，与其说外廊样式的建筑是对西化生活的一种象征，不如说是一种标志着一整套西化生活方式的符号。那么这么一整套西化的生活方式最早出现在哪里呢，在闽南是在鼓浪屿，例如，根据相关资料，早在鼓浪屿在1903年被辟为公共租界以前，岛上已经出现了如高尔夫球、羽毛球、足球等运动，这些在百年前属于洋人的贵族运动，在鼓浪屿的出现甚至在整个中国都是最早的。再如各种用于交际、娱乐的俱乐部、舞厅也在岛上大量建设，如有名的"万国俱乐部"、海关税务司的"洋员俱乐部"、日本人的"大和俱乐部"等，这些俱乐部通常设有桌球室、露天板球场、网球场、舞厅、酒吧等。可以说，在鼓浪屿，被引入的不仅是外来的建筑形式，同时引进的也包括整套的西方生活方式，而相较之下，汕头的礐石就不具备这种条件，尽管礐石也兴建了不少外廊式建筑，但类似运动场、俱乐部这样的生活设施较少，礐石在今天居民也不甚多，在百余年前与华人的隔膜可想而知。对于鼓浪屿来说，不仅仅是外来的建筑样式以之为中心向周边辐射，外来的生活方式也是如此，尽管我们以研究建筑文化为核心，但需注意的是建筑文化的西化只是整体西化潮流的一个组成部分。当然建筑文化也有它的特殊性，并非所有的生活方式都能引进，如高尔夫球等运动受条件所限，国人就

---

① 陈志宏. 闽南侨乡近代地域性建筑研究［D］. 天津：天津大学. 博士. 2005：70.

很难——模仿，而建筑样式是最直观的模仿对象，最适于成为代表整套西化生活方式的符号。总的来说，这里想要突出强调的是，建筑文化的传播不是孤立的，与之相关联的生活方式和价值观念的伴随传播是建筑文化得以推广的一个重要条件。

正如本章开头所论及的，房屋作为对身份地位的炫耀手段也需要考虑到效率和成本的问题，独立的创造一种新的建筑样式成本过高也不符合现实，所以大多数新兴的社会阶层倾向于从历史和经验中寻求一种人们已经有所了解的建筑样式。从这个角度来看，在闽南华侨阶层接受外廊式建筑之前，由殖民者大量使用的外廊式建筑起到了类似广告的作用，将外廊样式这种原本当地人较少接触的建筑形式普及到广为人知，同时华人对这种建筑样式其相联系的生活方式也有较全面的了解——根据一些历史资料的显示，鼓浪屿上的外国人与华人的接触是颇为频繁和深入的。因此在华侨使用这种建筑样式之前，对于厦门甚至闽南社会来说，外廊的建筑样式已经成为高尚现代生活的符号了，可以想象，如果没有殖民者对外廊建筑引入的这一过程，而是华侨直接从海外引入这种建筑样式，其新奇性固然有余，但侨乡当地民众对其所传递的信息不免会觉得茫然无措，因为缺乏"外廊样式＝现代时尚生活"的这一观念的建立过程，其后续的"外廊样式＝现代时尚生活＝华侨阶层"观念的建立也就会更加的不顺利。因此闽南华侨对外廊样式的选择无形中节约了"宣传成本"。相较之下，在潮汕侨乡，"外廊样式＝现代时尚生活"这一观念的建立是非常薄弱的，外廊仅在一些领事建筑、公共建筑中出现，当地民众对洋人生活方式的了解也是一鳞半爪，这也是外廊样式在潮汕地区难以大量流行的因素之一。

3. 外廊式立面造型简单直接、完整明确的西化印象

对于20世纪20、30年代的闽南华侨来说，通过建造西化的房屋来炫耀自己的身份地位是一种社会风尚，因为生活起居上的洋化在某种程度上和较高的财富地位相联系，洋化的建筑样式已不仅仅是一种审美趣味，还是一种社会身份的昭示。在这种情况下，如何准确直接地传递房主的西化取向就对建筑样式提出了要求。尽管建筑洋化的方式可以有很多种，但外廊式的建筑立面成为最普遍的选择，部分是因为外廊式的立面造型可以简单直接、完整明确地传达出西化效果。

当时传入闽南地区的外来建筑样式尽管以外廊式为主流，但也包括其他一些形式，如鼓浪屿鹿礁路34号的天主堂是哥特式风格（图4-7），带有文艺复兴风格的安海路69号三一堂（图4-8），泉州路99号的黄赐敏别墅带有拜占庭风格的小穹顶，又称金瓜楼（图4-9），可见时人对除了外廊以外其他的西方建筑样式并不陌生，但这些建筑风格对闽南主流的侨乡洋楼形式影响甚微，少见有更多的运用。除去民众对外廊样式接触较多的因素以外，外廊式立面本身的特点也是原因之一。第一，外廊的构造形式较为简单，成本相对较低，无论是梁柱式的外廊或者是带拱券的券廊形式都可以较容易的模仿。而如穹顶这样的造型形式，构造和施工都较为复杂，难以广泛使用，实例如鼓浪屿的八卦楼

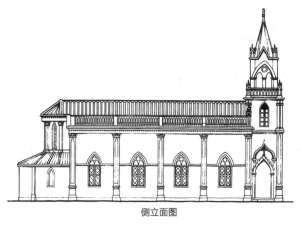

正立面图 · 侧立面图

图4-7　鹿礁路34号天主堂
（图片来源：《鼓浪屿建筑艺术》，天津大学出版社，1997）

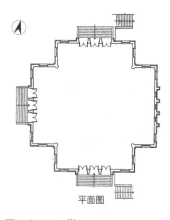
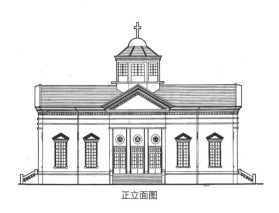

平面图 · 正立面图

图4-8　三一堂
（图片来源：《鼓浪屿建筑艺术》，天津大学出版社，1997）

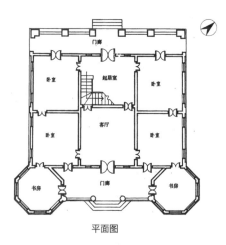

平面图 · 正立面图

图4-9　金瓜楼（黄赐敏别墅）
（图片来源：《鼓浪屿建筑艺术》，天津大学出版社，1997）

（楼主林鹤寿甚至因为此楼造价昂贵而破产）和黄赐敏别墅，后者的穹顶尺度则较小。在近代厦门和汕头的商业建筑中，穹顶有时以塔楼屋顶的形式作为视觉焦点出现，但都进行缩小化处理，仅仅表现为一个视觉符号，类似的情况在粤中五邑地区的碉楼中较为常见。第二，外廊的视觉形象直接明确地标识出西化的特征，其中，梁柱式的外廊主要依靠西式的柱头来表现西化的特点，当视点较远时，小尺度的建筑细部不易观看，而券廊式的外廊拱券尺度较大，远观较为突出。当两种形式共同使用时，很少见到底层券廊，上部梁柱式的形式，从立面形式的角度说，这大体也是因为券廊式造型较为丰富，西化表征更为明显的缘故。第三，外廊的立面组织较为完整的传达出西化的态度。外廊通过系列的柱式组织起整个立面的构图，使得建筑立面表现出整体西化的特征，而不是仅在局部装饰中流露出一些西化的审美趣味，后种情况在潮汕侨乡建筑中较为常见。相较之下，通过完整的西式立面，闽南侨乡外廊式洋楼传递出更为明朗的西化态度。

4.3.1.2 潮汕：传统建筑样式改良反映出华侨对士绅身份的继承和再诠释

总体来看，潮汕侨乡的建筑风貌趋向于传统，而不似于闽南那样表现出明显的洋化色彩，这其中原因当然可以从不同角度做出多种解释，而专从建筑社会性的角度来看，主要在于近代潮汕华侨不像闽南华侨那样建立了外来建筑样式等同于较高社会地位的观念，同时根深蒂固的乡族观念与儒家伦理的熏陶使潮汕华侨继续以传统士绅为榜样进行与之相对应的建筑活动。当然在社会剧烈变迁的影响下，这些建筑活动与建筑样式都与旧时不尽相同，而是以传统为基础进行了调整或改良，反映了潮汕华侨对传统绅士身份的重新诠释。

与闽南侨乡一样，晚清时期的潮汕华侨也倾向于效仿士绅阶层，建造传统的府第式住宅，借以象征自己获得的官绅地位，不同的是，潮汕华侨同时还往往兴建祠堂，以彰显整个家族权势的提升，祠堂装饰和规格比住宅更为华美，并常在题词碑记中记载主人的事迹与美德。

如新加坡华侨沈以成在道光年间赈灾有功，而获清廷浩封荣禄大夫，并奖励在家乡分别建造急公好义牌坊和乐善好施坊各一座。此外于1881年在家乡潮安县彩塘镇华美村建造荣禄第和以成公祠（图4-10）。其中祠堂为三座落加双护厝形式，祠内雕梁画栋，金碧辉煌，碑记《皇清诰赠通奉大夫赏戴花翎道员加三级沈家君传》里引用白圭治生之语来称扬沈以成的品德：

"天下言治生者祖白圭，君则百货重轻，万里如睹，是其智也；择能戚党，同利共财，是其仁也；气吞重溟，有孚履险，是其勇也；纤啬不事，礼节能敦，是其强也。[①]"

---

① 黄挺. 从沈氏家传和祠堂记看早期潮侨的文化心态［J］. 汕头大学学报（人文科学版），1995（04）：90.

急公好义坊　　　　　　　以成公祠　　　　　　　荣禄第

图4-10　沈以成在家乡的建筑活动
（图片来源：作者自摄）

图4-11　潮安县顺德居
（图片来源：蔡海松摄）

可见在这里儒家传统的伦理道德：智、仁、勇、强在经营实践中转化成为华侨商人的精神力量，并在近代的商贸文化中获得了新的生命力。

到19世纪90年代，潮汕侨宅开始表现出一些外来建筑文化的影响，但府第式的主体格局并不改变，只在护厝和后包部分发生一些变化。如潮安县赤凤镇白莲村顺德居，由泰国华侨刘桂顺在清光绪二十年（1894）所建。该建筑的特征在于集潮汕、客家、西洋建筑风格于一体，表现出多样兼容的形态。建筑面积约3000平方米，占地11500平方米。其建筑主体为"四点金"加从厝的形式，但总体却呈客家民居围龙屋的形态（图4-11），建筑前部设有半圆形水塘，水塘与建筑之间有外埕隔开，水塘两翼还设有碉楼，与围龙屋的围合形态一起共同表现出强烈的防御性特征。该建筑的西化之处在于建筑第四进后包呈外廊形态的克昌书庄。尽管表现出明显的创新与改良，屋主的传统身份意识仍然在建筑的牌匾、石刻等处体现出来。主体建筑"四点金"凹门斗上悬"大夫第"的牌匾，即标明了主人身为士绅的身份。此外，虽在群体布局上有所创新，但整座建筑中轴对称，秩序分明，表现出鲜明的等级秩序，正是其严守儒家伦理思想的反映。据门楼石刻记载"宗庙先崇修，其次及家塾"，可见顺德居也是祠宅合一的建筑群，祠堂位于宅后，标高高于前者，但今已全毁，仅存残垣断壁，据年长者言祠堂精美程度要高出住宅数倍，可推测祠堂也本是顺德居的精华所在。

值得一提的是，这一时期的潮汕华侨还把故乡传统的建筑样式输出海外，表现出他们对以儒家伦理为核心的传统文化的自豪和尊崇（图4-12）。马来西亚华侨陈旭年晚年在故乡修建资政第。"资政"一词来源于1870年陈旭年因开发柔佛的功绩，而被柔佛大君阿武峇卡封为华侨侨长，并授予资政衔。同时，陈旭年也因在国内赈灾的义举而获得

图4-12　印尼棉安的潮人宅第，摄于1905年
（图片来源：网络）

图4-13　陈旭年在新加坡所建资政第
（图片来源：网络）

二品官衔，并赐在家乡建"急公好义"坊。由其事迹可以看出陈旭年同样表现出对传统士绅地位的认同。资政第始建于清同治九年（1870），竣工于清光绪九年（1883），是一座三壁联形式的大府第。1885年，陈旭年在新加坡乞里门索率与槟榔路之间，以家乡住宅为蓝本，建造了一座同样的"资政第"建筑（图4-13），工匠和建材都来自家乡。这座建筑在1974年被新加坡政府列为国家保护古迹，1984年还发行了以之为主题的邮票，可见其历史文化价值之宝贵。

陈旭年在海外兴建中国传统样式的住宅并不是孤例，在19世纪的新加坡有俗称"四大厝"的四座著名大宅，均是由潮籍富商建造，其中最早的是马来亚霹雳州甲必丹陈亚汉儿子陈成宝的故居，建于1869年，位于禧街（Hill street，俗称打火厝前），该宅在1877年清政府派领事驻新加坡后作为领事馆多年，第二座是潮籍侨领澄海人余有进的旧宅，建于1872年，位于驳码头（Boat Quay，俗称"十八溪土乾"或"柴船头"），第三座是潮籍大地主黄亚佛的住宅，建于1878年，名为"大夫第"，后来是中华总商会的会所。第四座便是陈旭年的资政第，遗憾的是除了资政第之外，前三座大宅均已不存。潮籍华人在海外建造中国样式的宅第，也是把中国传统的社会等级观念移植到海外的过程，华侨在海外居住，势必将本国本乡原有的文化，包括建筑文化或多或少的移植到当地，尤其在中华文化具有相对较大影响力的东南亚地区更是如此。同时，基于血缘和地缘的关系，在海外的华侨也多聚居一处，形成相对独立的社区（图4-14），所以将故乡代表高级社会地位的住宅形式引入华人社区中本身也具有"群众基础"，尤其在20世纪前民族国家的观念还不强烈的情况下，前往海外寻找生计与前往上海、苏州等国内地方谋生，在闽粤沿海居

图4-14　近代印尼雅加达的华人社区
（图片来源：网络）

民的观念中并无太大区别，这种文化输出的行为实际上也是非常自然的，并非刻意为之的结果。不过以我们的研究对象闽南和潮汕侨乡来说，就目前掌握的资料来看，除神庙建筑外，本土建筑形式在海外复制的情况潮汕较闽南为多，后者在这方面似乎少见实例，当然这里并不否认存在的可能性，但更多的可能是，在通过建造传统形式的宅第来表明自己的社会身份这一方面，潮汕华侨表现的更为热衷。

从清末到民国时期，闽南侨乡民居的建筑样式发展呈现出明显的新旧转折，与之不同的是，潮汕侨乡民居表现出相当的连贯性和延续性，可以看到，在清末潮汕华侨民居的一些特点（有些实际上也是传统民居的通用做法），例如以祠堂为中心的大型群落式组合，以外廊式楼房建筑作为后包或护厝的形式，在民国时期的华侨住宅中也普遍出现，总的来说，民国住宅虽然表现出更多的外来建筑文化的渗透，但并未影响其以儒家伦理作为建筑社会性评价的根本，贯穿整个近代时期，这些都反映出在建筑活动中，潮汕与闽南华侨有所侧重，有所差异的谋求社会地位的方式。

4.3.2　变革性与改良性分化差异在两地侨乡公益性建筑活动中的表现

4.3.2.1　近代闽南侨乡学校建筑对外来建筑样式的运用及创新

教化兴学本也是地方士绅重要的社会活动之一，近代华侨在取代士绅地位的同时也相应的接过了这一责任，且华侨大多数出身贫苦，文化程度较低，更希望子孙能够接受接受良好的教育，因此兴资办学更是蔚然成风，大大超过以往。与传统士绅推行的儒学教育不同的是，到了民国时期，已开始提倡新学，而针对于新旧教育的不同态度，闽南与潮汕侨乡也产生了一定程度的分化，闽南侨乡更普遍建设新式学校，建造与之相适应的新型学校建筑，即在对外廊式建筑运用的基础上还有所创新，尤其以集美学村和厦门大学校园等嘉庚建筑为代表。而潮汕侨乡在建立新式学校之余，对传统儒家文化多有眷念，甚至有一股回归儒学教育的潮流，相应的在建筑上也更多的运用传统建筑形式和符号。之所以产生这种区别，归根到底也是两地华侨阶层的身份意识、价值取向有所差异，导致了建筑文化不同的分化表现。

闽南侨乡近代学校建筑发展的早期阶段特征主要表现为对外廊式等外来建筑样式的直接移植，而到中后期有较大的创新，更突出的表现出地域性和民族性。这里主要以嘉庚建筑和泉州培元中学为例来说明这一发展演变特征。

泉州培元中学是一所百年侨校，创立于1904年，虽最初是教会学校，但其发展主要是依靠华侨捐资，历年都有校舍兴建，可以在一定程度上反映近代闽南教育建筑风格的变迁（表4-2）。

年份	捐赠者	用途
1913年春	郑成快先生	建"伦敦楼",该楼后来因为旅居马六甲的华侨郑成快先生捐白银二万元翻新加层,更名为郑成快楼
1919年	菲律宾华侨蔡普益、叶寿等	在花棚下(培元中学现校址)建"菲律宾楼"
1920年2月	黄仲涵、许汉利、黄奕柱	黄仲涵2万盾、许汉利2万盾、黄奕柱1万盾,共得12万盾用于学校建设基金
1921年4月	印尼华侨蒋报企、蒋报擦等	在东门厂广平仓新校址(现泉州市委党校)捐建"泗水楼"大校舍
1921年	华侨吴记霍	在花棚下建"吴记霍"堂
1922年1月	缅甸、印尼华侨	安礼逊赴缅甸仰光、印尼爪哇募捐,得2万8千盾
1922年9月	黄仲涵	中营下第二国民小学(培元附小)建"黄仲涵"大校舍
1923年4月	印尼华侨张氏兄弟	在花棚下建"张远记堂"
1925年2月	菲律宾华侨	安礼逊第二次赴菲律宾募捐,得比索一万七千余元
1926年10月	校友发起捐款	为学校建图书楼,命名为"安礼逊图书楼",以纪念安礼逊对培元中学的纪念

泉州培元中学华侨投资表 表4-2

(本表摘自叶泉彭"华侨华人与近现代闽南侨乡教育事业研究",福建师范大学,2007)

培元中学较早的建筑如郑成快楼(图4-15)和"菲律宾"楼。郑成快楼建于1913年,建筑平面呈凹字形,楼高两层,双坡屋顶,中段采用券廊,入口部分开间在顶部升起三角形山头成为视觉中心,两翼则以墙体围合仅作开窗处理。而1919年华侨蔡晋益所建"菲律宾"楼(图4-16)则是一座兼有西洋和南洋风格的小巧建筑,建筑平面呈

图4-15 培元中学郑成快楼
(图片来源:网络)

图4-16 培元中学菲律宾楼
（图片来源：网络）

"L"形，两边分别为外廊式平房和双层小楼，转角处则为一三层塔楼。这两座校舍整体造型及装饰都较为朴素，是典型的殖民式外廊风格的直接移植。

而1926年兴建的安礼逊图书楼（图4-17）则表现出更多的创新性。建筑为五层钢筋混凝土框架结构，坐西南向东北，建筑面积1246平方米，高度达24.8米，是20世纪70年代以前泉州除东西塔外最高的建筑。平面为"十"字形，前半部分为前厅，后半部分是主席台，中间是通高两层的大厅，有教堂形式的影响痕迹。在外部立面造型上，入口为高两层的希腊式门廊，但中间开间大于两侧，上有弧线形山头。建筑主体外墙采用水刷石仿条石砌筑，立面采用高四层的巨柱式，而在第五层则采用中式楼阁形式的"凌云台"，为混凝土仿木结构的歇山式屋顶，屋脊采用燕尾脊形式，具有闽南地域特色。

而嘉庚建筑在近代闽南侨办教育中无疑占据了主角地位，主要包括在陈嘉庚先生主持下建造的集美学村和厦门大学校园。其中集美学村始于1913年创办的"乡立集美两等小学校"，先后建造了包括幼儿园、集美小学、集美中学、女子中学、水产航海及商业学校等校园建筑。而厦门大学的校园规划建设始于1920年，两校建设活动（陈嘉庚先生主持下）都持续到60年代。因此1949年以前的嘉庚建筑同样可以划分为两个阶段，早期1920年以前主要为集美学园的建设，而第二阶段则为集美学园的扩大和厦门大学校园的兴建。

1920年以前的嘉庚建筑同样表现出对殖民式外廊风格的移植，券廊式外廊，西式双坡顶、砖木结构和较为朴素的立面装饰是这一时期的建筑特征。如1918年兴建的三立楼建筑群（立功、立德、立言三楼）、居仁楼、大礼堂等（图4-18）。但与厦门租界的殖

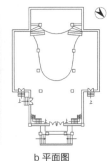

a 安礼逊楼前景　　　　b 平面图　　　　c 侧立面图

图4-17 培元中学安礼逊楼
（图片来源：a 网络、b、c 根据华侨大学建筑学院测绘图纸重绘）

大礼堂　　　　　　　　　三立楼（立功、立德、立言）　　　　　　　居仁楼

图4-18　集美校园早期建筑
（图片来源:《集美学校二十周年纪念刊》,1933）

图4-19　集美学校图书馆博文楼
（图片来源:《集美学校二十周年纪念刊》,1933）

图4-20　集美学校商业明良楼
（图片来源:《集美学校二十周年纪念刊》,1933）

民式建筑比较,造型样式与功能都相对丰富。如大礼堂风格近似于三廊式的罗马风建筑,短边为外廊形式的正立面山墙,坐西北朝东南,但在功能上却为一层礼堂,二层宿舍的综合,因此在一层坡屋顶上又开有老虎窗以获得大厅的采光,可见为满足功能采用了较为灵活的设计。

　　到20世纪20年代,集美学村开始出现外廊屋身覆以闽南传统屋顶的做法,如1920年所建的图书馆博文楼（图4-19）,三段式立面,中段为外廊形式,高三层,顶部为歇山式屋顶。值得注意的是中段外廊为四开间,导致正中为柱,陈志宏认为这"是在殖民地外廊建筑上加上传统屋顶的初次尝试中出现的不完善之处"[1]。而两翼则高两层,以墙体围合并开窗,也采用燕尾脊的双坡屋顶,而在墙体材料上与中间主座建筑相异,从视觉上看稍显不协调,且主座的外廊直接与侧翼实体墙面相接,缺少过渡处理,这些都或可看作是中西建筑形式叠合尚不成熟的表现。1921年所建的商业明良楼（图4-20）,高三层,红砖券柱式外廊立面,并采用石作的三出规式外廊,同时采用了连续的中式三川脊屋顶,翼角高高起翘,降低了立面过长形成的单调感,并形成中与西,红砖与白石的对比效果。而在一旁的商业崇俭楼中,同样采用了三川脊的屋顶形式,这种添加了闽南地域特色的传统屋顶在后来的嘉庚建筑中得到了反复应用。其他采用中式屋顶的建筑还有

① 陈志宏. 闽南侨乡近代地域性建筑研究［D］. 天津: 天津大学, 2005: 212.

图4-21　集美学校幼稚师范葆真堂
（图片来源：《集美学校二十周年纪念刊》，1933）

图4-22　厦门大学群贤楼
（图片来源：作者自摄）

小学延平楼、女子小学敦书楼、学校医院等。但总的来说，采用闽南传统屋顶的建筑并未占据主要地位，一般都位于中轴线的侧翼。且在数量上也只有6座，而1913～1927年集美学村总共建设了40余座建筑，大多为殖民式外廊或新古典主义风格，且相当一部分造型丰富，颇有特色，如幼稚师范葆真堂（图4-21），为群体式布局，多为单层建筑，而穹窿群的建筑造型使得建筑形象高低错落而不失主次，富有童话色彩，且与其功能性质相贴合。可见这一时期集美学园的嘉庚建筑虽主要还处于对西式建筑的模仿阶段，但同时对中西建筑形式的运用都有所创新。

　　而厦门大学的建设一开始就表现地域性和民族性的倾向。1949年以前的建设以群贤楼建筑群为代表，包括群贤楼、集美楼、同安楼、映雪楼、囊萤楼等，都建于1922到1923年之间。建筑群体多为二层，主体建筑群贤楼（图4-22）高三层，以实墙面为主，与两翼外廊式楼房形成虚实对比。顶部覆以重檐式的三川脊屋顶，入口高两层，三开间，在一层高度做三个拱门，拱门上为百叶窗，同时以两层高的方形壁柱顶起挑檐，形成明确的视觉中心。三层窗扇面积更大，为一、二层到屋顶完成了由实到虚的过渡，同时也表现为西式屋身到中式屋顶的过渡，与集美学村中西形式直接拼合在手法处理上显得更为成熟。

　　而群贤楼群的其他建筑则是中西风格兼有。如同安楼（图4-23）是群贤楼群中一座典型的中西结合的外廊式建筑，屋顶采用闽南传统三川脊形式。楼高两层，一层为拱券式外廊，但外廊非柱廊形式，而是在墙墩上起券，二层外廊为平梁式，在每个开间之间设一塔斯干式立柱，丰富了尺度感，使得上下两层呈现由敦实到细腻的过渡。再如囊萤楼则更偏于西式，但不采用外廊，仅在封闭的墙面上开窗，主要以凸出屋顶的西式山墙作为造型特征（图4-24），集贤楼各楼虽然风格各异，但相同的材质表现，如白色的花岗岩墙面以及屋顶绿色琉璃瓦及橙色嘉庚瓦使得建筑群整体上呈现统一的风格。

　　可以看到在近代闽南侨乡教育建筑中，对外来建筑样式的运用和创新都是重要内

图4-23 厦门大学同安楼
（图片来源：作者自摄）

图4-24 厦门大学囊萤楼
（图片来源：作者自摄）

容，而华侨的身份意识以及教育内容都与建筑形式有着密切的关系，他们一方面认同于外来建筑文化的科学性和合理性，如陈嘉庚先生在厦门大学庆祝新校舍落成大会上曾说道："学生宿舍为什么要建筑走廊，这是上海等地方所没有的，十年前我在新加坡有一栋房子有走廊，有时可以在那里看报吃茶，使房间更宽敞。所以宿舍增建走廊，多花钱为同学们住得更好，更卫生"[①]，另一方面又采用民族性的建筑形式表达爱国热忱，陈嘉庚倾家办学，他在1919年即宣布，"此后本人生意及产业逐年所得之利，……亦决尽数寄归祖国，以充教育费用"[②]。可见闽南华侨作为新兴阶层，兴办新式教育，其学校建筑风格趋于西化既是对新文化的象征性表达，同时也是出于对功能合理性的追求，而后来趋于民族化和地域化的创新性发展也并非对传统儒家教育内容的复兴，而是华侨阶层民族意识上升的反映，而针对于中外两种建筑形式具体如何结合，以陈嘉庚先生为代表的华侨群体对于学校建筑的新形式做了认真的探索，造就了具有创新性特征的近代闽南侨乡校园建筑文化。

4.3.2.2 传统建筑形式在近代潮汕侨乡教育建筑中的运用和改良

重视教育是侨乡的共同特征，而潮州地区自古有"海滨邹鲁"之称，因此在近代侨乡化时期，学校建筑也有普遍发展，与闽南侨乡近代学校普遍引进外来建筑样式并加以创新有所区别的是，潮汕侨乡近代教育更为普遍的使用祠堂等传统建筑充当学校，而在新式学校中，也常采用传统建筑样式、符号，反映出对儒家文化的认同。

祠堂建筑一般以祭祀功能为主，但实际远不仅此，而是具有丰富的社会、经济、文化和教育功能，这是由其半公共的场所性质决定的，而村落中其他建筑则大多不具有这种公共性。并且在新式教育兴起以前，祠堂也普遍以私塾等形式进行旧式教育，因此

---

① 林祖谋，等. 厦门大学校史资料 [M]. 厦门：厦门大学出版社，1989：552.

② 校史编写组. 集美学校七十年 [M]. 福州：福建人民出版社，1983：15-16.

在是新的学校建筑类型产生之前。祠堂成
为过渡形式的学校建筑便顺理成章。而潮
汕侨乡的特殊之处在于其宗族文化发达，
各种宗祠支祠密布，数量较闽南侨乡更
多，而在近代华侨大力支持教育的社会背
景下，便顺理成章成为学校建筑的重要形
式。陈国梁等人1934年在侨乡樟林做社会
调查，写道，"各校的校舍，十居八九是
旧式的祠堂，这差不多是农村学校一般的
情况"[1]。如印尼华侨李武平1904年在澄海
县南徽村小西祠修德堂建立"有德小学"，
新加坡华侨蓝金生在樟林南盛里蓝氏通祖
祠创建镇平小学。许多学校都由私塾演变
而来，如泰国华侨陈慈黉1907年在家乡利
用古祖家祠创办私塾，至1912年，民国初
肇，提倡新学，私塾遂改为新学的小学
校，后定名为"成德学校"。

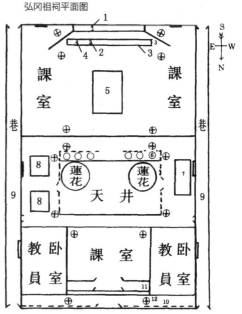

弘冈祖祠平面图

1. 神龛　2. 油灯盏　3. 长几　4. 香纸类　5. 长台（开会时常用之）
6. 石阶上所置之花盆　7. 乒乓球台　8. 饭桌　9. 侧门　10. 栅栏
11. 门槛　12. 石柱

图4-25　用作校舍的祠堂平面布置
（图片来源：《一九四九前潮州宗族村落社区的研究》，
上海古籍出版社，1995）

　　至于祠堂的平面格局如何与学校教育功能相适应，陈礼颂20世纪30年代在潮州地区
的调查为我们提供了直接的材料。图4-25是当时绘制的华侨村落斗门乡的一座祠堂学
校，可以看到，以一座两进的祠堂来说，入口边的下房被用作教员的卧室，前后两间大
厅用作课室，而两侧南北厅则作为饭堂和体育活动场所（乒乓球室），后进厅堂的长台
还可用来作开会之用。由于祠堂一般为抬梁式结构，建筑空间较住宅更宽广，在校舍不
足的情况下，显然是一个较为合理的选择。

　　而随着社会发展以及受教育人数的增多，祠堂用作学校开始显得局促，开始出现了
一些专门性的学校建筑，与闽南侨乡学校多为外廊样式建筑不同的是，同时期的潮汕学
校建筑表现出更鲜明的传统文化特色。

　　如马来西亚华侨林连登1936年在家乡惠来县捐助建造的惠来中学教学楼（图4-26）。
该教学楼取名"连登楼"，中轴线正前方设有三开间的石作牌坊，穿过牌坊，为一水池，
上架曲桥，过桥即可进入教学楼前厅。建筑楼高二层，以外露立柱划分立面为三部分，
窗扇无装饰，较为简朴，仅以门楼成为视觉中心，可以看出与地方民居门楼有一定的渊
源关系。虽然整体形象较为简洁，但流露出浓郁的中式风格特征。

① 陈国梁，等. 樟林社会概况. 民国时期社会调查丛编. 二编. 乡村社会卷 [M]. 福州：福建教育出版社，2014：
　　1053.

即使在最为开放的汕头埠，也有人提倡复兴传统教育文化。1926年，新加坡华侨杨缵文与廖正兴等人筹募兴建汕头市孔庙，并附设汕头时钟中学。杨缵文还任新加坡孔教总会会长，"努力弘扬孔教，阐释华族固有优良美德之可贵"。时钟中学极受侨居海外潮籍乡亲的欢迎，因此学校华侨子女众多，以至有"时中番客仔"的时语。这座中学设汕头市孔庙内，建筑现已不存，从历史照片（图4-27）可以依稀

图4-26　惠来中学教学楼
（图片来源：网络）

看到建筑为院落形式，以围墙围护，入口为三开间的重檐歇山顶牌坊，其后建筑似为歇山顶，翼角起翘。根据老人回忆，"主殿是一幢二层高的黄色小楼房。楼顶的天面上有一个较有传统建筑风格的歇山顶式屋脊，屋脊的立面墙也是传统的寺庙的红墙。现在沿长平路的店面位置是过去孔庙的照壁，照壁上是麒麟图案，孔庙里面还有一个莲花池，庙中立有一尊孔子像。[①]"现在难以推测学校是设于主殿内部还是在旁另起建筑，因为汕头"孔庙的范围很大，附近连到中平街那里原来都是孔庙的产业"，但为传统中式风格应当无疑，同时也可以看到汕头孔庙于各地传统旧有孔庙有所不同，乃采用楼房筑式加中式大屋顶的建筑形式，尽管在当时较为常见，可能为中国固有式风格的影响，但作为孔庙在主殿建筑上采用这种手法，无疑是一定程度改良思维的反映。

图4-27　汕头孔庙与时钟中学
（图片来源：《汕头埠图说》，中国文史出版社，2009）

---

① 陈楚金. 孔庙直巷与汕头孔教会［N］. 汕头：汕头特区晚报，2011-06-17.

4.3.3　变革性与改良性分化差异在两地侨乡民众环境观念中的表现

"风水"是古时人们选择、改善自身生存环境的经验总结，具有朴素的唯物主义内核，但在民间往往蒙上了迷信的色彩，闽省作为理气派的发祥地，犹重八卦、星相推演，易于被江湖术士所利用，使得人居环境的营造在许多地方反而有不科学、不健康之处，近代闽南华侨在科学思想的影响下，对一些陈旧的环境和居住观念多有突破，这也是近代闽南侨乡建筑文化分化中变革性的表现之一。

如在某些错误的风水观念影响下，住屋常开窗狭小，甚至不开窗，以求聚气，而忽视空气流通以及对阳光的需求，而华侨群体的努力使这一现象得以改观，陈达写道，"闽南有一个华侨社区，护士与社会服务者，为提倡卫生起见，劝住户多开窗户，据说进来某年度有极好的成绩，'我们于一年当中，劝村内各住户多开了五百个窗子'。"①

风水之说始于阴宅，当然也影响墓葬，1916年菲律宾华侨黄秀烺"慕西人族葬之制"营建家族茔域古檗山庄，被认为是移风易俗之举，时人称赞说："闽俗重风水，恒有亲没数年，而宅兆未卜者。盖惑形家言，不惮停葬择圹，以希冀不可知之富贵。甚矣！其愚也。海通以来，泉漳人士多商于南洋，富而归者，营置田宅之外，益致力于造茔，以为报亲之道，宜尔。然往往以风水故，酿私斗，起讼狱，因而辱身荡产，视故国为畏途者有之，今先生一举，可使其子孙世世祭于斯，厝于斯。无形之中，以敬亲睦族者贻远谋，矫恶俗，其所化顾不大哉！"。②康有为也写文称赞，"黄君休烺首推族葬制于其乡之檗谷，言曰'古檗山庄'，黄君闽之晋江人，晋江迷信风水较他属为甚，则知黄君此举为转移风俗之见，全国可以观法矣"。③古檗山庄实际上是一处墓地园林，以西式造园思维为主，多采用几何形和轴线对称处理，但在墓葬位置上遵守昭穆制度（图4-28），原内建筑中西合璧，多元并存（图4-29），如外廊式的檗荫楼，兼有汉蒙风格的景庵，闽南和伊斯兰风格结合的息庐等，足见这座墓葬园林的别出心裁和创新性。

旧时代因迷信"风水"还常引发社会矛盾，华侨回乡修建洋楼，常因"风水"问题而受到阻挠，某闽南华侨在致宗亲的信中批判道，"我国风俗嗜风水邪说殊深. ……反念我房虽有建筑之人，其迟未能实现者，惟此恶习之阻挠耳。"④因此遂有华侨希望摆脱风水影响，改善风俗，如1915年晋江金井村华侨创立"围江新民村"社，立碑记曰：

"我国各处风俗殊异，即卑如吾乡，更为俗尚所拘囿，无开放之一日。故无论寻常之户，或富户之家，偶架数椽御风雨，偶筑层楼以栖迟，靡不为旁人触目而生心，任意以阻扰。借口夫高压迫伤，遏止于附近地脉。是诚惑方士之说，迷信堪舆，不觉挟全力

① 陈达. 南洋华侨与闽粤社会［M］. 北京：商务印书馆，1939：125.

② 郑振满、丁荷生. 福建宗教碑铭汇编. 泉州府分册（中）［M］. 福州：福建人民出版社，2008：489.

③ 康有为. 跋黄氏古檗山庄记. 泉州文史资料新9-10辑［M］. 泉州：福建省泉州市委员会文史资料委员会，1992：181.

④ 陈达. 南洋华侨与闽粤社会［M］. 北京：商务印书馆，1939：125.

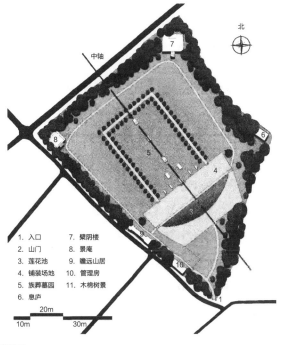

图4-28 古檗山庄总平面图

1. 入口　　7. 檗阴楼
2. 山门　　8. 景庵
3. 莲花池　　9. 瞻远山居
4. 铺装场地　10. 管理房
5. 族葬墓园　11. 木棉树景
6. 息庐

（图片来源："古檗山庄的造园文化解读"，《福建工程学院学报》，2014）

檗荫楼

景庵

息庐

瞻远山居

图4-29 古檗山庄主要建筑
（图片来源："古檗山庄的造园文化解读"，《福建工程学院学报》，2014）

以争锋，势成敌垒。非薄对于公堂，即械斗于乡里。营一室而未成，已挥金乎累累；筑一楼而未就，遂铲地至平平……同人有见于此，怒焉心伤。爰邀乡中人众，团结一社，颜曰围江新民村。阖会讨论慎重，再三订立规则，俾知率循。所有充费资捐注，划为本村教育公益之用，呈准官厅，示遵在案。从此除积弊于往昔，开便利于未来。庶他日者在地人众、归国侨胞，凡有架筑楼台，泯争端于雀角；营建屋宇，得长庆乎鸠安；共井同乡，亲仁笃爱；比户聚居，良好感情也。[①]"

且新民村还制定"盖屋规则"，如第六条规定新建楼房"前方左右如有祖祠，家庙、祖厅及邻居屋宇，不得干预"，第八条又云，"高低，层数、款式、窗牖方向，建造者得有独裁独行乏权力"。可见围江新民村的建立的目的是为了突破风水旧俗。华侨兴建楼房之举在他人看来往往是对自家风水的妨碍，遂引发矛盾乃至械斗，而华侨建立不拘于风水观念的村社新规，显然具有美化风俗的示范效应。

另一方面，也应该看到闽南华侨破除风水等旧俗往往是自己的合法权利受到侵犯而采取的行动，一个常见的起因即是洋楼等外来建筑形式对村落原有风水格局的挑战。而在潮汕侨乡，虽然旧的居住和环境观念虽然有一定程度的改变，但风水观念总体上是更为根深蒂固的，这也与潮汕华侨大多采用传统建筑形式，中外建筑文化冲突不大有关。

4.3.4　两地侨乡近代建筑审美文化分化的对比总结

根据以上分析，两地侨乡近代建筑文化冲突差异可以总结为表4-3：

两地侨乡近代建筑审美文化分化比较　　　　　　　　　　表4-3

闽南侨乡近代建筑文化分化的变革性		潮汕侨乡近代建筑文化分化的改良性
在建筑文化冲突中，某种价值取向被强调、被凸显，最终导致了特定文化属性的独立和分化		
身份意识	晚清	向往和仿效士绅阶层，采用具有身份象征意义的地方传统官式大厝、府第式建筑等
	民国	闽南华侨：民族资产阶级意识的上升	潮汕华侨：对传统士绅权力的追慕
建筑样式选择	殖民地外廊式建筑的移植和本土化创新	传统府第式建筑的沿用和调整改良，并输出到海外侨居地，展现出文化自豪感
以学校为代表的公益性建筑活动	早期	对外来建筑文化的直接移植	普遍将祠堂建筑作为教学场所
	后期	以嘉庚建筑为代表，在外来建筑形式基础上的地域性和民族性探索	在提倡新学之外，仍有回归儒学教育的思潮，校园建筑也多保留中式特色

---

① 郑振满、丁荷生. 福建宗教碑铭汇编. 泉州府分册（中）[M]. 福州：福建人民出版社，2008：473-476.

居住和环境观念	闽南侨乡：对风水观念中的迷信成分有所突破。 1. 改善采光、通风等房屋居住条件。 2. 采取对策趋避因风水观念引发的社会矛盾，美化风俗。 3. 科学墓葬	潮汕侨乡：传统风水观念仍根深蒂固，因外来建筑文化引入不多，也较少引发社会矛盾

4.4 外向性与内向性：近代两地侨乡的建筑审美文化整合差异

闽南与潮汕侨乡的近代建筑既有别于当地原有的建筑传统，也并非外来建筑文化的简单移植。与旧有的建筑传统相比，闽南侨乡建筑对造型的塑造更为突出，内部空间组织更为自由灵活，在装饰上强调对个人情感的抒发，并反映出更多时代的流行元素。而潮汕侨乡建筑则将新的建筑形式融入到传统的群体布局中，并以外来装饰语汇表达出地方文化特有的精致细腻的审美感受。同时，无论是西方或南洋建筑，两地侨乡建筑与它们显然又有极大的差异。可见，两地侨乡建筑都可以看作为新的建筑文化类型，由地方建筑传统与外来建筑文化元素整合而成，这种整合并非是相异建筑文化所具有的各种特质的机械的组合，而是有扬弃又有吸收，有批判亦有继承、有创造又兼顾借鉴的新的综合，是在取长补短、相互吸收、融化基础上产生的新的建筑文化系统。而扬弃与吸收、批判与继承的内容差异，又使得闽南与潮汕的侨乡建筑文化彼此区分。总的来说，在文化整合过程中，两地侨乡建筑表现出外向性与内向性的差异。在这里，外向与内向一方面是对建筑文化性格特征的界定，另一方面则是指建筑文化整合的方式。外向或内向的人文心态反映出人们认识和接纳外来建筑文化的基本倾向，其中，外向性心态将外来建筑文化作为相对独立的客体来观照，认识其属性特征、价值取向和演化规律；而内向性心态则以自身的价值观念去解释和运用外来建筑文化的一些形式要素，将其作为自身运动发展的补充。闽南地区历来有着外向文化的基因，其处于国家边陲地区，土地不宜耕作，却有着悠久的海洋商贸文化传统。过去在中原强势文化的影响下，闽南地方建筑文化是内向封闭的。而在近代，面对"数千年未有之大变局"。来自中央的政治、经济和文化影响力减弱，外来的外向型文化则强势入侵。与此同时，以侨乡文化发展为契机，闽南文化固有的外向性顺势凸显，在一定程度上认同并吸收外来建筑文化的价值观念，并以之改造地方原有内向性质的建筑文化，使其呈外向趋势发展。相比之下，潮汕地区虽也有一定的海洋文化特质，但同时有着更为根深蒂固的农耕文化传统，其文化的内向性质较为明显，在侨乡化时期，外来的建筑文化要素反过来成为诠释其当地建筑内向文化精神的素材。

外向与内向是具有空间性质的概念，因此按照建筑的外在环境、造型，到细部的装饰以及内在空间的层次进行分析，或能够更为清晰的把握内外向性格和整合方式在建筑文化中的体现，下面拟就环境文化整合、造型文化整合、空间文化整合和装饰文化整合四个层面对闽南和潮汕侨乡近代建筑文化进行比较。

4.4.1　造型整合的内向与外向差异

4.4.1.1　闽南侨乡近代建筑造型整合的外向性特征

外向性的文化心态决定了建筑审美观照中的主客分立态度，在这种情况下，建筑外部造型的完整性和标示性是重要的，由此易于为主体所感知和把握，因此立面视觉形象和外部整体造型成为建筑表现的重点。在近代闽南侨乡，地方原有的建筑体系虽然在屋脊等局部重视形象表现，但总体上还是呈现为主客一体的内向性特征，更为注重人在建筑内部空间的生活体验，外部造型并不是其表现的重点。而近代侨乡建筑是以外来建筑文化的形式和价值观念对旧的建筑体系进行改造，重新整合，使之呈现外向化的造型特征，主要表现为以下两个方面：

第一，地方传统院落式的单层建筑形态向单体式的楼房形态演变，并与外廊等外来建筑形式相整合，形成具有整体性和标识性的外向型造型特征。在闽南侨乡建筑，尤其是民居建筑的发展过程中，建筑的院落性特征有削弱的倾向，如南安蔡资森故居可算是早期闽南华侨住宅群体式布局的代表，而到中后期，这一类大型群落式民居已数量较少，而是出现了较多单体造型鲜明的洋楼建筑，院落或单体式的建筑格局一方面与华侨的家族和家庭结构有关，另一方面对建筑的整体造型有着直接的影响。在造型的塑造方面，单体式布局一般比院落式布局更利于突出建筑的整体造型形象。同时，这种发展倾向也与闽南侨乡外廊样式的流行密切相关，正如之前所言，外廊样式成为闽南华侨彰显自己身份地位的一种符号，且就立面形式而言，外廊样式以柱式组织为中心，富有秩序性和变化性，且形象鲜明，有较强的识别性，确实是较理想的立面形象选择。且外廊形式普遍做到2~3层，地方旧有建筑形式要与之相适应，也势必进行垂直向的楼化，楼化提升了建筑的使用面积，占地面积得以缩小，也适应了闽南侨乡华侨及侨眷大量迁居城市，城市用地相对狭小的情况。随着占地面积的缩小，内院和天井由于难以为底层房间提供足够的采光通风等因素，也趋于减小或取消。由此原本院落式的内向性建筑形态逐渐演变为重视外观表现的外向型建筑形态。

如泉州西街帽巷的听桐别墅（图4-30）由华侨蔡光远于1933年所建。建筑坐北朝南，高两层，正面为三开间的半圆形出规式外廊。出规处顶部有三角形山花，山花两侧设望柱，中间有中式牌匾点明楼名。建筑立面的水平和垂直向都为三段式划分，富有秩序感。该建筑占地面积不大，仅120平方米左右，且平面简洁紧凑，建筑内部不设内院或天井，可看作是传统三间张大厝顶落部分平面与出规式外廊平面的结合，由此形成小

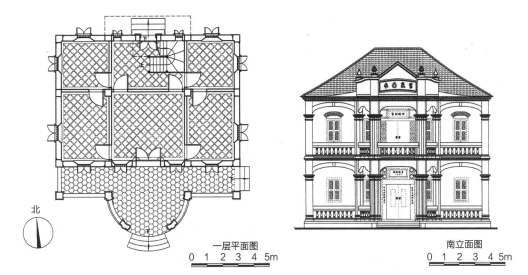

图4-30　听桐别墅首层平面与南立面图
（图片来源：华侨大学建筑学院测绘图纸）

巧别致，整体感强烈的建筑造型，对这座建筑的观看基本上是在其外部进行的，从远处观看即可把握其形象，而无需通过在建筑内部的活动来把握其整体，这也是其外向性的基本表现。

　　第二为中外建筑样式在竖向造型上的整合。传统中式建筑在视觉形象上最为突出的莫过于其"如鸟斯革、如翚斯飞"的屋顶形式。因此当建筑外部整体造型成为主体视觉观照的重点时，无论民间与官方建筑都不约而同有采取中式的屋顶造型叠加在西式立面上的手法，以突出造型性，或表达民族性。而侨乡民间营建与官方的"中国固有式"建筑形式的探索不同的是，民间营建多为地方工匠对中外建筑传统的自我解读，少理论而多实践，从而更具感性和经验性色彩，乡土气息浓厚。

　　石狮永宁镇龙穴景胜别墅是民间在这方面探索的一个杰出实例。该建筑由菲律宾华侨高祖景建造，主体为出规式外廊，总高四层，第三层向后退出，第三层退出的平台上有两层高的中国式的八角亭子，第四层有一层高的六角形的中国式亭子（图4-31）。而在三、四层之下的建筑主体是环绕四周的外廊，正面为出规式。整体形象新颖别致、工艺精美、令人印象深刻，且西式外廊与中式凉亭在立面上的结合并无让人有违和之感，而是有所对比的同时又相互协调，寓多样性于统一之中。具体来分析其立面造型的组织手法，首先外廊柱式较为简化，柱顶端不用西式柱头而采用简化的石构雀替，弱化了整体的西式印象。而在两个凉亭的处理上。亭不与屋顶直接相接，而是用立柱进行过渡，与西方文艺复兴时期穹顶下端用鼓座与屋面过渡的做法类似。同时栏杆平台悬挑，有些类似水榭的做法，同时三四层局部缩进的退台都增加了造型的丰富性和雕塑感。此外，在主色调上，外廊和凉亭都采用红砖与白石、红木与灰色洋灰的搭配，而在局部装饰和

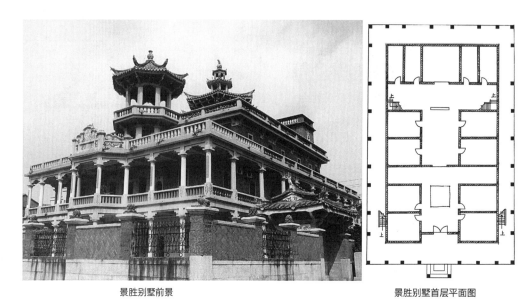

景胜别墅前景　　　　　　　　　　景胜别墅首层平面图

图4-31　石狮龙穴景胜别墅
（图片来源：作者自摄、自绘）

屋顶上用黄色和绿色进行点缀，也增加了建筑整体的协调感和丰富性。

　　更常见的情况是在外廊式立面上直接叠加中国式屋顶，与"中国固有式"风格相近，所不同的是有浓郁的闽南地域建筑风格。典型的是建于20世纪30年代的鼓浪屿鹿礁路黄家宅邸"海天堂构"，工程由莆田工匠完成，系五座建筑组成的建筑群。中轴线上的主体建筑为出规式的二层外廊楼房（图4-32），用半地下室垫高地坪，左右台阶相对设于入口两侧，与中式台阶直对庭院做法相异。外廊四周布置，以红砖做方柱，柱顶不设西式柱头，而采用仿木构的混凝土斗栱，两翼为传统坡屋顶，出规式阳台的顶部则采用歇山和攒尖叠加的重檐式屋顶。总体形成雍容大气的建筑形象。另外值得一提的是，

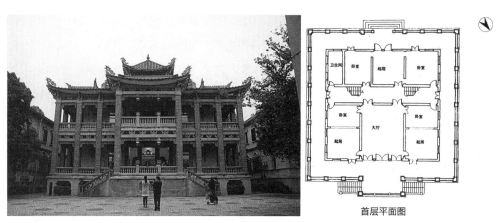

首层平面图

图4-32　海天堂构主体建筑及其首层平面图
（图片来源：左图自摄、右图来源于《鼓浪屿建筑艺术》，天津大学出版社，1997）

总平面图

图4-33　海天堂构建筑群及其总平面图
（图片来源：左图来源于《鼓浪屿建筑艺术》，天津大学出版社，1997、右图为作者自摄）

在建筑群体的布置上，两翼四座配楼皆为西式，从而在整个建筑群塑造上产生以西洋建筑烘托主体中式造型的效果（图4-33），其寓意不言而喻。这种以西式建筑烘托中式建筑的做法在闽南侨乡乡村建筑中也有出现，如漳州角美镇东美村曾氏洋楼。

　　总体来说，中外建筑样式在竖向造型上的整合一般都是在外廊形式的基础上叠加中式的造型元素，尤其以传统屋顶作为造型表现的重点，此外在柱式以及其他局部装饰上也较多采用了中式和地方性元素，这或许是工匠或设计者在有意识避免中外两种建筑形式过于明显的冲突而导致的不协调，因而整体造型似乎并不西化。尽管如此，其建筑思维却是偏向西式的，即把建筑形体作为一个与主体相对立的客体形象来塑造，而非像传统建筑那样由相对简单的建筑单元组合成建筑群落。这种思维方式的转变从根本上说是外向性的文化心态所致，即外向心态导致了对外来建筑文化在价值观念和思维方式上深层次的认同。

4.4.1.2　潮汕侨乡近代建筑造型整合的内向性特征

潮汕侨乡近代建筑造型整合的内向性特征主要表现在两个方面：

　　第一，在群体布局上，外来的楼化建筑形式成为围合内向性院落的组成部分。楼房筑式虽然在潮汕也古已有之，但到侨乡化时期才有了较普遍的发展，且楼房筑式与单层建筑也体现出中外式样的区别，即楼房多为西式，单层建筑则多为地方传统样式。可见在中外建筑文化交流的过程中，楼房筑式本身也被附加了西化的含义。楼房出现在潮汕侨乡建筑群落中大体可分为局部和整体式两种情况，当局部出现时，一般为围绕中心单层中式建筑的从厝或后包。

　　如潮安县彩塘镇宏五村的仰德里（图4-34），由马来亚华侨许则仰于1948年所建。建筑群坐南朝北，正面以围墙围护，中央为歇山式屋顶门楼，中心则为传统单层的"四

图4-34 仰德里鸟瞰
（图片来源：蔡海松摄）

点金"式主体建筑，前为灰埕和花园，左右设花巷和单层从厝，后包则为七开间的两层外廊式楼房，构造上采用双坡屋顶、石制方柱，石柱顶端施以简化的石构雀替，上下两层都采用绿色葫芦栏杆进行围护，总体外观朴实略带西化，但同时外廊内的梁枋却极尽精雕细刻之能事，在外廊式楼房两端，又有"伸手"的房间与从厝相连，与建筑群的其他部分共同组合成具有外闭内敞空间特征的院落布局。在这类院落式的建筑中，建筑物的整体造型形象难以从外部观看把握，而必须进入到建筑群体中，通过在各个院落空间中行走观看才能获得综合的印象。

澄海隆都镇福样村的通祖家塾则是整体式楼房的实例（图4-35），由泰国华侨潘植青于1934年所建，整座建筑群可以看作是地方民居五开间二落二厝形式的楼化，坐西南朝东北，正面前埕用围墙围合成，围墙大门因风水讲究偏向东向，左右两侧设"伸手"楼房围护，主体建筑为五间过叠楼形式，不设外廊，而采用潮汕侨乡常见的凹肚门楼，并以南洋瓷砖饰面，门楼两侧的外墙仅在近屋顶檐口处开两个小窗。与封闭感强烈、外观质朴的建筑正面外观形成对比的是，庭院内的后进洋楼和从厝均为较为开敞的外廊形式，装修精致细丽，上下厅堂的门扇均为传统的木制格扇，施以金漆木雕花鸟图案，而厅堂两翼的门窗均设有拱形的西式门楣和窗楣。外廊则以西式的方形陶瓷花瓶栏杆围护。栏杆陶瓷上也绘有精美的花卉图案。可以看出，整座建筑虽然整体楼化，但群落式的特征仍较明显，造型的单体性不强，且在中轴线位置上的建筑形体、构件、装饰大都倾向于选择传统形式，而中轴线两翼的楼房、装修装饰等则偏西化。建筑造型整体较为封闭，精彩之处皆在内部，呈现明显的内向性特征。

图4-35 通祖家塾鸟瞰及天井
（图片来源：蔡海松摄）

值得指出的是，闽南侨乡也不乏类似通祖家塾这样以传统民居形式整体楼化的例子，区别在于，闽南这类实例大多设有外廊，立面形象突出，且在闽南侨乡，群落式的建筑形态逐渐演化成单体式的建筑造型，而在潮汕地区，这种演化倾向是不明显的。

第二，外来建筑元素丰富了潮汕地方传统的建筑立面形式，但与闽南普遍流行的外廊式立面比较，仍显得相对封闭，是内向性文化性格的流露。近代潮汕侨乡建筑普遍以门楼为中心组织立面。门楼的形式源于闽南与潮汕地区传统的凹肚门楼，所谓凹肚，是把第一落前厅分为前后两截，内截叫前厅或前庭，外截就是凹肚门楼，门楼在地方传统建筑的营造中有重要地位，蔡海松认为，"潮汕建筑的凹斗门楼，一方面以适应当地防雨、防晒、防台风和防盗的需要，另一方面通过多层次的结构变化，可以产生虚实、明暗对比，加强中轴，也为雕饰和灰塑彩绘等传统民间艺术提供空间"。在楼化的近代侨乡建筑中，门楼添入了柱式等外来建筑元素，有了新的发展，并在城市和乡村都有普遍应用。

汕头永泰路四号是一栋典型的在侨乡城市中的实例，建筑楼高三层，为矩形三开间平面（图4-36）（现有平面经过改造，非原状），门楼高两层，局部凹进，门楼外沿两侧用方形柱式修饰，柱头为多层线脚，疏密有致。门楼内开大门，大门上方为门匾和二层的窗扇，大门两侧为两根修长的贯穿两层的爱奥尼柱，支撑起一拱形顶棚，顶棚边缘以线脚和齿形装饰带修饰，与爱奥尼柱头对应的顶棚上方有奖杯造型雕塑。顶棚下方绘有传统彩画（已脱落），除门楼外，建筑顶部的巴洛克碑亭式造型也较为突出

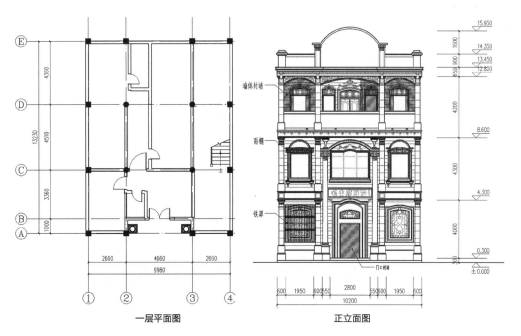

图4-36 永泰路4号首层平面及立面图
（图片来源：汕头山水社）

图4-37 永泰路4号门楼及其细部装饰
（图片来源：作者自摄）

（图4-37）。作为城市商业中心的建筑，永泰路四号采用了较多的西洋元素，表现出一定的外向性特征，但总体来说，建筑形体较为简单，主要依靠附加装饰来取得立面的丰富性，门楼是唯一形体产生变化的部位，同时方盒子式的形态也并非类似现代主义所追求的纯粹性，而单纯的是未有对建筑整体造型给予较多关注。因此从建筑思维来看，汕头这类洋楼虽然装饰精美，整合了较多的外来建筑元素，但关注点在局部而非整体，在细节而非形态，营造者或使用者的审美取向仍未完全把建筑作为一个和自身对立的完整客体来看待，特别是与闽南的外廊式洋楼相比，其建筑性格仍显得相对内向。

传统凹肚门楼演化的形式在乡村也有实例，尤其在澄海隆都镇前美村较为常见，如寿康里入口处立面和门楼形象（图4-38），门楼高两层，形制上仍为凹肚

图4-38 寿康里门楼
（图片来源：作者自摄）

形式，但两侧方形立柱修饰的拱形门洞却带来较强的西化印象。同时立面细部处理又是中西融合的，如柱头带有爱奥尼的涡卷样式，带涡卷以下又带有中式的穗带，拱形肩部以西式卷草纹样修饰，门斗内部一层墙面以南洋瓷砖饰面，二层墙面则为石墙，门洞上有"寿康里"的门匾。该门楼虽然造型较为突出，但只是建筑群伸手厝房的一个局部。且整个建筑群也是外闭内敞形态的院落式。

总结来说，潮汕侨乡内向性的文化心理和建筑思维导致了其中外建筑文化造型整合的内向性。与外向性导致的建筑成为主体观照的外在客体不同，内向性的建筑营建更重视主体在建筑内部的活动与观看体验。因此在造型整合中，外来的楼房样式为了达成建筑群体造型的内向性而服务，成为院落式形态的组成部分。除此之外，建筑造型的内向性也表现于建筑立面和单体，这其中又有两个层面，一是内向性格带来的建筑形象的封闭感和朴实感，二是内向思维带来的对造型整体性的忽视，在潮汕侨乡，乡村建筑多属于前者，从群体围合到单体形象都倾向于内向性，而城市建筑多属于前者，表现为建筑细部富于装饰，带有炫耀性和时尚性。但在造型塑造上重局部而忽视整体，仍属内向性的建筑思维。

4.4.2 空间整合的内向与外向差异

4.4.2.1 闽南侨乡近代建筑空间整合的外向性特征

闽南侨乡近代建筑空间整合的外向性特征主要表现在外廊式空间与地方传统空间形式的整合。外廊样式不仅涵盖立面形象，同时也是平面的组成部分，平面形式反映了建筑空间的基本形态，同时也对居住于建筑中的人的生活方式有所限定。一般来说，廊介于室内与室外之间，具有空间上的模糊性，中国传统建筑中并不缺乏"廊"的空间形式，但一般都置于院落之中，成为室内与院落之间的过渡空间，是建构汉文化内向型生活方式的组成部分。而在近代东南沿海侨乡所流行的外廊样式，源于欧美国家在其热带气候殖民地所大量建造运用的建筑形式，在立面形象上以西式拱券和柱式等为标识特征，而在平面上是室内空间向室外的延伸，是外向型生活方式的表征，而在赤道附近等炎热潮湿地区，外廊是遮阴纳凉的理想场所，可以进行喝茶、抽烟、聊天、吃饭、休息、看书等活动。对于外廊的作用，陈嘉庚先生在厦门大学庆祝新校舍落成大会上曾说道："学生宿舍为什么要建筑走廊，这是上海等地方所没有的，十年前我在新加坡有一栋房子有走廊，有时可以在那里看报吃茶，使房间更宽敞。所以宿舍增建走廊，多花钱为同学们住得更好，更卫生"[1]，从这里可以看出对于外廊样式是出于一种基于生活和教

---

① 厦大校史编委会. 厦门大学校史资料（第三辑）[M]. 厦门：厦门大学出版社，1989：552.

育理念的价值取向而被选择的。而对于一般闽南华侨及侨眷来说，从主观上说，对外来建筑样式的热衷和对其所反映的价值观念的认同使其对这种外向型生活方式较为认同，而从行为上看，对外廊空间的大量使用也潜移默化的改变着侨乡社会人们的生活习惯乃至价值观念，两种因素是互相促进的。

在另一方面，地方传统的空间形式发生调整以与外廊空间相整合。以泉州地区传统民居来说，其空间布局根据开间数目的不同有"三间张""五间张"等类型，而根据进数差别又有"两落大厝""三落大厝"等，其中第一进称为"下落"，第二进为"顶落"，第三进则为"后落"，两厢称为"榉头"，若无下落的三合院形式则称为"榉头止"，在住宅左右加建的长屋称为"护厝"。在近代闽南侨乡洋楼中，传统的空间布局形式与外来的外廊式空间相整合的方式主要有两种类型：

第一种类型是传统的平面形式基本保持不变，而在竖向上发生楼化并与外廊空间接合。如洛江区桥南村刘维添宅、晋江罗山镇中乡村柯子板宅、晋江龙湖衙口施连灯楼等，属于传统五间张两落厝平面布局的楼化与外廊空间的整合（图4-39 a），如洛江区桥南村刘宅、晋江金井埔边村洪宅等，是传统"三间张"两落厝平面楼化与外廊空间的整合（图4-39 b），如城东西福魏宅、晋江金井塘东村蔡本油楼分别是"三间张"榉头止和"五间张"榉头止平面楼化加外廊造型等（图4-39 c）。

第二种类型是在传统的平面布局基础上进行调整，包括减小或取消天井空间，或在平面布局上进一步发展，同时在竖向上楼化与外廊空间相整合。具体来说，一种情况是仅保留传统民居平面的局部，并与外廊相整合，典型的是保留传统三间张大厝的顶落部分平面（图4-40 a），对之楼化并加外廊，这种平面也是闽南洋楼的普遍形式，被称作"四房看厅"，实例如泉州西街听桐别墅、区奎霞巷傅宅、螺珠巷叶宅、积抚巷叶胎根宅、古榕巷陈宅等，另一种情况则是局部平面基础上进一步演化，即"六房看厅""八房看厅"等形式（图4-40 b），实例如晋江池店溜石村四泉楼、洛江区桥南村刘贤发宅、石狮永宁镇龙穴景胜别墅等。可以看出，在这类实例中，建筑单体的空间布局有复杂化的趋势。这类平面形式都取消了内部天井，但仍具备明显的传统空间特征，其共同特征在于厅堂空间居于核心地位，各个房间都由厅堂组织交通联系，有时房与房之间直接开门互通，和传统民居一样具备明显的空间等级伦理秩序。

从发展阶段来说，第一种类型处于地方传统建筑空间与外廊式空间整合的初级阶段，整合较为简单生硬，内向的院落空间与外向的外廊空间是并置的，陈志宏认为，"两种异质建筑空间在洋楼建筑内外的并存反映出近代华侨独特的生活方式和复杂的情感需求，也正是华侨介于中外双重身份的真实写照"[1]，如果说这一类空间整合还反映了近代

① 陈志宏. 闽南侨乡近代地域性建筑研究［D］. 天津：天津大学，2005：94.

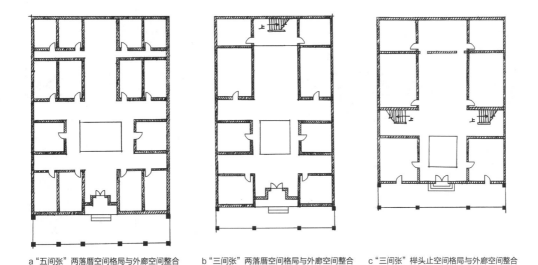

a "五间张"两落厝空间格局与外廊空间整合　　b "三间张"两落厝空间格局与外廊空间整合　　c "三间张"榉头止空间格局与外廊空间整合

图4-39　闽南本土民居空间格局与外廊空间相整合
（图片来源：作者自绘）

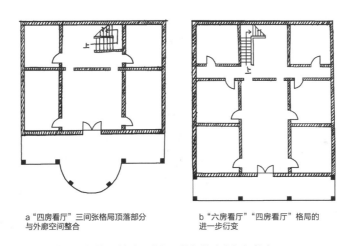

a "四房看厅"三间张格局顶落部分　　　　b "六房看厅""四房看厅"格局的
　　与外廊空间整合　　　　　　　　　　　进一步衍变

图4-40　本土空间格局基础上进行调整与外廊空间相整合
（图片来源：作者自绘）

闽南华侨阶层相对矛盾的文化心理，那么第二种类型则处于中外两种空间形式相对深入的整合，一方面，建筑空间在群体上的布局变得简单化，另一方面，单体建筑的空间布局变得复杂化，反映了外向型生活方式对内向型生活方式的逐渐替代，这也是与建筑造型的外向性特征相一致的。

4.4.2.2　潮汕侨乡近代建筑空间整合的内向性特征

近代潮汕侨乡城市和乡村的建筑有着较为明显的差异，因此关于其空间整合的内向性也有必要从乡村建筑和城市建筑两个方面来分析。对于乡村建筑来说，其空间的内向

图4-41　潮州地区古代府第式建筑的檐廊空间
（图片来源：左图陆琦摄、右图卓晓岚摄）

性特征首先表现在其院落空间的内向性上，需要意识到的是，这种内向性是传统院落的固有特征，而非整合而来。然而这并不说明外来样式对传统的内向型院落空间没有影响。与造型整合的内向性相似，外来的空间形式也被运用到传统的建筑空间中，从而增加了其表现形式和生活内容的丰富性，具体表现为：

首先，外廊、拱门等空间形式的运用增加了传统内向庭院空间表现形式的丰富性。在潮汕地方传统民居的内部庭院中，虽有廊空间的运用，但多为檐廊形式而非柱廊形式。这里可以地方旧有形式与受到外来建筑文化影响的廊空间形式作一番对比。以潮州著名的许驸马府为例，该宅邸始建于北宋，历经多次修缮，至今仍保持宋代的基本格局，是潮州地区现存最早的府第式建筑，整座建筑坐北朝南，主体建筑为三进五开间，东西有从厝、北面有后包围合。而其从厝和后包厝屋前的廊道空间都非柱廊空间，而是檐廊形式（图4-41），许驸马府虽建设年代久远，但其以从厝、后包向心围合居中主体建筑的布局形式对后世建筑的发展有原型意义，再其后的元代揭阳石鼓里、明代潮州三达尊黄府、清代民国的德安里、南盛里等，可以看到这种布局形式逐渐发展成熟完善，但它们的从厝和后包房间前也基本都为檐廊空间，而在近代侨宅中，由于从厝和后包常使用楼房形式，与之相配套的柱廊空间也随之被整合到其院落空间中（图4-42）。与檐廊相比，柱廊空间更具有层次感和韵律感，且拱券、柱头等部位的

图4-42　近代潮汕侨乡住宅内向庭院中的西式柱廊空间
（图片来源：郭焕宇摄）

修饰使这一部分空间更具悦目感，从而丰富了内向型院落空间的表现形式。

其次，楼房等空间形式的运用丰富了传统内向型生活的内容。在近代潮汕侨乡乡村建筑中，楼化空间主要出现在从厝和后包中，而正中的厅堂空间则极少楼化。厅堂空间在平日里是主人接待来客，进行的人际交往的场所，而在节庆等时间则是举行祭祀、宴请宾客等重要活动的场所，属于正式空间、而在这一空间之外的院落、从厝、后包，才是真正私人的，可以抒发个人情感的地点，因而这些场所空间不具有正式性，汉宝德认为，中国人的性格具有"人性阳刚的道德的一面与阴柔的自然的一面的对立与交融"，表现在生活环境上，"代表社会秩序的一面与代表自我的一面并立存在"，中国人"在前厅之行为是儒者，在后院行为则是道者了。要妥当地安排这种生活的对立性，建筑空间负担着重要的责任"[①]。因此在潮汕传统建筑中，内向的生活方式不仅仅表现于院落围合而成的内向性空间，还表现为建筑中社会性空间与个人空间的区别，前者表现出正式性而居于较为显著的中轴线厅堂部分，后者表现出非正式性而居于相对隐蔽的两侧从厝和后包。空间的正式与非正式之别除了与方位有关，也与其表现形式相关联，在潮汕侨乡化时期，楼化空间与洋风形式、非正式空间这三者在侨民观念[②]中往往是联系在一起的。而所谓非正式的空间，除了居住的私人性和隐私性外，还常常是抒发个人胸臆情怀的场所，具体表现为书斋、花园等场所空间。

澄海隆都镇前美村的文园小筑（图4-43）是一处典型实例，该建筑由陈立支得侨资兴建于1910年，建筑格局是"四点金"加"单佩剑"的组合，附属建有书斋，共有五

图4-43 文园小筑的庭园与阳台内景
（图片来源：作者自摄）

① 汉宝德. 中国建筑文化讲座［M］. 北京：生活·读书·新知三联书店，2006：202-203.
② 侨民这种认识当然是模糊的，而非清晰的概念。

厅二十三房。主体建筑基本为传统形式，而书斋为二层三开间外廊式楼房，以中式风格为基调同时又显现出浓郁洋风。采用石柱石梁，底层开敞，中间开间为木质格扇门，两侧开间则为石作门洞和窗框，用西式线脚装饰，通过院中狭窄的折形楼梯上至二层，而楼梯和二层栏杆均采用深蓝色花瓶栏杆围护，二层中间开间处为一开敞厅堂，栏杆上方围合以木构隔扇窗，窗格镶嵌玻璃，而四角处均以金漆木雕装饰，中西建筑材料和工艺在此融汇形成精细别致的效果，且由于内外光线照度不同，阳台从外观看显得较为闭合，而从内部往外观看又显得极开敞，窗外景色一览无余，而建筑内部梁枋门柱皆以精致的木雕修饰，内外空间的差别仿佛书斋主人的心情写照，封闭内向的表面背后是丰富多样的情感流露。

近代潮汕侨乡的一些著名园林，如潮阳西园、潮州莼园等，虽特色各不相同，也不一定为华侨、侨眷所建，但其空间布局却有共通性，即较正式的生活空间居于显要位置，形式规整严肃，而书斋楼阁等非正式的场所空间位置则相对次要隐蔽，往往有明显的西化倾向。可以看出外来建筑文化的影响丰富了传统内向型生活的空间形式，同时也丰富了其内容。

4.4.3 装饰整合的外向性与内向性差异

4.4.3.1 闽南侨乡近代建筑装饰整合的外向性特征

在近代闽南侨乡，中外建筑装饰文化整合的外向性特征集中体现在两个方面：

外向性整合表现为追随国际潮流、摩登时尚的装饰风格。

闽南侨乡装饰文化的发展呈现明显的阶段性。具体来说，从19世纪中叶到20世纪初，西化的华侨建筑尚不多见，主要位于厦门鼓浪屿，在装饰风格上受租界殖民式建筑的影响。而19世纪末到20世纪前20年，主要流行欧美折衷主义、新艺术运动和本土装饰文化相整合的装饰风格，到20世纪20、30年代，装饰主义风格又开始流行，且与本土装饰文化也多有融合。这其中以厦门最为突出，泉漳等闽南其他地区的阶段性特征虽不如厦门明显，表现出更多的本土性和地域性，但总体上也表现出对外来建筑装饰元素较强的接纳。

19世纪中期到20世纪初，闽南具有西化特征的华侨建筑数量尚少。例如1882～1891年厦门海关报道中有描述说，"携带致富财产回来的移民比例极小，远远不能给厦门邻近地区的面貌和特色带来明显的变化，这里的居民仍处于普遍的贫困状况。在本口岸的邻近地区，到处可以见到一些成功者的华丽住宅"[①]，所谓华丽，一般表现于装饰，现在

---

① 《厦门海关志》编委会. 近代厦门社会经济概况［M］. 厦门：鹭江出版社，1990：270.

难以确认这些"华丽住宅"的建筑风格和
装饰特征，但根据现存实例和整个闽南侨
乡建筑发展的规律来看，基本可以推论早
期华侨住宅中受到外来建筑文化影响的
是少数，实例如厦门鼓浪屿漳州路44号廖
宅、38号李宅，泉州中山路陈光纯洋楼等，
它们都采用券柱形式的外廊，装饰以线脚
为主，较为简洁朴素。如漳州路38号李宅
（图4-44），为菲律宾华侨李绍北所建，建

图4-44　早期华侨洋楼装饰简洁
（图片来源：《厦门近代城市与建筑初论》，华侨大学，
2000）

筑为两层砖木结构，立面为清水红砖墙、
不等跨券廊形式，富有韵律感。建筑整体装饰简洁，檐部设线脚和齿状带饰，拱券由方
柱托起。柱顶也以线脚修饰，拱顶中央装饰有拱心石，除此外基本无多余装饰，表现出
殖民式风格的明显影响，尚谈不上装饰华丽，原因可能在于早期华侨住宅多为传统形
式，虽然装饰丰富但受外来建筑文化的影响还不大。

　　20世纪初叶，侨民兴建及投资的建筑明显增多，并且受到折衷主义主义和新艺术运
动风格的综合影响，建筑装饰明显趋于洋化。其中折衷主义的影响主要表现于对各种古
典柱式及其修饰的运用，以及各种西式装饰图案和造型的引入，包括器皿、鸟兽、花
草、人物等、同时期钢筋混凝土技术传入厦门，梁柱形式逐渐代替券柱形式占据主流，
对立面柱式的修饰成为装饰的重点。建筑形式由此也摆脱了殖民式风格的简朴形象。

　　折衷主义的华侨建筑如鼓浪屿八卦楼、亦足山庄等建筑等。以亦足山庄为例
（图4-45），其位于笔山路9号，为越南华侨许涧所建。建筑立面为三段式划分，中段采用
通高两层的巨柱外廊，柱式为罗马塔斯干形式，修饰简洁。而两翼则为非外廊的角楼，
以清水红砖饰面，并以方形壁柱修饰形体转角处和窗户，转角处壁柱为叠柱形式，柱头

为爱奥尼式，柱身设有凹槽，窗户壁柱尺
度较为亲切小巧。总体上建筑中段雄壮朴
素，两翼装饰相对繁复细腻，形成有对比
和节奏感的立面形象，建筑檐部则以多层
西式线脚和齿形饰带装饰，顶部设女儿墙，
中间设山头，山头为较为典型的巴洛克样
式，包括断山花和涡卷装饰等。这类折衷
主义风格的华侨建筑中，外来装饰大多还
保留较为纯正的原有形式，而较少发生本
土化的变异。但在建筑材料如红砖的运用

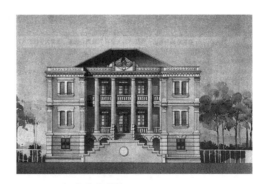

图4-45　折衷主义装饰
（图片来源：《鼓浪屿建筑艺术》，天津大学出版社，
1997）

a 厦门骑楼中的葡萄纹样装饰　　b 新艺术运动装饰中的葡萄纹样　　c 汕头骑楼中的葡萄雕饰

图4-46　厦门、汕头骑楼葡萄纹样装饰对比
（图片来源：a、c 作者自摄；b 来源于Judy Balchin《Art Nouveau Designs》，2002）

等方面，已表现出地方性特点。总的来说装饰的整合还是较为初步的，但已具有外向性的特征，即以开放的态度对外来建筑装饰进行模仿和复制，而较少保守和排斥心理。

西方新艺术运动对这一时期闽南侨乡建筑装饰的发展也有重要影响。新艺术运动热衷于从植物等自然元素中寻求灵感，喜用充满有活力、波浪形和流动的线条。这些特征在闽南侨乡的住宅、商业建筑和公共建筑装饰中都有普遍出现。而在装饰的部位上，主要包括柱头、山头、窗楣、檐口等，最为常见的是以西式的茛苕叶卷草纹作为纹样，用于修饰主题图案或者雕塑造型。除茛苕叶以外，常见的植物图案还包括月桂、葡萄、鸢尾花、菊花、向日葵等。如图4-46 a是厦门大同路某骑楼的圆形窗楣装饰，以葡萄叶、葡萄果实、走兽为装饰图案，而图4-46 b则是新艺术运动的典型葡萄纹样，对比之下可以看出二者颇有渊源关系，值得一提的是，汕头骑楼中也有类似的葡萄装饰图案（图4-46 c），二者比较来看，厦门的实例中果实作为背景，而叶片相对较大，比较符合现实中的植物形象，具有写实性，而汕头的实例中果实则相对突出，具有传统思维中多子多孙的象征寓意。两地侨乡装饰表现出的思维差异可见一斑。除去对外来装饰的较忠实模仿外，传统形式的图案和纹样有时也成为表现外来装饰风格的元素，如图4-47是传统的植物花鸟图案被用于修饰壁柱，而壁柱上方檐部则是用西式茛苕卷草纹修饰的。在泉州，这种情况则更加常见，并且在本土化的方向上走的更远，如图4-48的骑楼立面装饰，檐部采用的是卷草纹样，但与厦门常用的西式茛苕纹不同的是，这里的卷草是中式的牡丹缠枝纹，而墙面两侧荷花图案的剪瓷雕则起到类似壁柱的修饰作用，因此中外不同形式的植物图案共同为表达新艺术运动的植物主题而被应用，这无疑也是一种外向的整合。

到20世纪20、30年代，装饰主义风格成为闽南侨乡建筑的重要装饰语言，其起源于1925年巴黎国际装饰与工业艺术博览会，表现在建筑上是外观上多运用几何线型及图案，线条明朗，色彩独特，重视新技术、新材料的使用，富有现代气息。这一时期

图4-47　厦门骑楼中中式花草浮雕修饰西式壁柱
（图片来源：作者自摄）

图4-48　泉州骑楼中采用中式花草浮雕表现新艺术
运动风格
（图片来源：作者自摄）

的闽南建筑装饰大量运用曲线、折线、锯齿形、阶梯形、放射形的图案纹样，追求垂直性与向上感，正是装饰主义风格的表现。具体来说，一般包括整体和局部采用装饰主义装饰风格两种情况，前者主要特征是强调竖向线条，重点装饰立柱和女儿墙、窗下栏板等部位，在十字路口等商家必争之地常利用骑楼中跨做成塔楼（图4-49），采用层层收分，或拔高女儿墙以吸引观者视线，由于装饰主义风格本身就与商业发展密不可分，"是新艺术运动对新风格的探索走向商业化的产物"①，因此在厦门这样较为开放的商贸城市，其流行也是情理之中。而在别墅洋楼等居住建筑方面，这一装饰风格主要表现于柱头、山花、檐口、窗花等局部位置，而较少整体

图4-49　厦门骑楼中装饰主义风格的塔楼
（图片来源：作者自摄）

的风格表现。居住建筑较为重视装饰的表义性，因此带有象征意义的阳光、喷泉等形状的装饰在居住建筑中常有出现。

除了单纯的模仿，传统元素也与装饰主义风格相整合，形成有民族和地域特色的装饰主义风格，这其中第一种类型是对传统元素的简化和几何化。如传统木构建筑的

① 卢永毅. 工业设计史［M］. 台北：田园城市事业文化有限公司，1997：47.

图4-50 厦门骑楼中装饰主义化的书卷纹装饰
（图片来源：作者自摄）

图4-51 泉州骑楼中几何化的火焰纹装饰
（图片来源：作者自摄）

图4-52 厦门骑楼中装饰主义装饰与满洲窗几何元素的呼应
（图片来源：作者自摄）

梁枋被简化成浅浮雕，传统的装饰图样被几何化处理等。如厦门大同路57号的这座骑楼的窗楣装饰（图4-50），既有些形似匾额，又像是传统书卷纹的几何化形式。再如泉州西街路口这座骑楼的窗楣装饰（图4-51），属火焰纹的简化形式，火焰纹早在宋元时期就传入泉州，到近代已完全演化成具有地域特色的装饰纹样，因此火焰纹样的简化也属于在近代外来文化影响下的一种再演变。第二种类型是装饰主义元素和传统元素共同出现（图4-52），建筑实墙面为西式的线脚、莨苕纹、几何化浮雕装饰，而窗户则为中式的满洲窗，菱形的窗格与装饰主义风格的几何特征相呼应，形成谐调感。除此之外，当然也有介于二者之间的情况，如厦门大同路口的这座塔楼（图4-53），整体上为鲜明的装饰主义

图4-53 厦门骑楼装饰主义装饰中的中式元素
（图片来源：作者自摄）

风格，包括几何化的造型轮廓、栏板雕饰、山花和壁柱等，但在局部位置出现了中式的装饰元素，如女儿墙立柱端部所装饰的回字纹，中段的矩形匾额，檐口下的菱形装饰等，这些中式元素也都进行了简化和几何化的处理，从而与整体风格相匹配。

表义性装饰较多受到外来文化的影响，且多位于建筑的重点和突出部位

表义是建筑装饰的基本功能之一，即人们通过各种装饰形题材来表现一定的观念意识、寄托情感和期望，或彰显身份和地位。在侨乡建筑中，由于社会时代环境的特殊性，装饰所表达的内容涵义也被打上了深刻的时代烙印，华侨往往将在海外见闻到的各种新鲜事物，或外国建筑装饰的常见题材引入到家乡建筑中。再者，由于侨乡的开放气息，即使不通过华侨的直接引进，一些反映新鲜观念和时尚的装饰题材也更容易在侨乡流行。而另一方面，旧有的装饰题材往往有着深厚的社会基础和历史渊源，仍有着较强的生命力，总的来说新旧装饰内容呈现并存和整合的趋向，而闽南与潮汕侨乡建筑装饰比较来看，在闽南侨乡，建筑装饰的表义性内容有相对更多反映时代特征和受到外来文化影响的方面，且这些内容往往成为装饰的中心和主题要素，因而也具有外向整合的特征，具体来说，有以下几种情况：

第一，装饰中借助外来文化内容来表达新观念和新思想。

一个简单而易忽略的例子是以公历年份作为装饰主题，即闽南侨乡建筑的院门和屋顶山头装饰中，往往在中心位置标以公元纪年（图4-54）。民国在1912年1月1日开国时正式接受公历，但社会各阶层对公历的反映极为冷淡，广大民众仍习惯使用旧历或编制私历，1919年中央观象台台长高鲁请求教育部禁止私历，他说："民国肇兴，改用阳历，以事属初创，推步之术，尚待研究，遂暂仍旧贯。自三年起，始改用西人最新之法，……期于鼎新改革，密合天行。民间不察，制造私历，仍根据前清之《万年历》，三年已有乙亥月朔之讹，七年又有冬至日期之误，人时纷乱，社会滋疑。……拟请通咨

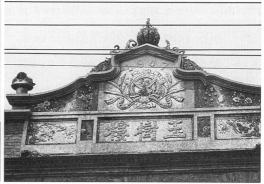

图4-54　以公元纪年为表义性主题的闽南洋楼山头装饰
（图片来源：作者自摄）

图4-55　以五角星、地球仪等为表义性主题的闽南洋楼山头装饰
（图片来源：作者自摄）

图4-56　以常见西式人物、动物形象等为表义性主题的闽南建筑装饰
（图片来源：作者自摄）

各省区行政长官，布告商民，以后制造通书及月份牌等，务按本台现取之法推算，不得再以前清《万年历》为根据"[1]。与普通民众对公历的拒绝相反，华侨在自己的住屋建筑中的醒目之处标以公元纪年一方面是由于他们长期在海外生活，对于公历已较多的适应，而另一方面也反映了他们对新时代潮流的拥护和认同。再例如地球仪、五角星、时钟、国旗等（图4-55）等装饰图案或造型，也是闽南侨乡建筑装饰中常见的主题，其共通之处是对当时科技进步、政治更新等时代元素用图像化的语汇进行象征和隐喻，从而表达出华侨的进步观念和开明思想。

第二，装饰中借助外来文化内容来表达吉祥寓意，或精神品格。

闽南侨乡建筑装饰大量采用了象、鹰、飞马、天使等外来动物或人物形象（图4-56），如大象安静端庄，有和谐之意；鹰为百鸟之王，寓意领袖和权威；飞马行

①　陈展云. 中国近代天文事迹［M］. 昆明：中国科学院云南天文台内部发行，1985：85.

动迅捷，有马到成功之意；天使有守护之意等。可以看出，外来的文化形象在被运用到建筑装饰中时也有了本土化的倾向，与传统丰富多样的装饰题材一起成为祈福纳祥的载体，表现出不同文化内容之间的整合趋势。但特殊之处在于，闽南侨乡这一类外来装饰题材的应用是较为广泛的，且常作为主题图案在山头、外墙等醒目部位出现，外来文化题材可以在装饰表现中

图4-57　以奖杯、徽章等西式饰物为表义性主题的闽南建筑装饰
（图片来源：作者自摄）

居于中心地位也反映了华侨的文化心理特点，即对外来文化不仅持接受的态度，并且习惯和喜好新的文化内容出现在他们的生活中。

第三，装饰中借助外来文化内容表达身份和地位。虽然说西式的装饰元素本身就有象征华侨新式身份的意义，但某些装饰题材更为集中和突出的反映了这一特征。如纹章、奖杯、饰物、盾牌等（图4-57），这些本身在外国文化中象征身份地位的装饰形象被移植到闽南侨乡建筑文化中时其意义并没有发生根本变化，但一般会丢失内涵的细节性，而与本土同类型的装饰物在表义功能上趋同化。

第四，以闽南红砖为代表的本土建材对西式装饰意象和趣味的模仿。

闽南地区建筑多用红砖，并形成了独具一格的"红砖文化圈"。其所产红砖表面有红黑相间的纹理，又称"胭脂砖"，且规格繁多，不仅运用于墙体围护，还有重要的装饰作用，而关于闽南红砖的起源，有学者认为也相当程度上是来源于海洋文明的影响[①]，但在近代侨乡化时期之前，闽南红砖已有大规模的普及运用，成为具有鲜明地方特色的建材。而在闽南侨乡建筑中，红砖也被大量用于营造西化的装饰意象和装饰趣味，表现出外向整合的特征。

第一，闽南红砖常被运用于制作各种西式拱券。砖因其力学性能特点，本身是建造拱券的天然材料，在闽南本土传统民居中，红砖虽有多样的装饰作用，但总体上还是多用于墙体围合，而在侨乡化时期，随着西方建筑形象的大量传入，闽南红砖的运用有了新的天地，成为券廊、窗券、门券的基本素材之一，根据发券形式的不同，包括半圆形券、三圆心和四圆心券、各类尖券等，而古已有之的伊斯兰文化影响在侨乡化时期也有了新的生命力，使侨乡洋楼的红砖拱券形式更为丰富，如马蹄形、三叶形、复叶形和钟乳形等（图4-58），反映了不同文化相互激发刺激而产生的共同繁荣现象。

第二，闽南红砖常被运用于对西式线脚的模仿。这其中大体有几种情况，一类是以

---

① 王治君. 基于陆路文明与海洋文化双重影响下的闽南"红砖厝"——红砖之源考［J］. 建筑师，2008（1）.

图4-58 闽南侨乡建筑中丰富多样的红砖拱券形式
（图片来源：作者自摄）

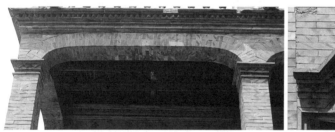

a 叠涩砌砖仿西式线脚

b 断面有弧线的砌砖西式线脚

图4-59 红砖模仿西式线脚
（图片来源：作者自摄）

叠涩的形式仿西式线脚，常以平砌、斜砌等方式形成不同形式交替出现的齿状装饰带
（图4-59 a），这类线脚虽出于对西式檐口中常见齿状装饰带的模仿，但具体做法却不尽
相同，西式做法并不常用砖做线脚，也很少出现砖斜砌形成的斜角面凸出的装饰带，因
此总的来说是模仿一种西式意象，另一类是在砖线脚过渡处做圆滑处理，更为完整准确
地模仿西式线脚特征（图4-59 b），这一方面反映出工匠砖作技术的高超，另外也反映
出他们在学习使用西方外来建筑语汇时的认真和细致态度。

第三，闽南红砖也常作为西式壁柱、立柱的建材而得到运用。在侨乡化以前，本土民居尚不多用砖柱，而随着西方柱式成为建筑立面形象的基本语汇，侨乡洋楼中各类砖柱也有较多出现。一般来说以方柱为主，少数为圆柱，且装饰性较强的壁柱较独立式立柱更为常见。

第四，在闽南侨乡红砖建筑的营造中，还常以砌筑或砖雕的方式，模仿各种西式装饰语汇。如图4-60 a中，工匠用红砖作出鹰和地球仪的浅浮雕形象。再如图4-60 b、图4-60 c中，红砖被用来表现西式山头和窗套等装饰元素。此外，由于砖作多表现出较强的几何形特征，因此也适合装饰主义装饰风格的表现，如图4-60 d、图4-60 e。

而从整体看，中外建筑形式性质迥异，二者在洋楼等建筑中的整合不免有许多不协调之处，而红砖既可以作为中式部分的主要墙体材料，起到饰面作用，也可以成为西式部分的重要组成元素。从而增强建筑形态的整体性和协调感。此外，与红砖起到相似作用的还有闽南地区盛产的白色花岗岩，两种本土建材共同塑造了以"红砖白石"为特点的闽南侨乡洋楼的典型形象。在建筑材料这一方面，潮汕地区本土民居原多采用贝灰、灰沙土筑成的夯土墙，在其基础上做饰面处理，较少用砖砌墙，其材料天然的视觉表现性不似闽南红砖那样鲜明，在近代侨乡化时期也多用水泥钢筋等新式建材，因此在建筑

a 砖作的鹰和地球仪的浅浮雕

b 砖作的西式窗套

c 砖作的西式山头

d 装饰主义风格的柱头装饰

e 装饰主义风格的窗楣装饰

图4-60　红砖模仿各种西式装饰语汇
（图片来源：作者自摄）

色彩方面不似闽南侨乡洋楼这样明快活泼。

总结来说，所谓闽南侨乡建筑装饰的外向性整合，其基本特征是出现了较多以外来装饰语汇或文化内容为核心，本土的装饰语汇围绕其进行组织的情况，这种现象的前提是能够以外向姿态接受外来的装饰文化和新鲜事物，以外向思维整合新旧装饰形式。当然，这里并非是说所有的闽南侨乡建筑装饰都有外向整合的特征，而是说这种趋势在闽南侨乡较为突出和明显，相比之下，潮汕侨乡建筑装饰所表现出的趋势就基本相反，呈现出内向整合的发展特征，具体见下文分析。

4.4.3.2 潮汕侨乡近代建筑装饰整合的内向性特征

与闽南比较，近代潮汕侨乡建筑装饰虽然也受到外来装饰文化的阶段性影响，如折衷主义、新艺术运动、装饰主义风格都在其建筑装饰中有或多或少的表现，但并不清晰，总体上潮汕侨乡建筑装饰仍是以本土文化为主体发展而来，而外来的装饰语汇和文化内容成为其中的组成部分，因此是以地方装饰文化为中心的内向整合，主要表现在以下几个方面：

第一，外来的装饰语汇的运用传承了潮汕地方传统建筑精致内敛的装饰风格。潮汕地区历来农耕文化发达，但人多地少，因此有耕田如绣花的特色，这种精细作风进一步影响到生活、艺术等其他领域，其本质是对有限资源的极致利用。中外装饰文化中繁复细腻者并不鲜见，而潮汕装饰以精致著称，还有其独到之处，即善于在有限的构图范围内营建出主次分明，错综掩映、穿插联结的装饰效果。潮州著名民间艺术家张鉴轩以"杂杂、匀匀、通通"六字总结潮汕木雕的艺术特色，其实也可以看作是装饰中对有限空间的利用之道。这种装饰风格在潮汕地方传统建筑与近代侨乡建筑中是一脉相承的，19世纪末的华侨建筑装饰基本保留了纯粹的地方装饰元素，较少受到外来文化的影响，典型的如从熙公祠的石雕和木雕装饰，进入20世纪，外来文化影响渐强，广大城市和乡村建筑装饰中出现了更多的外来元素，但外来的装饰语汇的运用也基本上传承了潮汕装饰一贯的精细特征，并集中体现为对空间的高度利用，往往在不大的装饰区域内汇集了繁复的装饰元素（图4-61）。

第二，外来的装饰语汇相对较少成为表义性内容，而是单纯作为"西化"的符号出现，用以修饰表义性的中式装饰主题。与闽南相比，潮汕侨乡外来装饰语汇碎片化和符号化的特征更为明显，诸如拱

图4-61　继承了潮汕精细特色的西式装饰语汇运用
（图片来源：作者自摄）

图4-62　庵埠凤岐路文庐的门楼装饰
（图片来源：作者自摄）

券、爱奥尼柱头的涡卷、苕茛叶卷草等是潮汕侨乡常用的外来装饰语汇，但这些装饰大都不具有其它的表义性，相反有很多情况是外来装饰语汇围绕中式表义性主题起修饰作用。如庵埠凤岐路文庐（图4-62），门楼局部凹进，门框两边用方柱修饰，柱头为多层线脚，疏密有致。门框内侧为两根修长的贯穿两层的爱奥尼柱，支撑起一拱形顶棚，顶棚边缘以线脚和齿形装饰带修饰，拱肩两侧雕有一对活灵活现的麒麟，而爱奥尼柱头上方有是西式的奖杯造型。顶棚下方绘有彩绘，内容为福禄寿三星，再下方为木窗和门匾。这样的装饰形式在潮汕楼房建筑中是较为常见的，即以中式的彩画、雕刻为主题，而柱式、奖杯、卷草等西式语汇成为烘托中式主题的修饰。

即使在最具开放性的汕头，除了一些最具"摩登"特征的标志性建筑，能够表达丰富意义的西式装饰也并不多见，如海乾内街4号这一组洋楼装饰（图4-63），其中心图案，如窗楣的扇面图案，穗带中间的椭圆形图案都是以中式山水、花鸟、走兽为主题，檐部饰带亦以中式牡丹缠枝纹样、飞鸟浮雕装饰，而西化的装饰语汇主要表现在拱形窗楣、壁柱、柱头装饰等方面，使窗饰整体上给人以洋化印象。与之极为相似的例子如五福路31号、53号、55号、商平路21号等。再如汕头骑楼或沿街商业建筑立面有一种常见的顶部处理手法（图4-64 a），即以短柱支撑一小段筒拱，筒拱内侧端部则以矮墙封闭，也可以看作是山头的复杂化处理，筒拱上方都施以繁复的西化雕饰，看上去洋风十足。但事实上西方建筑中与之类似的山头造型使用筒拱并不常见，这种处理方式更可能是潮汕楼房建筑门楼形式的进一步演化，而在符号化的西式装饰之外，筒拱内壁和端部墙面都以彩画装饰，这些彩画一般为中式的花鸟、人物、山水、龙凤主题（图4-64 b）。表义性装饰以中式内容为主，外来装饰一般仅是形式性的表现，反映了潮汕侨乡民众仍然习惯传统的生活内容、秉承旧有的价值观念，这显然也是内向性整合的特征之一。

图4-63 以中式扇面、山水、花鸟为表义性主题的汕头骑楼装饰
（图片来源：作者自摄）

a 汕头骑楼常见的顶部处理手法

b 筒拱内壁施以的中式彩画或浮雕

图4-64 以中式彩绘为主题的汕头骑楼顶部装饰处理
（图片来源：作者自摄）

值得一提的是，潮汕侨乡建筑装饰中也有一部分表现外来文化内容的实例。典型的是彩画装饰，如普宁县泥沟村亲仁里祠堂内部梁枋上所绘近代题材彩画（图4-65），从左到右分为三部分，左幅为一国人驾驶着一辆老式汽车，中幅描绘的则是汕头埠港口的繁荣景象，采用散点透视手法、中式的牌坊和洋楼、轮船等外来新鲜事物呈现在同一画面中，而右幅画面描绘的是摄影师为端坐在桌边的三人拍摄照片的情景，桌上还有留声机等新鲜事物，整幅画面反映出中西杂处的特有时代风貌。再如图4-66为达濠凤岗村某民居的侧墙檐下彩画装饰，建筑同样为地方传统形式，但彩画却描绘了飞机、轮船等近现代工业文明的成果，从绘画内容看，应绘于20世纪30年代以前。彩画作为一种具象性质的装饰手法，对外来事物的描绘是直接而少经抽象的，这说明侨民尚处于"开眼看世界"的阶段，对外界事物感到惊羡，于是在彩画装饰中对这些舶来品进行描绘，而绘画内容本身并不具有祈福纳吉、伦理教化的寓意，与一般的表义性装饰尚存在距离，因

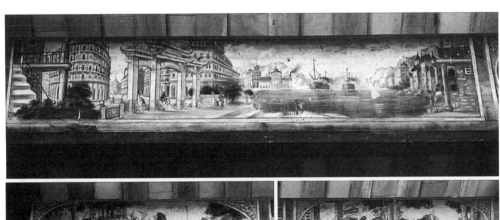

图4-65 普宁泥沟村亲仁里祠堂梁枋上的近代题材彩画
（图片来源：作者自摄）

图4-66 达濠凤岗村某民居的檐壁近代题材彩画
（图片来源：作者自摄）

此尚不能说是一种外向整合,相反的,这同时说明侨民仍习惯于用地方工艺去表现外来事物,恰恰是以传统文化为主体对外来文化的内化吸收。

　　第三,外来装饰元素多用于对原有建筑部件的美化。华丽的窗饰和门饰是潮汕侨乡建筑的一大特点。典型的如汕头骑楼建筑,林琳认为,"另有一种骑楼样式,其建筑立面构成并没有典型的西方建筑元素,如拱券、柱式和女儿墙的修饰,基本上为平直线条,但是在窗框、门楣等处有非常繁复的雕饰,好像潮戏中的头饰。这种骑楼只在中国汕头市和澄海区两地有发现,故称做粤东式骑楼"[①]。虽然这里认为汕头骑楼立面没有典型的西方建筑元素稍显武断,即其雕饰还是有明显的西式纹样的,但对于其特征的总结却是极准确的,同时也符合我们对与汕头建筑装饰内向性整合特征的论断。而如果进一步考察潮汕侨乡的其他建筑类型,也可以发现相似的特征,即采用外来装饰元素对门窗等常见的建筑部件进行美化这一思维方式,如陈慈黉故居作为潮汕华侨住宅的典型代表,其手法上与粤东式骑楼就有共通之处,但更为华丽且更具南洋风情,这主要是由于大量使用南洋瓷砖、马赛克贴面取得的装饰效果,"洋瓷砖是陈慈黉故居一个最具特色的装饰语汇"[②],单以窗楣形式来说,主要包括三角形、半圆、异形等,或者不用窗楣,采用马赛克对窗框进行简单的边饰(图4-67),门饰也大体类似(图4-68),而进一步考察这座建筑中的其他部位,可见这种装饰风格并不局限于门窗,瓷砖等外来材料被运用到如栏杆、屋脊、檐下墙、墙身堵、地板等各种可以想到的部位处(图4-69),西式柱头虽然无法使用瓷砖,但在柱头上方的檐口处采用大量瓷砖和马赛克作为饰带。而在表义性上,瓷砖和马赛克也被拼合成汉字、万字形、中国结等形式的吉祥图案(图4-70)。瓷砖图案一般以几何形的方形拼花为主,排列整齐而具有秩序感,形成一种平

图4-67　陈慈黉故居中各式窗户的窗框和窗楣装饰
(图片来源:作者自摄)

---

①　林琳. 港澳与珠江三角洲地域建筑——广东骑楼 [M]. 北京:科学出版社,2006:109.
②　汕头市政协学习和文史委员会. 陈慈黉故居建筑艺术 [M]. 汕头:汕头大学出版社,2011:114.

图4-68 陈慈黉故居中的门框和门楣装饰
（图片来源：作者自摄）

图4-70 进口瓷砖制成的"福"字装饰
（图片来源：郭焕宇摄）

图4-69 陈慈黉故居中进口瓷砖对栏杆、墙面、壁柱、门楣等处的美化
（图片来源：作者自摄）

面化的装饰特色，与注重立体造型的西方建筑大异其趣，而相反更具南洋风情。这种装饰依附于传统形式的居住空间，使得原本具有鲜明等级色彩的伦理空间变得明朗而活泼，行走其中，似乎也可以感受到与过去严肃端正的传统府第式住宅不同的气氛，应该说，以善居室为代表的陈慈黉故居也反映了陈慈黉家族的新绅士形象，虽然与旧绅士在宗族的地位没有本质的区别——建筑样式持守于传统正是这一现实的反映，但传递出更加开明，更具活力的信号。其他华侨住宅虽然不一定如陈宅那般华丽，但在装饰上一般也沿袭了这种思路，即用外来的装饰元素对地方民居原有建筑部件进行美化，如地方传统样式的民居门楼的凹门肚处，其前壁和侧壁往往用石板敷设，并施以各种题材的浮

雕。而在华侨住居中，这些部位的装饰往往就由各式纹样的瓷砖和马赛克材料所替代，这一手法在闽南和潮汕都有出现，而潮汕更为普遍，进一步就中外装饰文化整合的方式与闽南侨乡建筑进行对比，可以发现有明显的不同，闽南侨乡的装饰很多是依附于外来的建筑部件，如外廊、山头、柱式立面等，装饰与被装饰物原本是互相对应的一套建筑体系，而在潮汕侨乡，外来的建筑体系被分解而碎片化，这些碎片融入到地方原有的建筑体系中，因此也是一种整合，不过这种整合是在本土建筑的原有形态基础上进行的美化，因此也表现出内向性的特征。

4.4.4 两地侨乡近代建筑分化整合的对比总结

根据以上讨论，近代闽南与潮汕侨乡中外建筑审美文化整合差异可以总结为表4-4：

两地侨乡近代建筑审美文化整合比较 表4-4

		闽南侨乡近代建筑文化整合的外向性	潮汕侨乡近代建筑文化整合的内向性
文化心态的影响		1. 建筑观照中的主客分立态度，建筑外部造型的完整性和标示性较为突出。 2. 以外来建筑文化的形式和价值观念对旧的建筑体系进行改造	1. 以自身去解释外在世界，表现出物我一体的特质，建筑营建更重视主体在建筑内部的活动与观看体验。 2. 外来建筑要素被吸收为本土建筑文化的组成部分
造型文化整合	整体造型	单层院落式建筑形态向单体式楼房形态演变，并与外廊等外来建筑形式相整合，形成具有整体性和标识性的外向型造型特征	外来的楼化建筑形式成为围合内向性院落的组成部分
	立面造型	中外建筑样式在竖向造型上的整合	外来建筑元素丰富了地方传统建筑的立面形式，但与外廊式立面比较，仍显得相对封闭，是内向性文化性格的流露
空间文化整合		1. 传统的平面空间形式基本不变，在竖向上发生楼化并与外廊空间接合。 2. 在传统的平面布局基础上进行调整，包括减小或取消天井空间，或在平面布局上进一步发展，同时在竖向上楼化与外廊空间相整合。 总体倾向是：建筑空间在群体上的布局变得简单化，同时单体建筑的空间布局变得复杂化，反映了外向型生活方式对内向型生活方式的逐渐替代	1. 外廊、柱式、拱券等外来建筑元素的运用增加了传统内向庭院空间表现形式的丰富性。 2. 楼房等空间形式的运用丰富了传统内向型生活的内容。主要表现于书斋楼阁等"非正式空间"中，是抒发个人胸臆情怀的场所
装饰文化整合		1. 追随国际潮流、摩登时尚的装饰风格。 2. 表义性装饰较多受到外来文化的影响，且多位于建筑的重点和突出部位。装饰主题借助于外来文化内容表达新观念、吉祥寓意、精神品格、身份地位。 3. 以闽南红砖为代表的本土建材对西式装饰意象和趣味的模仿	1. 外来的装饰语汇的运用传承了潮汕地方传统建筑精致内敛的装饰风格。 2. 外来的装饰语汇相对较少成为表义性内容，而是单纯作为"西化"的符号出现，用以修饰表义性的中式装饰主题。 3. 外来装饰元素多用于对门窗等原有建筑部件的美化

在近代闽南与潮汕侨乡的文化转型中，外国殖民文化的侵入，新兴华侨文化与传统士绅文化的相互作用，社会俗尚的西化等因素都是影响建筑文化发展的变量，这些因素使中外建筑文化在接触过程中首先发生冲突。

闽南侨乡表现出整体性的建筑文化冲突。由于厦门英租界和鼓浪屿公共租界的存在，西方近现代城市文明得以较为完整的展示其优越性，从而在建筑文化深层次的价值理念冲突中占据上风。闽南城乡普遍出现的外廊式建筑，正是侨民对西式生活方式的一种向往和象征。而潮汕地区未设立租界，外来建筑形式以孤立的方式进入，而较少伴随相关的城市制度和配套设施，与本土建筑文化的冲突是局部的，其结果是侨民仅部分的借鉴外来建筑符号和技术。

在冲突过程中，特定的价值取向被强调，被凸显，从而最终导致独立和分化，对于两地侨乡建筑文化来说，分化的焦点聚焦于对传统建筑价值取向的态度上，闽南倾向于破旧立新，采用外来建筑样式彰显华侨阶层新的身份意识，在公益性建筑活动中对之进行民族化和地域化的尝试，并力图破除旧有居住环境观念中所存陋俗；而潮汕倾向于继承创新，华侨多追慕于传统士绅身份，在居住和公益类建筑中多以本土建筑为根本进行改良，且传统的风水思想也根深蒂固。

分化为建筑文化的演进指明了方向，而整合则是新的建筑文化体系形成的具体过程，同时也是侨民文化心理和思维方式的反映。近代闽南与潮汕建筑文化整合表现出内向性与外向性的差异，在造型文化整合中，前者采用西式思维，注重建筑外部造型的整体性和标识性，而后者则注重建筑内部体验，外来元素成为院落式建筑形态的组成部分；在空间文化整合中，前者将本土空间形式与外廊空间相结合，传统内院天井式空间退化，而在后者中，外来建筑元素丰富了传统内向性空间的表现形式，增添了传统内向性生活的审美趣味；在装饰文化整合中，前者紧随国际风格潮流，且表义性装饰较多采用西式主题表达主人的观念和诉求。而后者对西式语汇的运用继承了本土精致内敛的装饰风格，外来元素常成为中式表义性主题的修饰物，并起到美化原有建筑部件的作用。

近代侨乡建筑是社会转型的产物、经济建设的硕果、文化交流的结晶、时代精神的具现，蕴涵着建筑—经济—社会—文化之间复杂多变的关系。过往该领域的研究针对侨乡建筑的类型性和地域性特征等方面展开了广泛深入的讨论，成果卓著。但"侨乡建筑"作为一种建筑类型体系，构成尚不清晰，概念尚未完全建立，由此导致该领域的类型研究、地域研究、史论研究等都缺乏广泛联系的视野。本文认为，应立足地方社会所处的宏观历史背景，以侨乡社会、经济、文化对建筑的综合性塑造作用为线索，将各地域、各类型、各阶段的侨乡建筑现象整合到统一的"近代侨乡建筑文化"概念系统中。

第 5 章 结论与展望

近代侨乡建筑文化的核心内涵主要表现为：为适应以侨乡化和近代化为主要内容的社会变迁，侨乡城乡各地本土建筑文化在以华侨为代表的大众群体的直接或间接作用下进行自我更新以及在与外来建筑文化冲突融合的过程中，产生的社会性、经济性、文化性有别于非侨乡地区的建筑文化类型。

以此为指导，探寻其构成要素之间的联系性，比较其差异性，从而促进侨乡建筑研究的具体化和系统化。而在各地域侨乡中，闽南与潮汕地区有着天然的地缘联系，相似的气候条件，深厚的文化渊源，但在近代侨乡化时期却表现出不同的建筑文化特征，展现了近代侨乡建筑发展的丰富性、复杂性和矛盾性，因而具有极佳的可比性，二者差异主要表现为：

1. 在乡村宗族结构变动、侨民城居化等因素影响下，闽南侨乡建筑更具独立性与享乐性，潮汕侨乡建筑则注重群体和谐，追求秩序与效率。

具体来说，在近代闽南乡村，传统的宗族结构开始松弛，作为宗族组成单元的华侨家族和家庭的独立性增强，使民居建筑呈现单体化演进的趋势，根据建筑发展逻辑的阶段性划分，大体包括单体院落式建筑、以楼化为特征的单体院落式建筑的改扩建以及单体式洋楼等。此外，在祠堂建筑中，闽南华侨倾向于修缮和重建整个宗族的祖祠，祖祠多不与民宅相连接，也表现出独立性。而在潮汕侨乡，建筑的群体性特征明显。潮汕侨乡宗族结构变迁体现出两种趋势的矛盾作用：即因华侨阶层迅速崛起而强调房派作为家族联盟的统一性趋向；和因为近代化而呈现家族家庭独立的分化趋向。前者表现为祠宅合一、主副中心并存的建筑群落式布局，其中祠堂多为房派支祠。后者则表现为单一中心从厝式建筑的多数量复制。二者都源于潮汕古代的府第式建筑，但又有所差异，是本土传统建筑形式为适应以华侨为代表的近代新兴家族结构特征而做出的调整应变。

2. 近代两地侨乡经济结构不同，主要导致两地建筑文化在功能类型、发育程度、空间分布等方面有所差异。大量侨汇流通使侨批馆建筑得以形成并繁荣。闽南侨批馆建筑发展建立在乡族地缘的基础上，层级性突出。而潮汕批馆建筑发展则以业缘关系为基础，其建筑形态的多样性、使用功能的依附性特征更为明显；近代华侨投资主要集中于房地产业，并以厦门和汕头为中心。骑楼因其对气候、政治以及华侨经济结构的适应性而成为房地产业生产的主要商品形式，其中厦门骑楼以商住分区为特征，街道立面秩序感强烈，装饰具有工业时代特征。汕头骑楼功能上以商住同户为特征，街道立面表现表现出异质性，连续性不强，装饰上仍保留手工艺时代的感性特点。

侨乡社会的消费型特征使服务业建筑有所发展，也以厦门和汕头最为典型。由于相关行业更注重于以建筑形象招徕顾客，因此其建筑往往成为城市地标。其中厦门服务业建筑更具娱乐性，而汕头则更具商务性。

3. 在近代中外文化交流影响下，两地侨乡建筑主要表现出整体性与局部性的文化冲突差异、开拓性与改良性的文化分化差异、外向性与内向性的文化整合差异。

在闽南侨乡，租界的存在较为完整地展示了西方近现代文明在当时所具有的优越性，建筑冲突深入到内在的价值层面，从而使闽南城市到乡村都普遍受到外来建筑文化的影响。而在潮汕侨乡，中外建筑文化冲突是局部的，影响停留于表层的技术、语汇和符号等，对乡村影响较弱，表现出城乡不平衡的特征。

冲突使两地建筑文化的价值取向得以凸显分化，闽南更趋于破旧立新，华侨普遍选择外廊样式以象征身份地位，并加之以本土化和民族化的创新。此外，他们在居住和环境观念也有所突破。潮汕则趋于改良延续，出于对士绅权力的追慕，华侨多选择传统的府第式建筑，加以调整以适应新的社会环境需求，而"风水"为代表的环境观念也较为根深蒂固。

以不同的价值观念为中心，两地侨乡中外建筑文化整合呈现内向性和外向性的差异，在闽南侨乡建筑中，主客分立的倾向增强，建筑营建更重视外部造型的整体性和标识性，内向性的天井和院落为外廊空间所逐渐替代，装饰上关注于国际流行样式的变化，并多以外来文化内容作为表义性装饰的主题。而在潮汕侨乡建筑中，仍更为重视主体在建筑内部的体验，仅以外来建筑元素丰富本土传统建筑的造型、空间和装饰表现，并为传统的内向性生活增添内容。

5.2 创新和展望

本书的创新之处在于：

1. 在近代侨乡社会组织变迁影响下，闽南侨乡建筑文化倾向于彰显个体独立，追求舒适享乐，而潮汕侨乡建筑文化则注重群体和谐，追求秩序与效率。

2. 在侨乡经济影响下，近代闽南与潮汕侨乡建筑文化在不同领域分别表现出商业性与商品性、地缘性与业缘性、娱乐性与商贸性等差异。

3. 两地侨乡建筑文化分化的焦点集中于对待本土传统的态度上，近代闽南侨乡建筑文化倾向于破旧立新，对外来建筑文化进行外向整合；而潮汕侨乡则倾向于继承创新，对外来建筑文化进行内向吸收。

而关于本书论题，笔者认为还有进一步拓展的空间。

第一，在侨乡建筑研究中，近代闽南与潮汕侨乡的建筑文化颇具代表性，但尚不能反映侨乡建筑文化的全貌，为加强此领域研究的系统性和丰富性，尚可以扩大研究范围，针对广东、福建、广西、海南等各地域侨乡建筑进行广泛深入的比较研究。

第二，在有条件的情况下，加强对华侨海外侨居地建筑文化的研究，对于溯源侨乡建筑文化的产生，完善侨乡建筑研究有重要意义。由于各地侨乡华侨海外侨居地多有不同，即使是同一国家，也有城乡和地域之分，此外，包括华侨从事的职业等因素都对侨乡建筑文化特征发生影响。而在东南亚各华侨侨居地，宗主国的建筑文化也应纳入考察范围。

第三，拓展对华侨主体的研究，分析其建筑文化心理和审美意识。总体来说，华侨不善著述，这一方面相关史料佐证较少，在写作本文过程中，笔者对两地侨乡的近代华侨信件进行了查阅，信件主要以侨批为形式，由于南洋侨居地较近，批款寄送频繁且金额零碎，因此批信内容较少涉及建筑营造，故笔者不得不放弃这一方面的研究。但在其他类型的侨乡中，或为另一番光景，期待就此方面进行后续研究。

第四，华侨的信仰文化及其所对应的建筑类型极具特色，但一般以本土建筑形式为主，受外来文化影响并不鲜明，因此本文对此类建筑较少涉及，但毋庸置疑，神庙、教堂等宗教类建筑也是侨乡建筑文化的一部分，对此方面的拓展有助于进一步深化和完善本领域的研究。

第五，对于当代建筑创作和侨乡城镇建设，本研究提供了一定的素材和参考，但尚未就具体内容展开讨论，对此方面进行拓展，将有助于丰富该领域研究的实践意义，将学术价值转化为现实价值。

总之，受学识及能力所限，本研究尚有不成熟之处和值得拓展的空间，这些还有待在后续工作中加以深化和完善，同时也期待更多的学术同仁关注和加入对侨乡建筑的探讨，从而促进学术争鸣，使该领域的研究不断向前发展。

参考文献

[1] 梁思成. 中国建筑史[M]. 天津：百花文艺出版社，1998.

[2] 中国近代建筑史编辑委员会. 中国近代建筑史[M]. 北京：建筑工程部建筑科学院研究院，1959.

[3] 汪坦. 第三次中国近代建筑史研究讨论会论文集[M]. 北京：中国建筑工业出版社，1991.

[4] 汪坦. 第四次中国近代建筑史研究讨论会论文集[M]. 北京：中国建筑工业出版社，1993.

[5] 汪坦. 第五次中国近代建筑史研究讨论会论文集[M]. 北京：中国建筑工业出版社，1998.

[6] 张复合. 中国近代建筑研究与保护-四[M]. 北京：清华大学出版社，2004.

[7] 邹德侬. 中国现代建筑史[M]. 天津：天津科技出版社，2001.

[8] 赖德霖. 中国近代建筑史研究[M]. 北京：清华大学出版社，2007.

[9] 李海清. 中国建筑的现代转型[M]. 南京：东南大学出版社，2004.

[10] 杨秉德. 中国近代中西建筑文化交融史[M]. 武汉：湖北教育出版社. 2003.

[11] 杨秉德. 中国近代城市与建筑[M]. 北京：中国建筑工业出版社，1993.

[12] 杨秉德，蔡明. 中国近代建筑史话[M]. 北京：机械工业出版社，2004.

[13] 沙永杰. "西化"的历程——中日建筑近代化过程比较研究[M]. 上海：上海科学技术出版，2001.

[14] （美）彼得·罗，关晟. 承传与交融——探讨中国近代建筑的本质与形式[M]. 成砚，译. 北京：中国建筑工业出版社，2004.

[15] 郭湖生，等. 中国近代建筑总览·厦门篇[M]. 北京：中国建筑工业出版社，1993.

[16] 马秀芝，等. 中国近代建筑总览·广州篇[M]. 北京：中国建筑工业出版社，1992.

[17] 郑德华. 广东侨乡建筑文化[M]. 香港：三联书店（香港）有限公司，2003.

[18] 林琳. 港澳与珠江三角洲地域建筑——广东骑楼[M]. 北京：科学出版社，2006.

[19] 汕头市政协学习和文史委员会. 陈慈黉故居建筑艺术[M]. 汕头：汕头大学出版社，2011.

[20] 张国雄，李玉祥，等. 老房子——开平碉楼与民居[M]. 南京：江苏美术出版社，

2002.

[21] 程建军. 开平碉楼：中西合璧的侨乡文化景观[M]. 北京：中国建筑工业出版社，2007.

[22] 樊炎冰. 开平碉楼与村落[M]. 北京：中国建筑工业出版社，2008.

[23] 黄继烨，张国雄. 开平碉楼与村落研究[M]. 北京：中国华侨出版社，2006.

[24] 关华烈. 烟雨碉楼第1版[M]. 珠海：珠海出版社，2003.

[25] 陆元鼎，魏彦钧. 广东民居[M]. 北京：中国建筑工业出版社，1990.

[26] 陆琦. 广东民居[M]. 北京：中国建筑工业出版社，2008.

[27] 陆元鼎. 岭南人文·性格·建筑[M]. 北京：中国建筑工业出版社，2005.

[28] 高鉁明，等. 福建民居[M]. 北京：中国建筑工业出版社，1987.

[29] 黄汉民，等. 福建传统民居[M]. 厦门：鹭江出版社，1994.

[30] 李玉祥，黄汉民. 老房子·福建民居[M]. 南京：江苏美术出版社，1994.

[31] 戴志坚. 闽台民居建筑的渊源与形态[M]. 福州：福建人民出版社，2003.

[32] 黄为隽，等. 闽粤民宅[M]. 天津：天津科学技术出版社，2003.

[33] 余英. 中国东南系建筑区系类型研究[M]. 北京：中国建筑工业出版社，2001.

[34] 曹春平. 闽南传统建筑[M]. 厦门：厦门大学出版社，2006.

[35] 陈志宏. 闽南近代建筑[M]. 北京：中国建筑工业出版社，2012.

[36] 林文为. 闽南古建筑做法[M]. 香港：闽南人出版有限公司出版，1998.

[37] 福建省文化厅. 八闽祠堂大全[M]. 福州：海潮摄影艺术出版社，2002.

[38] 晋江市新闻摄影学会. 晋江古厝[M]. 福州：海潮摄影艺术出版社，2007.

[39] 林凯龙. 潮汕老屋[M]. 汕头：汕头大学出版社，2004.

[40] 潘莹. 潮汕民居[M]. 广州：华南理工大学出版，2013.

[41] 蔡海松. 潮汕民居[M]. 广州：暨南大学出版社，2012.

[42]《潮州古建筑》编写组. 潮州古建筑[M]. 北京：中国建筑工业出版社，2008.

[43] 彭长歆. 现代性·地方性——岭南城市与建筑的近代转型[M]. 上海：同济大学出版社，2012.

[44] 汤国华. 岭南湿热气候与传统建筑[M]. 北京：中国建筑工业出版社，2005.

[45] 董黎. 岭南近代教会建筑，北京：中国建筑工业出版社，2005.

[46] 泉州历史文化中心. 泉州古建筑[M]. 天津：天津大学大学科技出版社，1991.

[47] 陈允敦. 泉州古园林钩沉[M]. 福州：福建人民出版社，1993.

[48] 泉州民居编委会. 泉州民居[M]. 福州：海风出版社，1996.

[49] 许在全，等. 泉州名祠[M]. 福州：福建人民出版社，2004.

[50] 陈成南. 漳州名胜与古建筑[M]. 天津：科学技术出版社，1995.

[51] 吴瑞炳，林荫新，钟哲聪. 鼓浪屿建筑艺术[M]. 天津：天津大学出版社，1997.

[52] 龚洁. 鼓浪屿建筑丛谈[M]. 厦门：鹭江出版社，1997.

[53] 龚洁. 到鼓浪屿看老别墅[M]. 武汉：湖北美术出版社，2002.

[54] 李乾朗. 金门民居建筑[M]. 台北：雄狮图书公司，1987.

[55] 聂志高. 金门洋楼的外廊样式：建筑装饰的演绎[M]. 台北：桑格文化有限公司，2006.

[56] 李乾朗. 台湾近代建筑[M]. 台北：雄狮图书股份公司，1987.

[57] 杨昌鸣. 东南亚与中国西南少数民族建筑文化探析[M]. 天津：天津大学出版社，2004.

[58] 吴良镛. 广义建筑学[M]. 北京：清华大学出版社，1989.

[59] 彭一刚. 建筑空间组合论[M]. 北京：中国建筑工业出版社，1983.

[60] 吴庆洲. 建筑哲理、意匠与文化[M]. 北京：中国建筑工业出版社，2005.

[61] 李允鉌. 华夏意匠[M]. 香港：广角镜出版社，1982.

[62] 王其亨. 风水理论研究[M]. 天津：天津大学出版社，1992.

[63] 丁沃沃，胡恒. 建筑文化研究（第1辑）[M]. 北京：中央编译出版社，2009.

[64] 丁沃沃，胡恒. 建筑文化研究（第2辑）[M]. 北京：中央编译出版社，2010.

[65] 丁沃沃，胡恒. 建筑文化研究（第3辑）[M]. 北京：中央编译出版社，2011.

[66] 胡恒. 建筑文化研究（第4辑）[M]. 北京：中央编译出版社，2013.

[67]（意）阿尔多罗西. 城市建筑学[M]. 黄士钧，译. 北京：中国建筑工业出版社，2006.

[68]（美）斯皮罗. 科斯托夫. 城市的形成——历史进程中的城市模式和城市意义[M]. 单皓，译. 北京：中国建筑工业出版社，2005.

[69]（美）阿摩斯·拉普普特. 宅形与文化[M]. 常青，徐菁，李颖春，张昕，译. 北京：中国建筑工业出版社，2007.

[70] 楼庆西. 中国传统建筑装饰[M]. 北京：中国建筑工业出版社，2000.

[71] 程建军. 风水与建筑[M]. 南昌：江西科学技术出版社，2005.

[72] 汉宝德. 中国建筑文化讲座[M]. 北京：生活·读书·新知三联书店，2006.

[73] 侯幼彬. 中国建筑美学[M]. 哈尔滨：黑龙江科学技术出版社，1997.

[74] 唐孝祥. 近代岭南建筑美学研究[M]. 北京：中国建筑工业出版社，2003.

[75] 唐孝祥. 岭南近代建筑文化与美学[M]. 北京：中国建筑工业出版社，2010.

[76] 王振复. 建筑美学[M]. 昆明：云南人民出版社，1987.

[77] 汪正章. 建筑美学[M]. 北京：中国人民出版社，1991.

[78] 许祖华. 建筑美学原理及应用[M]. 南宁：广西科学技术出版社，1997.

[79] 万书元. 当代西方建筑美学[M]. 南京：东南大学出版社，2001.

[80]（美）肯尼斯·弗兰姆普敦. 建构文化研究：论19世纪和20世纪建筑中的建造诗学[M]. 王骏阳，译. 北京：中国建筑工业出版社，2007.

[81]（日）庐原义信. 街道的美学[M]. 尹培桐，译. 天津：百花文艺出版社，2006.

[82] 许乙弘. 装饰主义的源与流：中西摩登建筑关系研究[M]. 南京：东南大学出版社，2006.

[83] 陈达. 南洋华侨与闽粤社会[M]. 长沙：商务印书馆，1938.

[84] 李文海. 民国时期社会调查丛编. 华侨卷[M]. 福州：福建教育出版社，2009.

[85] 李文海. 民国时期社会调查丛编. 乡村社会卷[M]. 福州：福建教育出版社，2014.

[86] 俞云平. 福建侨乡社会变迁[M]. 长沙：湖南人民出版社，2002.

[87] 王本尊. 海外华侨华人与潮汕侨乡的发展[M]. 北京：中国华侨出版社，2000.

[88] 郑一省. 多重网络的渗透与扩张，海外华侨华人与闽粤侨乡互动关系研究[M]. 北京：世界知识出版社，2006.

[89] 蔡苏龙. 侨乡社会转型与华侨华人的推动，以泉州为中心的历史考察[M]. 天津：天津古籍出版社，2006.

[90] 福建省民俗学会. 福建侨乡民俗[M]. 厦门：厦门大学出版社，1994.

[91] 刘浩然. 闽南侨乡风情录[M]. 香港：闽南人出版有限公司，1998.

[92] 郭瑞明. 厦门侨乡[M]. 厦门：鹭江出版社，1998.

[93] 林金枝，庄为玑. 近代华侨投资国内企业史料选辑（广东卷）[M]. 福州：福建人民出版社，1989.

[94] 林金枝，庄为玑. 近代华侨投资国内企业史资料选辑（福建卷）[M]. 福州：福建人民出版社，1985.

[95] 杨建成. 三十年代南洋华侨侨汇投资调查报告书[M]. 台北：中华学术院南洋研究院，1983.

[96] 王琳乾，吴坤祥. 早期华侨与契约华工（卖猪仔）资料[M]. 汕头：潮汕历史文化研究中心，2002.

[97] 中国银行泉州分行行史编委会. 闽南侨批业史记述[M]. 厦门：厦门大学出版社，1996.

[98] 李良溪. 泉州侨批业史料1871—1976[M]. 厦门：厦门大学出版社，1994.

[99] 杨群熙. 潮汕地区侨批业资料[M]. 汕头：潮汕历史文化研究中心，2004.

[100] 葛剑雄，曹树基，吴松弟. 简明中国移民史[M]. 福州：福建人民出版社，1993.

[101] 江门市侨务办公室. 五邑侨乡[M]. 香港：雅典美术印制公司，1990.

[102] 佛山地区侨联会. 佛山地区侨乡风光[M]. 香港：中华商务联合印刷有限公司，1982.

[103] 梅伟强. 五邑华侨华人史[M]. 广州：广东高等教育出版社，2001.

[104] 张国雄. 五邑文化源流[M]. 广州：广东高等教育出版社，1998.

[105] 郑德华，成露西. 台山侨乡与新宁铁路[M]. 广州：中山大学出版社，1991.

[106] 庄国土. 华侨华人与中国的关系[M]. 广州：广东高等教育出版社，2001.

[107] 李亦园. 一个移殖的市镇：马来亚华人市镇生活的调查研究[M]. 台北：正中书

局，1985.

[108] 陈嘉庚. 南侨回忆录[M]. 长沙：岳麓书社，1998.

[109]（澳大利亚）杨进发. 陈嘉庚研究文集（第1版）[M]. 北京：中国友谊出版公司出版，1988.

[110] 廿周年纪念刊编辑部. 集美学校二十周年纪念刊[M]. 1935.

[111] 校史编写组. 集美学校七十年[M]. 福州：福建人民出版社，1983.

[112] 周南京. 华侨华人百科全书 法律条例政策卷[M]. 北京：中国华侨出版社，2000.

[113] 周南京. 海外华侨华人词典[M]. 北京：北京大学出版社，1993.

[114] 潘翎. 海外华侨百科全书[M]. 香港：三联公司（香港）有限公司，1998.

[115] 郑民，等. 华侨华人史研究集[M]. 北京：海洋出版社，1989.

[116] 徐晓望. 闽南史研究[M]. 福州：海风出版社，2004.

[117] 中共泉州市委宣传部编. 闽南文化研究[M]. 北京：中央文献出版社，2003.

[118] 黄挺，陈占山. 潮汕史[M]. 广东人民出版社，2001.

[119] 黄挺. 潮汕文化源流[M]. 广州：广东高等教育出版社，1997.

[120] 陈礼颂. 一九四九年前潮州宗族村落社区的研究[M]. 上海：上海古籍出版社，1995.

[121] 陈景熙. 官方、商会、金融行货与地方货币控制权，潮州学论集[M]. 汕头市：汕头大学出版社，2006.

[122] 杨群熙. 潮汕地区商业活动资料[M]. 汕头. 潮汕历史文化研究中心. 2003.

[123] 郑可茵，等. 汕头开埠及开埠前后社情资料[M]. 汕头：潮汕历史文化研究中心. 2003.

[124] 王铭铭. 逝去的繁荣：一座老城的历史人类学考察[M]. 杭州：浙汪人民出版社，1999.

[125] 苏黎明. 泉州家族文化[M]. 北京：中国言实出版社，2000.

[126] 黄开山. 新汕头[M]. 汕头：汕头市政厅，1928.

[127] 萧冠英. 六十年来之岭东纪略[M]. 大连：中华工学会，1925.

[128] 邓启龙. 开放的岭南文化[M]. 广州：暨南大学出版社，1998.

[129] 谭元亨. 岭南文化艺术[M]. 广州：华南理工大学出版社，2002.

[130] 梁凤莲. 岭南文化艺术的审美视野[M]. 北京：中国戏剧出版社，2005.

[131] 李权时，李明华，韩强. 岭南文化[M]. 广州：广东人民出版社，2010.

[132] 龚伯洪. 广府文化源流[M]. 广州：广东高等教育出版社，1999.

[133] 朱维斡. 福建史稿[M]. 福州：福建教育出版社，1985.

[134] 何绵山. 闽文化概沦[M]. 北京：北京大学出版社，1998.

[135] 陈支平. 近500年来福建的家族社会与文化，上海：三联书店上海分店，1991.

参考文献

[136] 郑振满. 明清福建家族组织与社会变迁[M]. 长沙：湖南教育出版社，1992.

[137] 福建省炎黄文化研究会. 闽文化源流与近代福建文化变迁[M]. 福州：海峡文艺出版社，1999.

[138] 林拓. 文化的地理过程分析：福建文化的地域性考察[M]. 上海：上海书店出版社，2004.

[139] 廖达柯. 福建海外交通史[M]. 福州：福建人民出版社. 2003.

[140] 林庆元. 福建近代经济史[M]. 福州：福建教育出版社，1999.

[141] 翁绍耳. 福建省墟市调查报告[M]. 邵武. 私立协和大学农学院农业经济学系. 1949.

[142] 洪卜仁. 厦门旧影新光[M]. 厦门：厦门大学出版社，2008.

[143] 高振碧. 爱上老厦门[M]. 北京：电子工业出版社，2011.

[144] 福建省地方志编撰委员会. 福建省自然地图集[M]. 福州：福建科学技术出版社，1998.

[145] 张仲礼. 东南沿海城市与中国近代化[M]. 上海：上海人民出版社，1996.

[146] 隗瀛涛. 中国近代不同类型城市综合研究[M]. 成都：四川大学出版社，1998.

[147] 吴松弟. 中国百年经济拼图：港口城市及其腹地与中国现代化[M]. 济南：山东画报出版社，2006.

[148] 陈支平，詹石窗. 透视中国东南：文化经济的整合研究[M]. 厦门：厦门大学出版社，2003.

[149]（唐）孔颖达，等.（汉）郑玄，注. 正义黄侃经文句读. 礼记正义[M]. 上海：上海古籍出版社，1990.

[150] 马克思，恩格斯. 马克思恩格斯全集第十二卷[M]. 北京. 人民出版社，2007.

[151] 费孝通. 乡土中国[M]. 北京：北京大学出版社，1984.

[152] 李亦园. 人类的视野[M]. 上海：上海文艺出版社，1997.

[153] 王恩涌. 文化地理学导论[M]. 北京：高等教育出版社，1989.

[154] 冯尔康. 18世纪以来中国家族的现代转向[M]. 上海：上海人民出版社，2005.

[155] 梁景和. 近代中国陋俗文化嬗变研究[M]. 北京：首都师范大学出版社，1998.

[156] 徐杰舜，等. 人类学与乡土中国——人类学高级论坛2005卷[M]. 哈尔滨：黑龙江人民出版社，2005.

[157] 栗洪武. 西学东渐与中国近代教育思潮[M]. 北京：高等教育出版社，2002.

[158] 段云章，倪俊明. 陈炯明集[M]. 广州：中山大学出版社，2007.

[159] 段云章，陈炯明的一生[M]. 郑州：河南人民出版社，1989.

[160] 卢永毅. 工业设计史[M]. 台北：田园城市事业文化有限公，1997.

[161] 陈展云. 中国近代天文事迹[M]. 昆明：中国科学院云南天文台内部发行，1985.

[162]（俄）史禄闲. 北方通古斯的社会组织[M]. 吴有刚，赵复兴，孟克，译. 呼和浩特：内蒙古人民出版社，1985.

[163]（法）马塞尔·莫斯. 人类学与社会学五讲[M]. 梁永佳，赵内祥，林宗锦，译. 杜林：广西师范大学出版社，2008.

[164] RONALD G KNAPP. Asia's Dwellings: Tradition, Resilience, and Change[M]. New York: Oxford University Press, 2003.

[165] JUDY BALCHIN. Art Nouveau Designs[M]. UK: Search Press, 2002.

[166] LEEHO YIN. The Singapore Shophouse: An Anglo−Chinese Urban Vernacular: Tradition, Resilience, and Changeed.[M]New York: Oxford University Press, 2003.

[167] KENNETH FRAMPTON, JOHN CAVA. Studies in Tectonic Culture: The Poetics of Construction in Nineteenth and Twentieth Century Architecture[M]. Cambridge: MIT Press, 2001.

[168] LAURA VICTOIR. Harbin to Hanoi: Colonial Built Environment in Asia, 1840 to 1940（Global Connections）[M]. Hong Kong: Hong Kong University Press, 2013.

[169] 吴庆洲. 梅州侨乡客家民居中西合璧的建筑文化[J]. 赣南师范学院学报. 2010（02）.

[170] 唐孝祥. 近代岭南侨乡建筑的审美文化特征[J]. 新建筑. 2002（05）.

[171] 唐孝祥，吴思慧. 试析闽南侨乡建筑的文化地域性格[J]. 南方建筑. 2012（02）.

[172] 吴妙娴，唐孝祥. 近代华侨投资与潮汕侨乡建筑的发展[J]. 华南理工大学学报（社会科学版）. 2005（02）.

[173] 唐孝祥，吴妙娴. 试析近代潮汕侨乡建筑的审美文化特征[J]. 城市建筑.2006（05）.

[174] 杨思声，肖大威. 中国近代南方侨乡建筑的文化特征探析[J]. 昆明理工大学学报（理工版），2009（02）.

[175] 杨思声，王珊. 近代泉州侨乡外廊式建筑的演变探析[J]. 华中建筑，2009（07）.

[176] 梁应添. 发扬侨乡建筑特点，搞好现代城市建设[J]. 建筑学报. 1998（07）.

[177] 汤腊芝，汤小槚. 析五邑侨乡传统建筑风貌与特色[J]. 建筑学报. 1998（07）.

[178] 窦以德. 透析历史，筛选特征，秉承革新精神，创造侨乡建筑新风貌[J]. 建筑学报. 1998（07）.

[179] 仲德昆. 江门五邑侨乡建筑文化的特色及其继承与发展[J]. 建筑学报. 1998（07）.

[180] 单德启. 弘扬五邑传统建筑文化，创造侨乡现代城市特色[J]. 建筑学报. 1998（07）.

[181] 赵红红. 关于侨乡现代城镇建筑特色的几点建议[J]. 建筑学报. 1998（07）.

[182] 唐孝祥，朱岸林. 试论近代广府侨乡建筑的审美文化特征[J]. 城市建筑. 2006（02）.

[183] 唐孝祥，赖瑛. 试析近代兴梅侨乡建筑的文化精神[J]. 城市建筑. 2005（11）.

[184] 陈志宏，贺雅楠. 闽南近代洋楼民居与侨乡社会变迁[J]. 华中建筑. 2010（06）.

[185] 郭焕宇，唐孝祥. 基于"消费型"特征的近代广府侨乡民居文化探析[J]. 华南理工大学学报（社会科学版）. 2013（06）.

[186] 郭焕宇. 近代广东侨乡民居文化研究的回顾与反思[J]. 南方建筑. 2014（02）.

[187] 郭焕宇. 近代广东侨乡民居装饰的审美分析[J]. 华中建筑. 2014（04）.

[188] 郭焕宇. 近代广东侨乡民居的文化融合模式比较[J]. 华中建筑. 2014（05）.

[189] 张应龙. 输入与输出：广东侨乡文化特征散论——以五邑与潮汕侨乡建筑文化为中心[J]. 华侨华人历史研究. 2006（03）.

[190] 许桂灵，司徒尚纪. 广东五邑侨乡规划与建筑体现中西文化融合初探[J]. 中山大学学报（自然科学版）. 2004（09）.

[191] 任健强，田银生. 近代江门侨乡的建筑形态研究[J]. 古建园林技术.2010（06）.

[192] 赖瑛. 试比较广东侨乡近代建筑审美文化特征[J]. 南方文物. 2005（06）.

[193] 陆映春. 近代中西建筑文化碰撞的产物——粤中侨乡民居[J]. 华中建筑. 1999（03）.

[194] 魏峰，唐孝祥，郭焕宇. 泉州侨乡民居建筑的文化内涵与美学特征[J]. 中国名城. 2012（04）.

[195] 魏峰. 近代漳州侨乡民居建筑审美的基本维度[J]. 华南理工大学学报（社会科学版）. 2013（10）.

[196] 李岳川. 近代粤闽华侨建筑审美心理描述[J]. 华中建筑. 2013（04）.

[197] 李岳川，肖磊. 近代闽南与潮汕侨乡的中西建筑文化博弈[J]. 小城镇建设. 2013（12）.

[198] 吴招胜，唐孝祥. 从审美文化视角谈开平碉楼的文化特征[J]. 小城镇建设，2006（4）.

[199] 张国雄. 碉楼：岭南乡村的洋务运动[J]. 中华遗产，2007（06）.

[200] 江柏炜. "五脚基"：近代闽粤侨乡建筑的原型[J]. 城市与设计学报，2003.

[201] 方拥. 泉州鲤城中山路及其骑楼建筑的调查研究与保护性规划[J]. 建筑学报. 1997（8）.

[202] 王珊，杨思声，关瑞明. 骑楼在泉州近当代社会变迁中的发展研究[J]. 华侨大学学报（哲学社会科学版）.

[203] 王珊，关瑞明. 泉州近代骑楼与当代骑楼比较[J]. 华侨大学学报（自然科学版），2005（4）.

[204] 林冲. 两岸近代骑楼发展之比较与探讨[J]. 华中建筑，2004，22.

[205] 林琳，许学强. 广东及周边地区骑楼发展的时空过程及动力机制[J]. 人文地理，2004（1）.

[206] 庄海红. 厦门近代骑楼发展原因初探[J]. 华中建筑，2006，24（7）.

[207] （日）藤森照信. 外廊样式——中国近代建筑的原点[J]. 张复合译. 建筑学报，

1993（5）.

[208] 杨思声，肖大威，戚路辉. "外廊样式"对中国近代建筑的影响[J]. 华中建筑，
2010（11）.

[209] 习王珊，杨思声. 近代外廊式建筑在中国的发展线索[J]. 中外建筑，2005（1）.

[210] 杨思声. 近代外廊式建筑在泉州形成的三个因素[J]. 福建建筑，2003（3）.

[211] 杨秉德. 关于中国近代建筑史时期民族形式建筑探索历程的整体研究[J]. 新建筑，
2005（1）.

[212] 杨秉德. 早期西方建筑对中国近代建筑产生影响的三条渠道[J]. 华中建筑，2005（1）.

[213] 朱永春. 巴洛克对中国近代建筑的影响[J]. 建筑学报，2000（3）.

[214] 李百浩，严昕. 近代厦门旧城改造规划实践及思想（1920—1938）[J]. 城市规划
学刊，2005（3）.

[215] （新加坡）乔恩·林. 新加坡的殖民地建筑（1819—1965）[J]. 世界建筑，2000（1）.

[216] 郑振统. 岭南建筑的文化背景和哲学思想渊源[J]. 建筑学报，1999（9）.

[217] 唐孝祥. 试论岭南建筑及其人文品格[J]. 新建筑，2001（6）.

[218] 陆琦. 岭南建筑园林与中国传统审美思想[J]. 华南理工大学学报（社会科学版），
2006（3）.

[219] 刘才刚. 试论岭南建筑的务实品格[J]. 华南理工大学学报（社会科学版），2004（1）.

[220] 刘源，陈翀，肖大威. 从传播学角度解读岭南建筑现象[J]. 华中建筑，2011
（10）.

[221] 方拥. 石头成就的闽南建筑[J]. 建筑师，2008（10）.

[222] 王治君. 基于陆路文明与海洋文化双重影响下的闽南"红砖厝"——红砖之源考[J].
建筑师，2008（1）.

[223] 宁小卓. 多元文化催生下的民居奇葩——闽南蔡氏古民居的成因探析与特征研究
[J]. 中外建筑，2007（09）.

[224] 王岚，罗奇. 蔡氏古民居建筑群[J]. 北方交通大学学报，2003（01）.

[225] 肖旻. 从厝式民居现象探析[J]. 华中建筑，2013（01）.

[226] 郑振满. 国际化与地方化：近代闽南侨乡的社会变迁[J]. 近代史研究，2010（2）.

[227] 黄挺. 从沈氏家传和祠堂记看早期潮侨的文化心态[J]. 汕头大学学报（人文科学
版），1995（04）.

[228] 林金枝. 论近代华侨在厦门的投资及作用[J]. 中国经济史研究. 1987（04）.

[229] 林金枝. 近代华侨在汕头地区的投资[J]. 汕头大学学报，1986（12）.

[230] 潮龙起，邓玉柱. 广东侨乡研究三十年[J]. 华侨华人历史研究，2009.（02）.

[231] 庄国土. 晚清政府争取华侨经济的措施及其成效——晚清华侨政策研究之三[J]. 南

洋问题，1984（08）.

[232] 戴一峰. 近代福建华侨出入国规模及其发展变化[J]. 华侨华人历史研究. 1988（02）.

[233] 张国雄. 从闽粤侨乡考察二战前海外华侨华人的群体特征——以五邑侨乡为主[J]. 华侨华人历史研究. 2003，（06）.

[234] 范若兰. 允许与严禁：闽粤地方对妇女出洋的反应（1860—1949年）[J]. 华侨华人历史研究，2002（03）.

[235] 潘淑贞. 清代以来闽南宗族与乡村治理变迁[J]. 福建师范大学学报哲学社会科学版，2014（03）.

[236] 陈金亮. 民国时期的晋江华侨与乡族械斗[J]. 社会科学家，2010（2）.

[237] 林真. 福建批信局述论[J]. 华侨华人历史研究，1988（04）.

[238] 傅衣凌. 中国传统社会：多元的结构[J]. 中国社会经济史研究，1988（03）.

[239] 赫秉健. 试论绅权[J]. 清史研究，1997（05）.

[240] 林星. 近代厦门人口变迁与城市现代化[J]. 南方人口 2007（03）.

[241] 黄挺. 清代潮州商人与韩愈崇拜. 2009中国·潮州韩愈国际学术研讨会[C]. 2009.

[242] 郑学檬，袁冰棱. 福建文化传统的形成与特色[J]. 南京：东南文化，1990（3）.

[243] 刘登翰. 闽台社会心理的历史、文化分析[J]. 东南学术，2003（3）.

[244] YEN CHING-HWANG. Overseas Chinese Nationalism in Singapore and Malaya 1877-1922[J]. Modern Asian Studies, 1982（03）.

[245] YUN-TSUI YEH. The Change of Social Spaces within Chinese Settlements in Singapore under National Policies[J]. Journal of Chinese Overseas, 2012, Vol.8（1）.

[246] ROBERT HOME. European colonial architecture and town planning（c.1850-1970）: a conference, a repository, a network, and an exhibition[J]. Planning Perspectives, 2014，Vol.29（4）.

[247] BRET WALLACH. European Architecture in Asia[J]. Geographical Review, 2013, Vol.103（1）.

[248] 江柏炜，"洋楼"：闽粤侨乡的社会变迁空间营造（1840s—1960s）[D]. 台北：国立台湾大学建筑与城乡所，2000.

[249] 林琳. 广东地域建筑，骑楼的空间差异研究[D]. 广州：中山大学博士学位论文，2001.

[250] 林冲. 骑楼型街屋的发展与形态的研究[D]. 广州：华南理工大学，2000.

[251] 刘业. 现代岭南建筑发展研究[D]. 南京：东南大学，2001.

[252] 关瑞明. 泉州多元文化与泉州传统民居[D]. 天津：天津大学，2002.

[253] 夏明. 外来文化影响下的泉州近现代建筑——新旧两次"国际性"与"地域性"

交流的启示[D]. 天津：天津大学，2002.

[254] 彭长歆. 岭南建筑的近代化历程研究[D]. 广州：华南理工大学，2004.

[255] 杨哲. 厦门城市空间与建筑发展历史研究[D]. 上海：同济大学，2005.

[256] 陈志宏. 闽南侨乡近代地域性建筑研究[D]. 天津：天津大学，2005.

[257] 路中康. 民国时期建筑师群体研究[D]. 武汉：华中师范大学，2009.

[258] 杨思声. 近代闽南侨乡外廊式建筑文化景观研究[D]. 广州：华南理工大学，2011.

[259] 王瑜. 外来建筑文化在岭南的传播及其影响研究[D]. 广州：华南理工大学，2012.

[260] 姜省. 近代广东四邑侨乡的城镇发展与形态研究[D]. 广州：华南理工大学，2012.

[261] 倪岳瀚. 旅游历史城市泉州遗产开发与文化旅游[D]. 北京：清华大学，2000.

[262] 何建琪. 潮汕民居设计思想与方法——论传统文化观对民居构成的影响[D]. 广州：华南理工大学，1987.

[263] 梁晓红. 开放·混杂·优生——广东开平侨乡碉楼民居及其发展趋向[D]. 北京：清华大学. 硕士. 1994.

[264] 肖曼. 闽粤边缘区传统民居类型研究[D]. 广州：华南理工大学，1996.

[265] 陆映春. 粤中侨乡民居的文化研究[D]. 广州：华南理工大学，1998.

[266] 谢鸿权. 泉州近代洋楼民居初探[D]. 厦门：华侨大学. 1999.

[267] 林申. 厦门近代城市与建筑初论[D]. 厦门：华侨大学，2000.

[268] 姜省. 潮汕传统建筑的装饰工艺与装饰规律[D]. 广州：华南理工大学，2001.

[269] 杨慧贤. 民国中前期汕头港及其腹地经济社会变迁之研究，1912—1939[D]. 暨南：暨南大学，2012.

[270] 陈海忠. 游乐与党化，1921—1936年的汕头市中山公园[D]. 汕头：汕头大学，2004.

[271] 赖瑛. 兴梅侨乡近代建筑美学研究[D]. 广州：华南理工大学，2005.

[272] 吴妙娴. 近代潮汕侨乡建筑美学研究[D]. 广州：华南理工大学，2006.

[273] 叶泉彭. 华侨华人与近现代闽南侨乡教育事业研究[D]. 福州：福建师范大学，2007.

[274] （清）周学曾，等. 晋江县志[M]. 福州：福建人民出版社，1990.

[275] （清）周凯修. 厦门志[M]. 厦门：鹭江出版社，1996.

[276] 厦门市同安区地方志编纂委员会办公室. （清）吴锡璜著. 同安县志[M]. 厦门，2007.

[277] （清）周硕勋. 乾隆潮州府志[M]. 上海：上海书店出版社，2003.

[278] （清）李书吉，等. 嘉庆澄海县志[M]. 上海：上海书店出版社，2003.

[279] （清）温廷敬. 新修大埔县志[M]. 1943年铅印本.

[280] 福建省厦门市地方志编纂委员会整理，厦门市志（民国)[M]. 北京：方志出版社，

1999.

[281]（民国）苏镜潭. 南安县志[M]. 上海：上海书店出版社，2000.

[282] 饶宗颐. 潮州志[M]. 汕头：潮州修志馆，1949.

[283] 泉州市地方志编纂委员会. 泉州市志[M]. 北京：中国社会科学出版社，2000.

[284] 漳州市地方志编纂委员会. 漳州市志[M]. 北京：中国社会科学出版社，1999.

[285] 福建省漳州市芗城区地方志编纂委员会. 芗城区志[M]. 北京：方志出版社，1999.

[286] 晋江市地方志编纂委员会. 晋江市志[M]. 上海：三联书店上海分店，1994.

[287] 南安县志编纂委员会. 南安县志[M]. 南昌：江西人民出版社，1993.

[288] 王琳乾等编. 汕头市志[M]. 北京：新华出版社，1999.

[289] 澄海县志地方志编纂委员会. 澄海县志[M]. 广州：广东人民出版社，1992.

[290] 揭阳市地方志编纂委员会. 揭阳县志[M]. 广州：广东人民出版社，1993.

[291] 普宁市地方志编纂委员会. 普宁县志[M]. 广州：广东人民出版社，1995.

[292] 潮阳市地方志编纂委员会. 潮阳县志[M]. 广州：广东人民出版社，1997.

[293] 厦门市土地志编纂委员会. 厦门市土地志[M]. 厦门：鹭江出版社，1996.

[294] 厦门市房地产志编纂委员会. 厦门市土地志[M]. 厦门：鹭江出版社，1988.

[295] 厦门城市建设志编纂委员会. 厦门市房地产志[M]. 厦门：厦门大学出版社，2000.

[296] 本书编委会. 厦门华侨志[M]. 厦门：鹭江出版社，1991.

[297] 泉州市华侨志编纂委员会. 泉州市华侨志[M]. 北京：中国社会出版社，1996.

[298] 泉州市城乡建设志编委会. 泉州市城乡建设志[M]. 北京：中国城市出版，1994.

[299] 福建省地方志编纂委员会. 福建省志·华侨志[M]. 福州：福建人民出版社出版，1992.

[300] 福建省地方志编纂委员会. 福建省志·建筑志[M]. 北京：中国社会科学出版社，1999.

[301] 汕头市归国华侨联合会. 汕头华侨志[M]. 汕头：汕头市人民政府侨务办公室，1990.

[302] 汕头市建设委员会. 汕头城乡建设志[M]. 汕头：汕头市建设委员会，1990.

[303] 吴雅纯. 厦门大观[M]. 厦门：新绿书店，1947.

[304] 苏警予，等. 厦门指南[M]. 厦门：厦门新民书社，1931.

[305] 厦门工商广告社编纂部. 厦门工商业大观[M]. 厦门：工商广告社出版，1932.

[306] 周醒南，等，填筑厦门箕等港报告书，1923.

[307] 漳厦海军警备司令部，厦门中山公园计画书，1929.

[308] 王弼卿，等，嵩屿商埠计画商榷书，嵩屿建设委员会印行，1931.

[309] 谢雪影. 汕头指南[M]. 汕头：汕头时事通讯社，1937.

[310] 曾景辉. 最新汕头一览[M]. 1947版.

[311] 筹建委员会. 筹建汕头中山公园、平民新村报告书[M]. 汕头，1930.

[312] 沈敏. 潮州年节风俗谈[M]. 汕头：新轮印务局，1937.

[313] 汕头市档案馆馆藏《国平路筑路委员会召集各业户、各执委会议签名盖章呈请建筑骑楼议案表决通过即席命起草呈及宣言》.

[314] 中国海关学会汕头海关小组. 1882—1891年潮海关十年报告. 汕头：内部印行，1988.

[315] 三水陆丹. 市政全书. 第四编[M]. 上海：中华全国道路建设协会. 1931.

[316] 福建省晋江市委员会文史资料工作组. 晋江文史资料选辑第十六辑[M]. 1994.

[317] 福建省政府秘书处统计室. 福建省统计年鉴. 第一回[M]. 福州：福建省政府秘书处统计室，1937.

[318] 上海市历史博物馆. 厦门旧影[M]. 上海：上海古籍出版社，2007.

[319] 陈传忠. 汕头旧影[M]. 新加坡：新加坡潮州八邑会馆出版，2011.

[320] 福建省档案馆. 百年跨国两地书——福建侨批档案图志[M]. 厦门：鹭江出版社，2013.

[321] 王炜中. 潮汕侨批文化图片巡览[M]. 香港：公元出版有限公司，2007.

[322] 邹金盛. 潮帮批信局[M]. 艺苑出版社，2001.

[323] 郑振满，丁荷生. 福建宗教碑铭汇编. 泉州府分册（中）[M]. 福州：福建人民出版社，2008.

[324] 中国人民政治协商会议福建省漳州市委员会文史资料委员会. 漳州文史资料第18辑[M]. 漳州，1990.

[325] 郭文贵主. 鹭江春秋：厦门文史资料选萃[M]. 北京：中央文献出版社，2004.

[326] 福建省泉州市鲤城区地方志编纂委员会，泉州文史资料：1-10辑汇编[M]. 1994.

[327] 林祖谋，等. 厦门大学校史资料[M]. 厦门：厦门大学出版社，1989.

[328] （美）菲利普·威尔逊·毕. 厦门方志，一个中国首次开埠港口的历史与事实[M]. 台湾：中国基督教卫理公会出版社. 1912.

[329] 《厦门海关志》编委会. 近代厦门社会经济概况[M]. 厦门：鹭江出版社，1990.

[330] 傅无闷. 星洲日报四周年纪念刊. 新福建[M]. 新加坡：星洲日报. 1933.

[331] 毅庐. 粤省东江停战之内幕[N]. 上海：申报，1924（8.1）.

[332] 颜义初. 菲岛通讯[N]. 上海：申报，1925（9.9）.

[333] 陈楚金. 孔庙直巷与汕头孔教会[N]. 汕头：汕头特区晚报，2011-06-17.

[334] 陈跃. 三庐—陈慈黉故居的宾馆[N]. 汕头：汕头特区晚报，2011-10-14.

后记

本书是在我的博士论文基础上修改成稿的，回首过往，感慨良多。在华南理工大学求学的这段经历是我人生中重要而难忘的记忆，这其中既有徜徉于学术之海，获得知识和发现的喜悦，也有纠缠于论文结构，茫无头绪的苦恼；既有对文章反复修改润色的枯燥，也不乏和老师同学们时而共同讨论、时而观点交锋带来的融融乐趣。甜酸苦辣交织的时光匆匆而逝，最终文章的完成离不开老师、同学、朋友、亲人的鼓励和支持，在这里我想一一向他们表示诚挚的谢意。

感谢我的导师唐孝祥先生。在他渊博学识的感染下，我更坚定了从事学术研究的决心。先生治学严谨，时刻提醒我做研究要逻辑清晰，论之有据。他宽广的学术视野启发了我对建筑与社会、经济、文化相互关系的思考，这也成为我论文的主要思路。先生不仅教我治学，也教我处世，他一直提倡用美学的态度学习、研究和生活，其言传身教是我宝贵的人生财富。此外，还要感谢师母李娟老师给予的关心和帮助。

感谢出席开题、预答辩和答辩的何镜堂院士、吴硕贤院士、吴庆洲教授、程建军教授、肖大威教授、田银生教授、朱雪梅教授。感谢韩山师范学院的黄挺教授、华侨大学的陈志宏老师，他们在百忙之中抽出时间，为论文提出了宝贵的意见，使我的研究能够进一步完善和深化。

感谢与我有着共同研究方向的师兄郭焕宇博士、魏峰博士，与他们的交流和探讨使我受益匪浅，同时也感谢他们在调研过程中给我带来的莫大帮助。感谢其他同门包括曾令泰、陈春娇、谢凌峰、李树宜、王东、郑莉、孙杨栩、陶媛、郑淑浩、孟悦等同学在学习和生活中给予我的支持。

感谢徐国忱博士、郑剑艺博士对我调研工作的支持以及对我论文写作的建议。感谢汕头山水社的肖磊、余嘉兴等同学们，他们为汕头老城保护所作出的积极行动令人感动，他们的热情帮助我也铭记在心。

感谢我的妻子王珊珊女士全心全意地支持和默默无闻的付出，使我的论文得以顺利完成。感谢我的父母，在写作过程中，他们始终表达了最大的理解和关爱，尽其所能的支持我、帮助我。亲人的无私奉献是我得以前进的动力来源。

还要感谢中国建筑工业出版社唐旭主任、陈畅编辑提出的宝贵意见及付出的艰辛努力，感谢中国建筑工业出版社提供的平台，保证了本书的顺利出版。

2022年12月于南昌